UG NX 12.0 零基础编程实例教程

第 2 版

林 盛 胡登洲 位忠生 编著

机 械 工 业 出 版 社

本书是基于 UG NX 12.0 软件的数控加工编程教材，分为数控铣编程、数控车编程、后处理和上机加工实践四部分。教材以典型实例的完整编程过程为主线进行演示讲解，涵盖了加工工艺、加工参数和常用的软件功能应用。

典型实例类型包括：雕刻加工编程、孔系零件加工编程、平面零件加工编程、曲面零件加工编程、整体结构件加工编程、车削零件加工编程、加工中心后处理、数控车后处理。

软件功能包括：底壁铣、平面铣、平面轮廓铣、平面文本、型腔铣、拐角粗加工、剩余铣、深度轮廓铣、固定轮廓铣、区域轮廓铣、曲面区域轮廓铣、单刀路清根、多刀路清根、参考刀具清根、实体 3D 轮廓、轮廓文本、钻孔、铣孔、铣螺纹、端面车削、外径粗车、外径精车、外径开槽、外径螺纹铣、中心线钻孔、内径粗镗、内径精镗、内径开槽、内径螺纹铣等。

本书可供数控技术应用专业学生和相关技术人员阅读。

图书在版编目（CIP）数据

UG NX 12.0零基础编程实例教程/林盛，胡登洲，位忠生编著．—2版．—北京：机械工业出版社，2024.3（2025.1重印）

ISBN 978-7-111-74747-5

Ⅰ．①U… Ⅱ．①林… ②胡… ③位… Ⅲ．①计算机辅助设计—应用软件—教材 Ⅳ．①TP391.72

中国国家版本馆CIP数据核字（2024）第006207号

机械工业出版社（北京市百万庄大街22号　邮政编码100037）

策划编辑：周国萍　　　　责任编辑：周国萍　刘本明

责任校对：马荣华　张昕妍　　封面设计：马精明

责任印制：李　昂

北京捷迅佳彩印刷有限公司印刷

2025 年 1 月第 2 版第 2 次印刷

184mm×260mm · 15.75 印张 · 359 千字

标准书号：ISBN 978-7-111-74747-5

定价：59.00元

电话服务　　　　　　　　网络服务

客服电话：010-88361066　　机　工　官　网：www.cmpbook.com

010-88379833　　机　工　官　博：weibo.com/cmp1952

010-68326294　　金　　书　　网：www.golden-book.com

　机工教育服务网：www.cmpedu.com

前言

教材是学校教育教学、推进立德树人的关键要素，是解决“培养什么人、怎样培养人、为谁培养人”这一根本问题的核心载体。推进党的二十大精神进教材意义重大，事关为党育人、为国育才的使命任务，事关广大学生的成长成才，事关全面建设社会主义现代化国家的大局。为了充分发挥教材的铸魂育人功能，培养德智体美劳全面发展的社会主义建设者和接班人，本教材每一章都引入了课程思政内容，把党的二十大精神有机地融合在教材之中。

本书是基于 UG NX 12.0 软件的数控加工编程教材，分为数控铣编程、数控车编程、后处理和上机加工实践四个部分。

本书主要以实际工作岗位中“编程员”的完整工作过程为主线进行讲解，从零件结构分析到加工工艺分析、加工刀具选择、加工参数设置，再到加工刀轨编制，系统完整、手把手地带着同学们完成零件的编程。案例由易到难，同学们在学习过程中能够容易地跟上教师的节奏，看到自己的编程成果，从而获得学习成就感，增加学习信心和学习兴趣。

本书是一本内在的新形态“活页”式教材，书中将案例分类列举，都有完整的过程，知识点相对独立，没有绝对的依托铺垫关系，教师可以根据需要把不同的案例“拼凑”成一门课程，也可以根据学生的学习能力，下达不同的案例任务。

书中典型案例包括：雕刻加工编程、孔系零件加工编程、平面零件加工编程、曲面零件加工编程、整体结构件加工编程、车削零件加工编程、加工中心后处理、数控车后处理。每一个案例都与实际工作所需的知识和技能相匹配，在生产中可将本书作为工作手册参考翻阅，需要用到相关知识技能时直接翻阅对应的案例即可。

书中软件功能包括：底壁铣、平面铣、平面轮廓铣、平面文本、型腔铣、拐角粗加工、剩余铣、深度轮廓铣、固定轮廓铣、区域轮廓铣、曲面区域轮廓铣、单刀路清根、多刀路清根、参考刀具清根、实体 3D 轮廓、轮廓文本、钻孔、铣孔、铣螺纹、端面车削、外径粗车、外径精车、外径开槽、外径螺纹铣、中心线钻孔、内径粗镗、内径精镗、内径开槽、内径螺纹铣等。

本书采用了观看微视频“看我操作”+ 书面操作引导“跟我操作”相结合的新形式。学生通过扫描二维码，观看教师的操作演示和讲解，同时回答相关问题，获取和强化记忆知识点，之后再通过书中的操作引导进行操作练习，最终完全独立操作。

本书第 1 ～ 5 章由成都航空职业技术学院林盛编写，第 6 ～ 8 章由成都航空职业技术学院胡登洲编写，第 9、10 章由西安精雕精密机械工程有限公司（北京精雕集团的全资子公司）位忠生编写。

由于编者水平有限，书中难免存在不足之处，恳请专家同行批评指正。

书中所用的模型文件可扫描下方二维码进行下载。

模型文件

编　者

目录

第 1 章　编程入门体验

【读者必知：文中每个步骤前小括号“（　）”中的内容表示这一步要完成的操作，其后的内容是具体操作的引导性关键词，而非完整性描述，目的是使读者不断回忆和使用已经学过的知识。文中符号“→”表示下一步操作。】

1.0　课程思政之技能成才技能报国

知识点：技能成才技能报国

数控加工自动编程是一门核心专业课程，从 CAM 编程到后处理，再到上机加工实践，承载着制造工厂“编程员”的核心专业技能。掌握这项技能可以为我们的就业、创业、创新提供强有力的支撑。

下面我们来看一篇新闻报道：

中华人民共和国第一届职业技能大赛于 2020 年 12 月 10 日在广东省广州市开幕，中共中央总书记、国家主席、中央军委主席习近平发来贺信，向大赛的举办表示热烈的祝贺，向参赛选手和广大技能人才致以诚挚的问候。

习近平在贺信中指出，技术工人队伍是支撑中国制造、中国创造的重要力量。职业技能竞赛为广大技能人才提供了展示精湛技能、相互切磋技艺的平台，对壮大技术工人队伍、推动经济社会发展具有积极作用。希望广大参赛选手奋勇拼搏、争创佳绩，展现新时代技能人才的风采。

习近平强调，各级党委和政府要高度重视技能人才工作，大力弘扬劳模精神、劳动精神、工匠精神，激励更多劳动者特别是青年一代走技能成才、技能报国之路，培养更多高技能人才和大国工匠，为全面建设社会主义现代化国家提供有力人才保障。

中共中央政治局常委、国务院总理李克强做出批示指出，提高职业技能是促进中国制造和服务迈向中高端的重要基础。要坚持以习近平新时代中国特色社会主义思想为指导，深入贯彻党中央、国务院决策部署，进一步完善技能人才培训培养体系，积极营造有利于技能人才脱颖而出的良好环境，深入开展大众创业万众创新，引导推动更多青年热爱钻研技能、追求提高技能，打造高素质技能人才队伍，培养更多大国工匠，让更多有志者人生出彩，为促进就业创业创新、推动经济高质量发展提供强有力支撑。

观看新闻报道（扫描下方二维码观看视频）：

二维码 1　技能成才技能报国

1.1　初识编程界面

知识点：用户角色、程序顺序视图、机床视图、几何视图、加工方法视图、线框仿真、3D 动态仿真、后处理代码

看我操作并回答问题（扫描下方二维码观看本节视频）：

二维码 2　初识编程界面

问 为什么要设置角色？角色有什么用？

问 程序顺序视图能看到什么？作用是什么？

问 机床视图能看到什么？作用是什么？

问 几何视图能看到什么？作用是什么？

问 加工方法视图能看到什么？作用是什么？

问 按自己的理解描述线框仿真与 3D 仿真有什么不同。

问 后处理的作用是什么？

问 不同机床不同系统的后处理是否是一样的？为什么？

跟我操作（根据以下关键词的指引，独立完成相关操作）：

1）（打开练习文件）启动 UG NX 12.0 软件，打开模型文件“1-1 初识编程界面 .prt”。

2）（更改用户界面）单击左侧资源导航器中的“角色”（在资源导航器的最下面，图标是一个锤子和一把扳手）→单击“内容”→单击“高级”→单击“确定”。

3）（查看视图显示的内容）在工序导航器中依次查看“程序顺序视图”“机床视图”“几何视图”“加工方法视图”，并观察每种视图分别能看见什么内容，如图 1-1 所示。

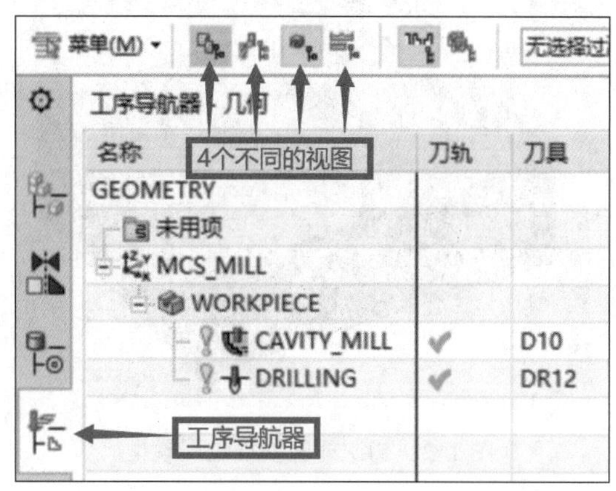

图 1-1　工序导航器之几何视图

4）（线框仿真和 3D 仿真）在“程序顺序视图”点选“PROGRAM”→在工具栏中单击“确认刀轨”按钮，进行线框仿真和 3D 仿真（注意：可以调整播放控制条，控制播放速度）。

5）（生成后处理代码）在“程序顺序视图”点选“PROGRAM”→在工具栏中单击“后处理”按钮，输出数控加工代码（注意：系统自带的后处理是英制的，需要切换成公制）。

1.2　初次体验编程过程

知识点：型腔铣、2D 动态仿真设置

看我操作并回答问题（扫描下方二维码观看本节视频）：

二维码 3　初次体验编程过程

问 重播、3D 动态、2D 动态三种仿真有什么区别？

问 2D 动态仿真比较时，各种颜色分别表示什么意思？

跟我操作（根据以下关键词的指引，独立完成相关操作）：

1）（打开练习文件）打开模型文件“1-2 初次体验编程过程 .prt”，如图 1-2 所示。

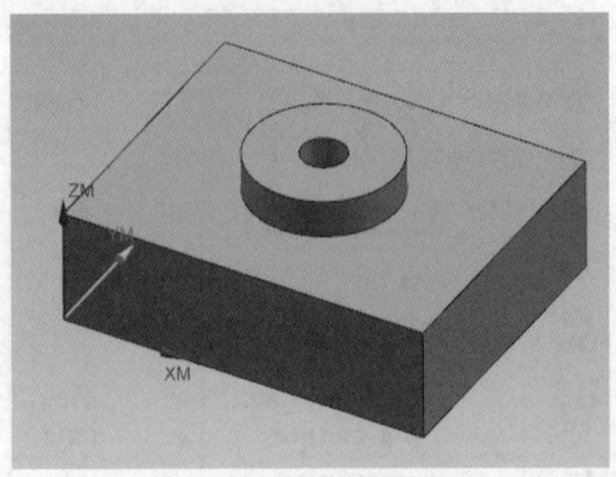

图 1-2　初次体验编程过程模型

2）（创建型腔铣操作）在工具栏点选“创建工序”→在弹出窗口的类型下拉菜单选择“mill_contour”→工序子类型选“型腔铣”→刀具选“D10”→几何体选“WORKPIECE”→单击“确定”→在弹出窗口最下方的操作区域单击“生成”→在弹出的报警窗口中单击“确定”获得加工刀路，如图 1-3 所示→单击“确定”。

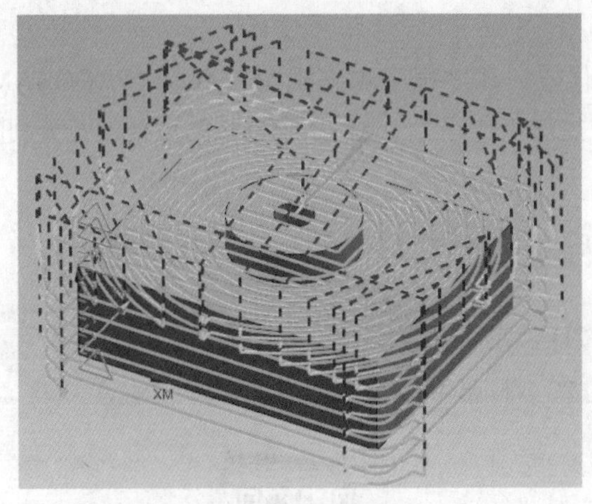

图 1-3　加工刀路

3）（仿真加工）在“程序顺序视图”选择“CAVITY_MILL”→单击“确认刀轨”→单击“播放”→单击“3D 动态”→单击“播放”。

4）（通过用户默认设置开启 2D 动态仿真页面）依次选择“菜单”→“文件”→“实用工具”→“用户默认设置”→选择“加工”→“仿真与可视化”→选择“常规”→勾选“显示 2D 动态页面”→单击“确定”。

5）（重启软件）保存文件，关闭并重新启动 UG NX 软件，通过资源导航器的“历史记录”打开刚才保存的文件。

6）（仿真加工）在“程序顺序视图”点选“CAVITY_MILL”→选择“确认刀轨”→选择“2D 动态”→单击“播放”→单击“比较”（观察不同颜色的区别）。

7）（后处理）在“程序顺序视图”选择“CAVITY_MILL”→在工具栏单击“后处理”按钮输出数控加工代码（注意系统自带的后处理是英制的，需要切换成公制）。

1.3　再次体验编程过程

知识点：创建刀具、设置加工坐标系 MCS_MILL、设置 WORKPIECE（包容块毛坯）、创建型腔铣、删除组装（删除设置）

看我操作并回答问题（扫描下方二维码观看本节视频）：

二维码 4　再次体验编程过程

问 包容块毛坯是什么意思？

问 删除组装是什么意思？有什么作用？

跟我操作（根据以下关键词的指引，独立完成相关操作）：

1）（打开练习文件）打开模型文件“1-3 再次体验编程过程 .prt”，如图 1-4 所示。

图 1-4　再次体验编程过程模型

2）（创建刀具）在工具栏单击“创建刀具”→在弹出的窗口中把名称“MILL”改成“D10”→单击“确定”→将刀具直径设置为“10”→单击“确定”（切换到“机床视图”可以看见已经创建的刀具）。

3）（设置加工坐标系 MCS_MILL 到凸台圆心上表面）查看“几何视图”→双击加工坐标系“MCS_MILL”→捕捉圆凸台上表面圆心位置→单击“确定”。

4）（设置 WORKPIECE）在几何视图中双击“WORKPIECE”→在弹出的窗口中单击“指定部件”→点选加工零件→单击“确定”→单击“指定毛坯”→在类型下拉菜单中选择“包

容块”→单击“确定”→再次单击“确定”。

5）(创建型腔铣）在工具栏中单击“创建工序”→在弹出窗口的类型下拉菜单选择“mill_contour”→工序子类型选“型腔铣”→刀具选“D10”→几何体选“WORKPIECE”→单击“确定”→在弹出窗口最下方的操作区域单击“生成”→在弹出的报警窗口中单击“确定”获得加工刀路，如图 1-5 所示→再次单击“确定”。

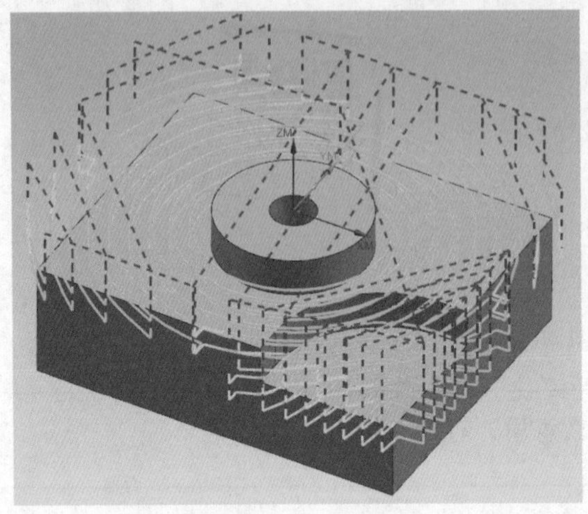

图 1-5　加工刀路

6)（重设加工环境）依次选择“菜单”→“工具”→“工序导航器”→“删除组装”（低版本名称为“删除设置”），单击“确定”→再次单击“确定”。

1.4　相关练习

打开模型文件“1-4 编程基本过程 .prt”，完成程序的编制，如图 1-6 所示。

图 1-6　编程练习模型

第 2 章　编程前期准备

2.0　课程思政之为党育人为国育才

知识点：为党育人为国育才

每做一件事情之前，都要先做好前期准备。数控加工编程也是一样，做好前期的工艺分析和辅助工作，才能编制出更加合理的加工程序。

编程需要做好前期准备，而学习更需要做好思想准备，知道为什么要学习，为谁而学习。

党的二十大报告明确指出，未来五年是全面建设社会主义现代化国家开局起步的关键时期。教育、科技、人才是全面建设社会主义现代化国家的基础性、战略性支撑。教育是国之大计、党之大计，要坚持为党育人、为国育才。

2.1　分析模型结构确定加工刀具

知识点：测量最小距离、测量投影距离、测量半径、局部半径、最小半径

看我操作并回答问题（扫描下方二维码观看本节视频）：

二维码 5　分析模型结构确定加工刀具

问 编程之前为什么要对零件进行测量分析？主要需要测量哪些要素？

____

____

问 测量“距离”和测量“投影距离”有什么区别？

____

问 测量零件圆角大小至少有哪三种方法？

____

跟我操作（根据以下关键词的指引，独立完成相关操作）：

1）（打开练习文件）打开模型文件“2-1 分析模型结构确定加工刀具 .prt”，如图 2-1 所示。

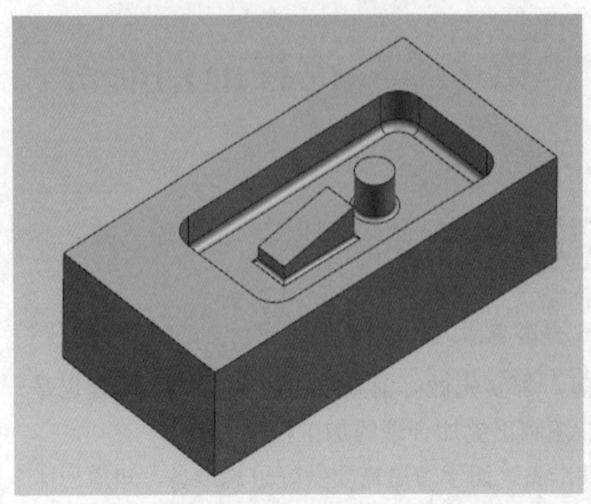

图 2-1　分析模型结构确定加工刀具模型

2)（分析圆柱与腔体的最小距离）在功能区选择“分析”→“测量距离”→单击“距离”→点选圆柱面→点选腔体侧壁（此时即可显示两个对象的最小距离值）→单击“确定”。

3）（分析圆柱与凸台的最小距离）在功能区选择“分析”→“测量距离”→单击“距离”→点选圆柱面→点选斜面凸台侧壁（此时即可显示两个对象的最小距离值）→单击“确定”。

4）（分析腔体的深度）在功能区选择“分析”→“测量距离”→单击下拉菜单将“距离”改为“投影距离”→点选零件上表面（因为测量矢量垂直于表面）→点选零件上表面（测量起点）→点选槽的底面（测量终点）（此时即可显示两个对象的投影距离值）→单击“确定”。

5）（分析拐角半径）在功能区选择“分析”→“测量距离”→单击下拉菜单将“距离”改为“半径”→点选槽的拐角面（此时即可显示拐角半径值）→单击“确定”。

6）（分析拐角半径）在功能区选择“分析”→“局部半径”→点选零件任意圆角部位（可连续点选多处）（此时即可显示拐角半径值）→单击“确定”。

7）（分析拐角半径）在功能区选择“分析”→测量区域选择“更多”→选择“最小半径”→框选整个零件→单击“确定”（此时即可显示零件最小半径值）→关闭信息窗口→单击“取消”。

2.2　加工坐标系的设置

知识点：显示和隐藏 MCS 坐标，动态拖拽坐标，自动判断坐标，Z 轴、X 轴、原点坐标，安全平面设置

看我操作并回答问题（扫描下方二维码观看本节视频）：

二维码6　加工坐标系的设置

问 MCS_MILL是什么？其位置和方向要与现场加工的什么参数一致？

问 自动判断MCS坐标系时，X轴的方向不正确怎么办？

问 安全设置高度的作用是什么？

跟我操作（根据以下关键词的指引，独立完成相关操作）：

1）（打开练习文件）打开模型文件“2-2 加工坐标系的设置 .prt”，如图2-2所示。

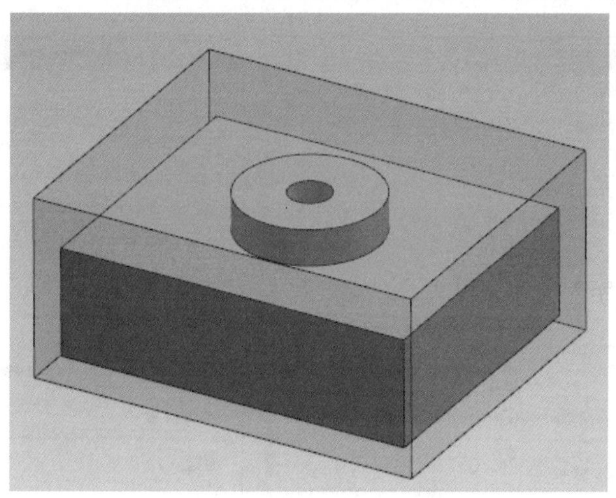

图2-2　加工坐标系的设置模型

2）（显示加工坐标系MCS）选择“菜单”→“格式”→“MCS显示”。

3）（设置MCS坐标位置的方式之一：直接点选）在几何视图双击“MCS_MILL”→在零件任意位置单击即可确定MCS坐标的位置（注意窗口正中间上部靠下一点的位置有一个“启用捕捉点”，可以捕捉端点等特殊位置）。

4）（设置MCS坐标位置的方式之二：拖拽）拖拽MCS_MILL上面的小圆球或点选小圆球以后直接输入角度数值可以改变坐标系的角度方向，如图2-3所示。

5）（设置MCS坐标位置的方式之三：自动判断）在弹出窗口的“指定MCS”右边单击小三角形箭头，弹出下拉菜单→选择“自动判断”，如图2-4所示→单击毛坯表面，即可把坐标设置到毛坯中心上表面。

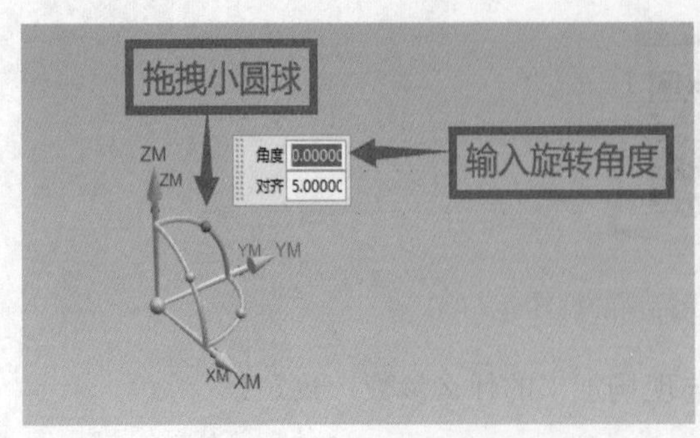

图 2-3　拖拽坐标系

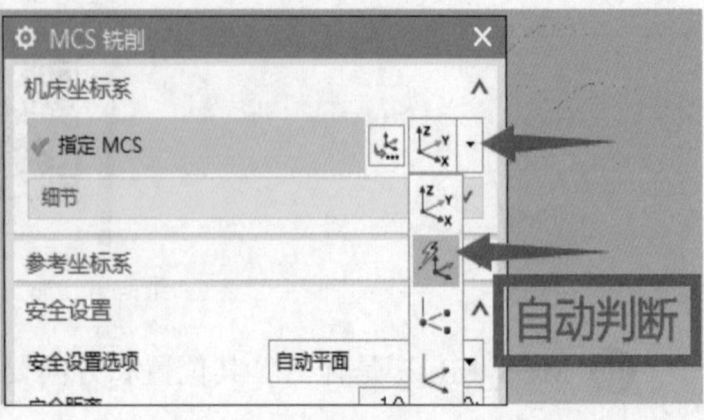

图 2-4　自动判断坐标系

6）（设置 MCS 坐标位置的方式之四：原点加轴矢量）在弹出窗口的“指定 MCS”右边单击小三角形箭头，弹出下拉菜单→选择“Z 轴，X 轴，原点”，如图 2-5 所示→单击毛坯右上角作为原点→点选 Z 轴矢量（可选系统给出的 Z 轴矢量，可选一个水平面，也可选一条平行于 Z 轴的直线或边）→点选 X 轴矢量，即可完成坐标设置。

7）（设置安全平面）在 MCS 坐标系设置窗口把安全设置的“安全距离”10mm 改成 50mm，如图 2-6 所示，重新生成刀路，观察刀路有什么变化。

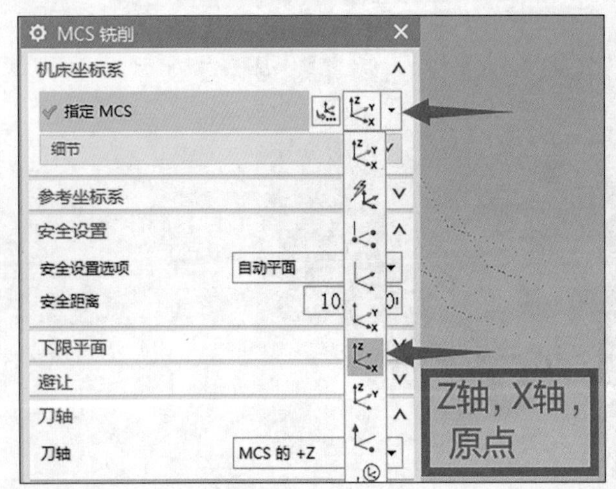

图 2-5　Z 轴，X 轴，原点

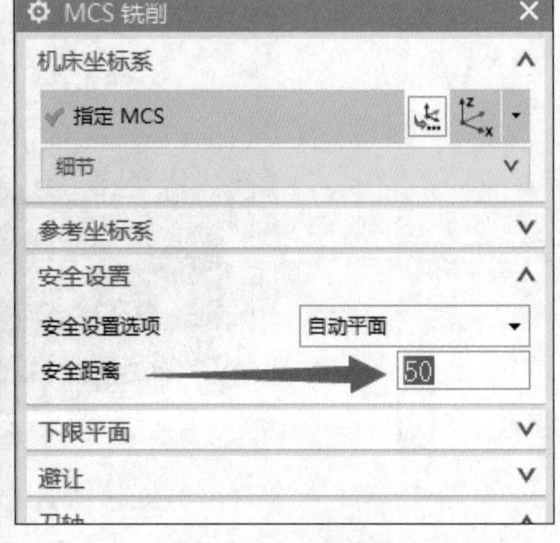

图 2-6　安全平面

8）（设置安全平面）将安全设置选项的“自动平面”更改为“平面”→拾取毛坯表面→生成刀路，观察有什么变化→重新拾取毛坯表面并输入距离 50mm，生成刀路，观察有什么变化。

2.3　加工几何体 WORKPIECE 的设置

知识点：WORKPIECE、电极设计包容块、时间戳记顺序、编辑对象显示 Ctrl+J、检查余量、显示和隐藏实体、重命名实体、透明显示实体、检查体、检查余量

看我操作并回答问题（扫描下方二维码观看本节视频）：

二维码 7　加工几何体 WORKPIECE 的设置

问 为什么单击右键时看不见“时间戳记顺序”这个选项？如何正确地隐藏零件？

问 什么手电筒是灰色的，无法照亮？如果没有正确设置 WORKPIECE 会有什么后果？

问 检查体的作用是什么？检查余量的作用是什么？

跟我操作（根据以下关键词的指引，独立完成相关操作）：

1）（打开练习文件）打开模型文件“2-3 加工几何体 WORKPIECE 的设置 .prt”，如图 2-7 所示。

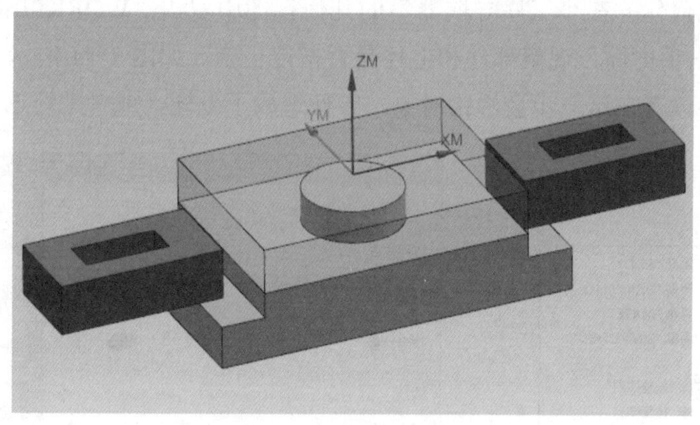

图 2-7　加工几何体 WORKPIECE 的设置模型

2）（制作包容块毛坯）在功能区依次选择“应用模块”→“电极设计”→“包容块”→用鼠标框选整个零件。

在包容体窗口的参数“偏置”中设置数值 5mm（即可单边放大毛坯 5mm）→取消勾选“单个偏置”→拖拽某一个小箭头，即可单边放大和缩小，如图 2-8 所示→单击“取消”（本例毛坯已经做好，不需要制作，仅给大家介绍制作方法而已）。

3）（查看实体）在部件导航器空白处单击右键→取消勾选“时间戳记顺序”，即可看到“实体”，如图 2-9 所示，取消勾选“实体”可以将其隐藏。

【注意：必须先结束所有正在执行的功能命令，单击右键时才能看见“时间戳记顺序”选项。**】**

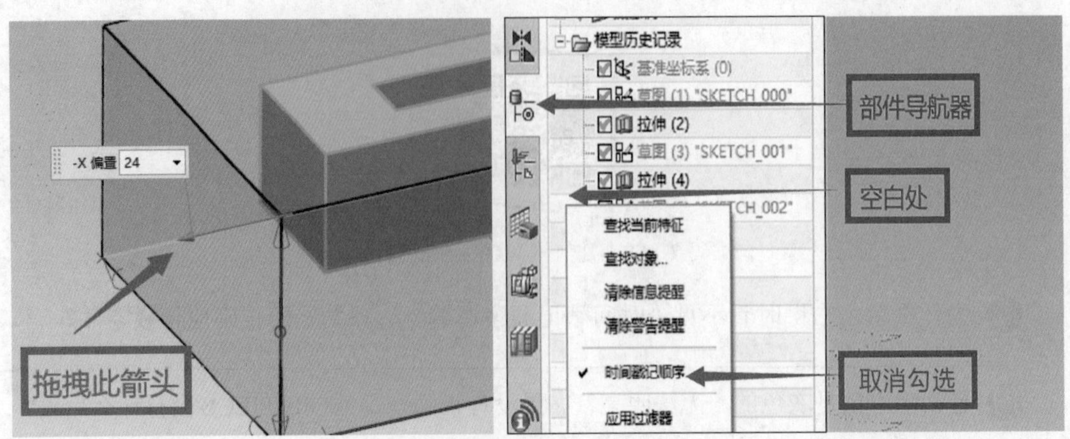

图 2-8　拖拽包容块毛坯　　　　图 2-9　关闭时间戳记顺序

4）（重命名实体）在“部件导航器”中单击右键，选择“实体”→“重命名”→依次把相关实体重命名为零件、毛坯、检查体 1、检查体 2，如图 2-10 所示。

5）（透明显示毛坯）按快捷键 Ctrl+J →拾取毛坯→单击“确定”→着色显示→拖动透明度滑块，改变毛坯透明度→单击“确定”。

6）（设置几何体）在“工序导航器”的几何视图中双击“WORKPIECE”→分别指定部件和毛坯→单击手电筒，观察部件和毛坯是否指定正确，如图 2-11 所示。

【**注意**：很多读者在这一步会选错对象，零件选成了毛坯，或者毛坯选成了零件。】

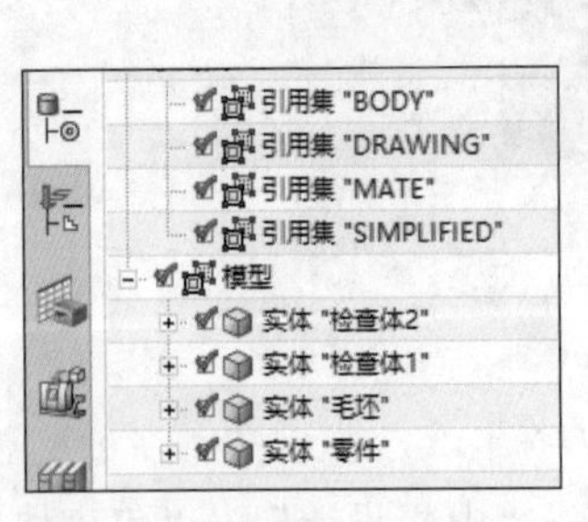

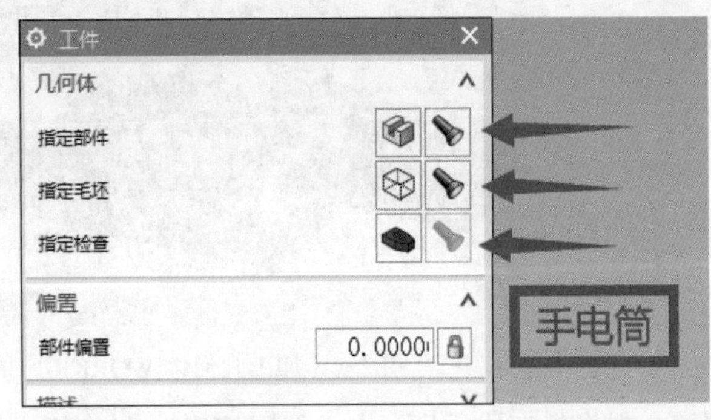

图 2-10　重命名实体名称　　　　图 2-11　手电筒工具

7）（创建型腔铣）在工具栏单击“创建工序”→在弹出窗口的类型下拉菜单选择“mill_contour”→工序子类型选“型腔铣”→选择 D10 刀具→选择几何体→单击“确定”，生成刀路，观察刀路→单击“确定”。

双击“WORKPIECE”→指定检查体为两个压板→单击“确定”重新生成刀路，观察刀路的区别。

双击型腔铣→单击“切削参数”（图 2-12 所示位置）→选择“余量”→“检查余量”设置为 5mm，重新生成刀路，观察刀路的变化，如图 2-13 所示。

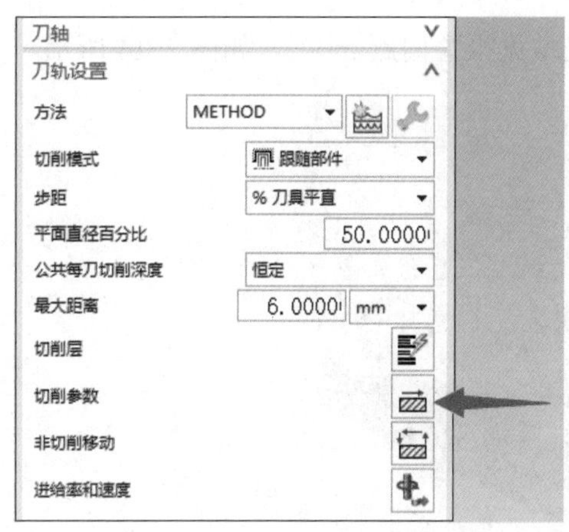

图 2-12 “切削参数”按钮位置

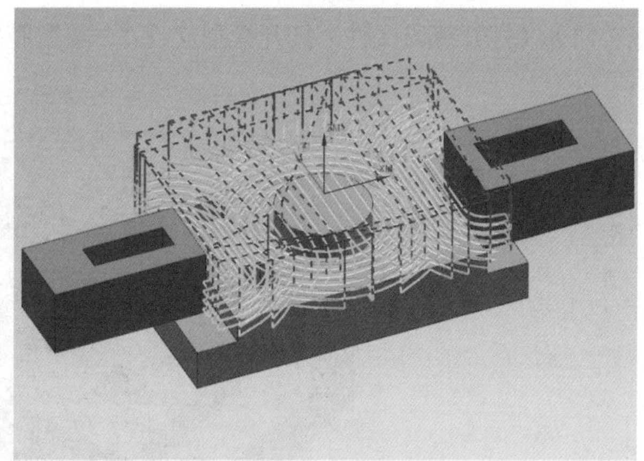
图 2-13　型腔铣避让检查体刀路

2.4　记住几个型腔铣初级报警问题

知识点：型腔铣常见报警问题

看我操作并回答问题（扫描下方二维码观看本节视频）：

二维码 8　记住几个型腔铣初级报警问题

问　型腔铣出现报警“有些区域被忽略，因为它们太小而无法进刀……”是什么原因？刀路是否可用？

问　型腔铣出现报警“未指定部件和毛坯几何体……”是什么原因？

问　型腔铣出现报警“必须在生成刀轨前指定刀具”是什么原因？

问　型腔铣出现报警“安全设置选项设为使用继承的，但父 MCS 中未定义安全距离……”是什么原因？

问　型腔铣出现报警“不能在任何层上切削该部件”是什么原因？

跟我操作（根据以下关键词的指引，独立完成相关操作）：

1）（打开练习文件）打开模型文件“2-4 型腔铣常见报警问题 .prt”，如图 2-14 所示。

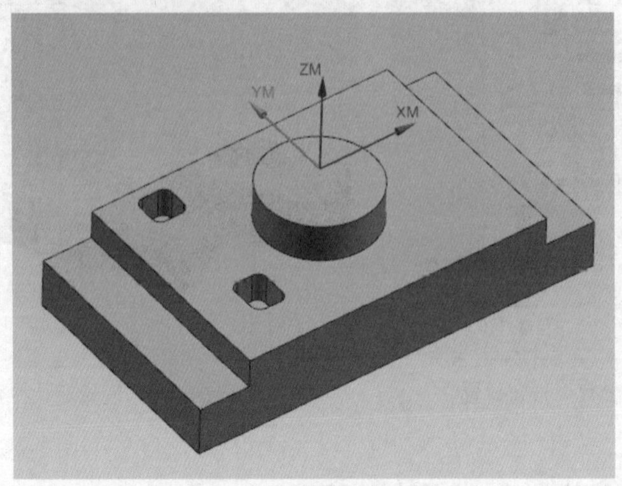

图 2-14　型腔铣常见报警问题模型

2）此节内容比较重要且文字不便描述操作过程，请根据视频进行操作练习。

2.5　型腔铣 3D 仿真颜色分析

知识点：仿真碰撞暂停、3D 仿真颜色分析

看我操作并回答问题（扫描下方二维码观看本节视频）：

二维码 9　型腔铣 3D 仿真颜色分析

问 碰撞检查有什么作用？如何仅查看“当前层”的刀路状态？

问 设置显示余量值为 0 的面时，为什么数值要设置为 0.001，而不是 0 呢？

跟我操作（根据以下关键词的指引，独立完成相关操作）：

1）（打开练习文件）打开模型文件“2-5 型腔铣 3D 仿真颜色分析 .prt”，如图 2-15 所示。

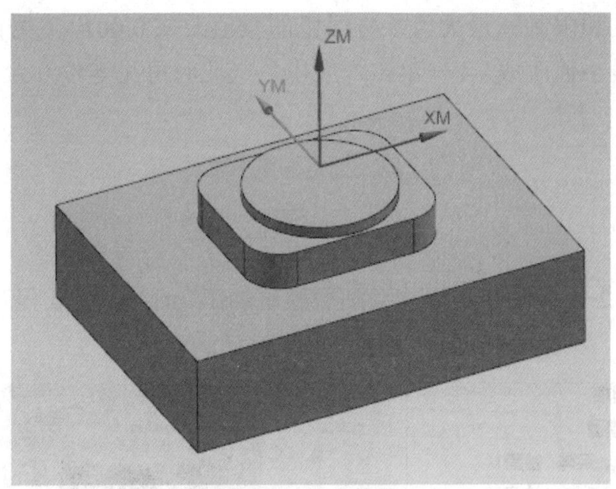

图 2-15　型腔铣 3D 仿真颜色分析模型

2）（设置碰撞暂停并查看碰撞位置）在几何视图点选第一个型腔铣→选择“确认刀轨”→“3D 动态”→“碰撞设置”→“碰撞时暂停”→“播放”（仿真加工过程中发生碰撞，出现了报警和暂停），如图 2-16 所示→单击“停止”→刀轨“无”改成“当前层”（此时可以看见刀轨，观察碰撞的刀路位置）→单击“确定”。

3）（分析碰撞原因）双击型腔铣→指定切削区域→“移除”切削区域→单击“确定”，重新生成刀路→重新进行 3D 动态仿真并设置碰撞暂停（发现已经不会再发生碰撞）。

【**说明：**碰撞的原因是切削区域设置不当。当毛坯的外边界比零件的加工区域大时，不能指定切削区域，否则很可能造成碰撞。】

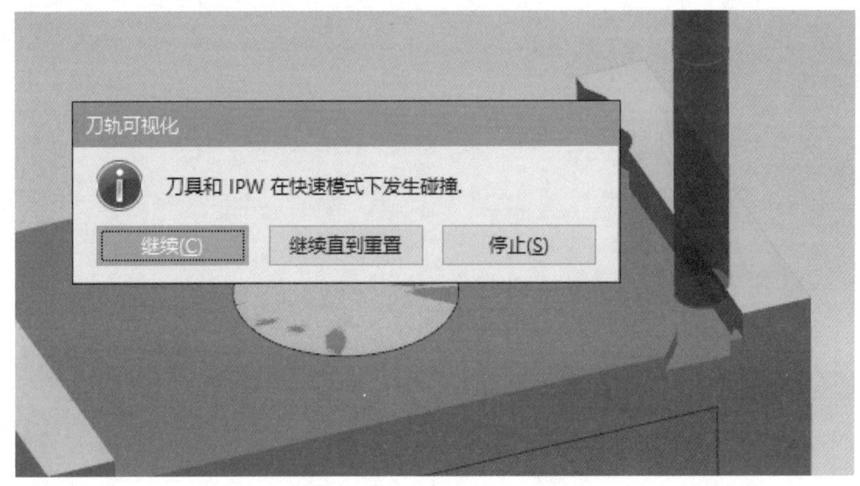

图 2-16　3D 仿真碰撞暂停

4）（查看加工余量）仿真完成以后单击“分析”→在零件的不同部位单击，可查看此处的加工余量信息。

5）（设置 0 余量面的显示颜色）继续步骤 4），定义范围→最大 / 最小限制“自动”改成“用户定义”→划分“自动”改成“用户定义”→设置颜色图例控制“混合”改成“清晰”→设置范围颜色和限制→最大值 5 号绿色的数值改成 0.001，6 号改成 –0.1，7 号改成 –2，8 号改成 –3，最小值改成 –4 →单击“应用”（此时可见零件 0 余量的面都显示成了 5 号的绿色）。

2.6　相关练习

打开模型文件“2-6 重命名实体并编制型腔铣加工 .prt”，完成程序的编制，如图 2-17 所示。

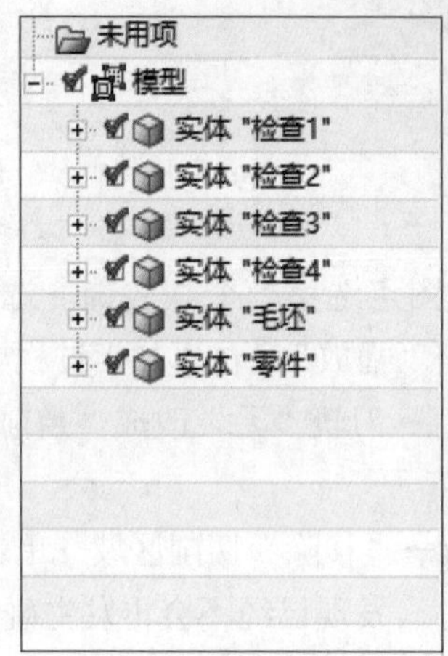

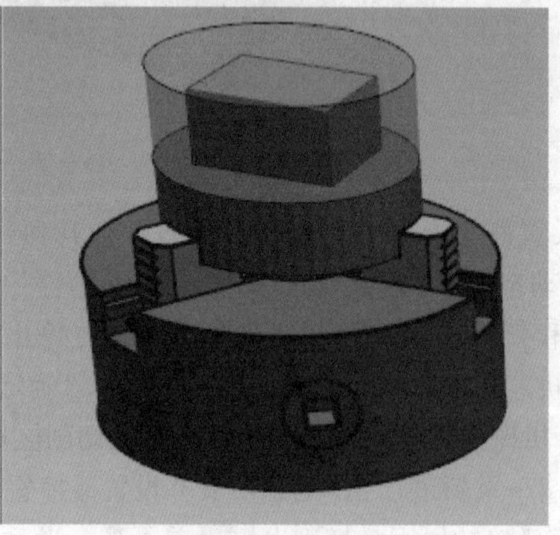

图 2-17　重命名实体并编制型腔铣加工模型

第 3 章　雕刻加工编程

3.0　课程思政之党的二十大主题

知识点：党的二十大主题

3.1 节通过雕刻党的二十大主题内容，学会雕刻编程的基本方法，同时请同学们谨记党的二十大主题：高举中国特色社会主义伟大旗帜，全面贯彻新时代中国特色社会主义思想，弘扬伟大建党精神，自信自强、守正创新，踔厉奋发、勇毅前行，为全面建设社会主义现代化国家、全面推进中华民族伟大复兴而团结奋斗。

3.1　注释文字的输入—单线字体

知识点：注释文字的输入

看我操作并回答问题（扫描下方二维码观看本节视频）：

二维码 10　注释文字的输入—单线字体

问 一般可以用什么形状的刀具来刻字？

问 除了用加工中心铣削刻字，你还知道哪些刻字的工艺或设备？

问 在什么环境下才可以输入注释文字？

问 注释文字是写在哪个平面上的？

跟我操作（根据以下关键词的指引，独立完成相关操作）：

1）（打开练习文件）打开模型文件“3-1 注释文字的输入— 单线字体 .prt”，如图 3-1 所示。

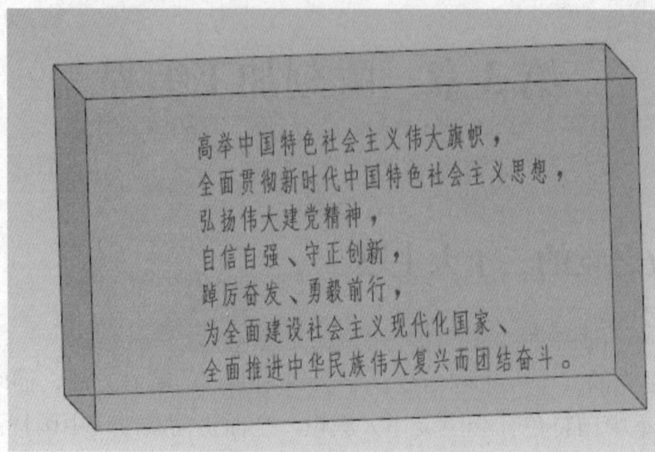

图 3-1　注释文字的输入—单线字体模型

2）（设置 WCS 写字平面）依次选择“菜单”→“格式”→“WCS”→“显示”→双击 WCS 坐标系，动态拖拽更改为：Z 轴朝上，X 轴朝右→单击鼠标中键完成。

3）（在零件上表面输入注释文字）依次选择“菜单”→“插入”→“注释”，输入文字，字体为 chinesef_fs，字号为 9 号字→光标移动到零件表面，单击左键完成。

4）（在零件的左面输入注释文字）方法同步骤 2）和步骤 3）。

3.2　在平面上雕刻注释文字

知识点：刻字编程、平面文本 PLANAR_TEXT、切削深度设置、进给率设置

看我操作并回答问题（扫描下方二维码观看本节视频）：

二维码 11　在平面上雕刻注释文字

问 在拾取文字时，有时很难选中，如何操作可以比较方便地选择文字？

跟我操作（根据以下关键词的指引，独立完成相关操作）：

1）（打开练习文件）打开模型文件“3-2 在平面上雕刻注释文字 .prt”，如图 3-2 所示。

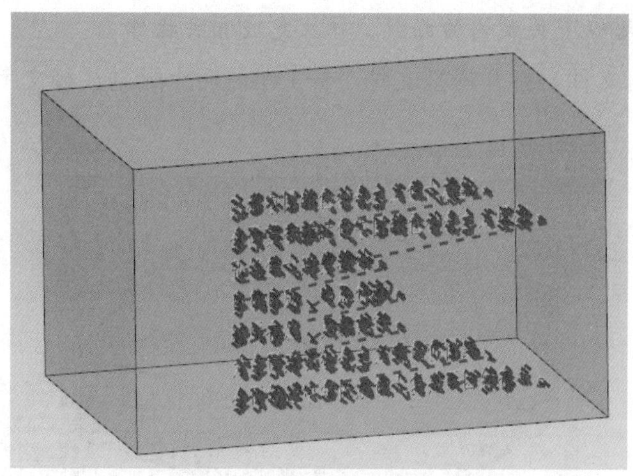

图 3-2　在平面上雕刻注释文字模型

2）创建刻字刀具为 1mm 的球刀。

3）设置 WORKPIECE。

4）创建“平面文本 PLANAR_TEXT”工序。

5）文本深度设置为 0.6mm →每刀切 0.2mm。

6）设置转速和进给率为 S16000F400。

7）确认刀轨→ 2D 仿真→比较颜色→输出后处理代码。

3.3　在曲面上雕刻注释文字

知识点：轮廓文本 CONTOUR_TEXT、刀轨显示出进给率 F 值

看我操作并回答问题（扫描下方二维码观看本节视频）：

二维码 12　在曲面上雕刻注释文字

问 生成刀路报警的原因是什么？

问 为什么进刀速度要设置得比进给速度小很多？

问 分层切削的目的是什么？

跟我操作（根据以下关键词的指引，独立完成相关操作）：

1）（打开练习文件）打开模型文件“3-3 在曲面上雕刻注释文字 .prt”，如图 3-3 所示。

图 3-3 在曲面上雕刻注释文字模型

2）创建“轮廓文本 CONTOUR_TEXT”工序→拾取文字→设置文本深度 0.6mm →生成刀路。

3）设置非切削移动参数为插铣下刀→高度改为 0.5mm。

4）设置转速和进给率为 S16000F400，进刀速度为 F50。

5）设置显示选项→进给率→生成刀路→观察下刀位置的进给率 F 值大小。

6）设置切削参数→多条刀路：偏置 0.6mm，增量 0.2mm。

7）单击确认刀轨→ 2D 仿真。

3.4 曲线文字的输入—空心字

知识点：曲面上的曲线、A 文本的输入

看我操作并回答问题（扫描下方二维码观看本节视频）：

二维码 13 曲线文字的输入—空心字

问 是否勾选“投影曲线”选项的区别是什么？

问 文字的方向和位置以及尺寸大小是如何控制的？

跟我操作（根据以下关键词的指引，独立完成相关操作）：

1）（打开练习文件）打开模型文件“3-4 曲线文字的输入—空心字 .prt”，如图 3-4 所示。

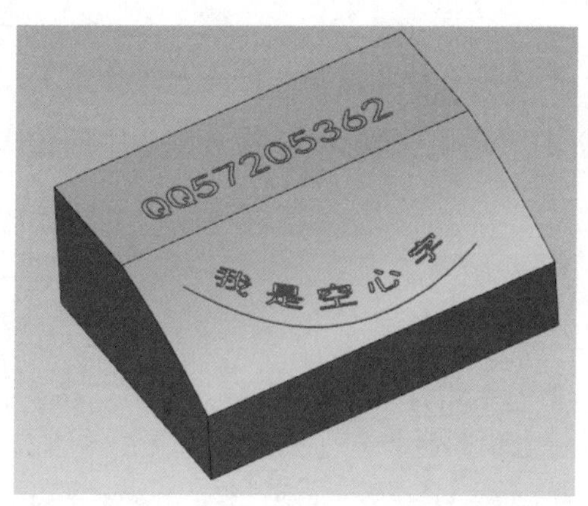

图 3-4　曲线文字的输入—空心字模型

2）（插入曲面上的曲线）依次选择“菜单”→“曲线”→“曲面上的曲线”→单击要画线的面→单击鼠标中键一次→连续在需要画线的位置单击鼠标左键，绘制出需要的线。

3）（插入文本）依次选择“菜单”→“插入”→“曲线”→“文本”→类型改为“面上”→单击要写字的面→单击“选择曲线”→单击要引导文字的曲线→“文本属性”输入自己要写的字→“线型”选择“黑体”→拖拽相关箭头设置文字的大小和位置→单击窗口左上角齿轮图标→“文本（更多）”→展开窗口底部“设置”→勾选“连结曲线”“投影曲线”→单击“确定”按钮完成。

3.5　沿着空心字的轮廓线雕刻

知识点：固定轮廓铣 FIXED_CONTOUR、驱动方法曲线点、多条刀路、余量、变换刀路

看我操作并回答问题（扫描下方二维码观看本节视频）：

二维码 14　沿着空心字的轮廓线雕刻

问 选择曲线时，选完一根线以后单击“添加新集”的目的是什么？

问 切削步长设置为数量和设置为公差的区别是什么？

问 设置负余量要注意什么问题？

跟我操作（根据以下关键词的指引，独立完成相关操作）：

1）（打开练习文件）打开模型文件“3-5 沿着空心字的轮廓线雕刻 .prt”，如图 3-5 所示。

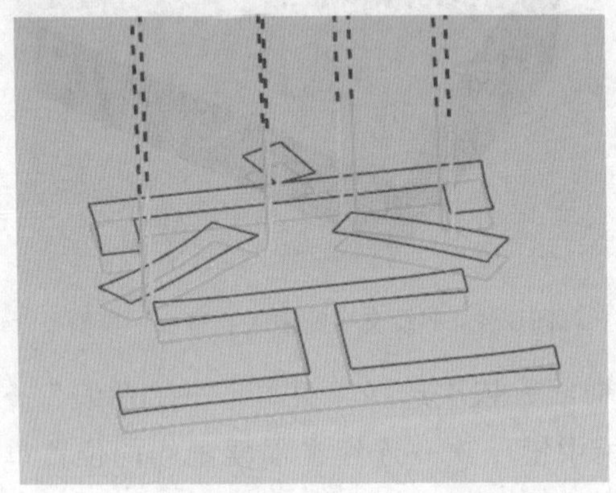

图 3-5　沿着空心字的轮廓线雕刻模型

2）创建“固定轮廓铣 FIXED_CONTOUR”工序→选择刀具和几何体→单击“确定”按钮。

更改驱动方法为：曲线 / 点→依次拾取需要刻字的文本（注意：每选完一个笔画以后必须单击“添加新集”）→更改切削步长为公差 0.01mm →“切削参数”→余量设为 –0.2mm →生成刀路。

再将余量改成 –0.6mm →生成刀路（观察刀轨发现刀路扎下去了，这是使用负余量编程的软件错误）。余量重新改成 0 →生成刀路→确定。

3）（变换刀路）在工序上单击右键→依次选择“对象”→“变换”→“平移”→增量 YC–0.6mm（显示 WCS 观察需要的平移方向）。

4）确认刀轨，2D 仿真。

5）更改非切削移动为插铣下刀（观察与未更改之前的区别）。

6）设置转速和进给率为 S16000F400 →进刀速度为 F50。

7）切削参数→多条刀路→偏置 0.6mm →增量 0.2mm →生成刀路→确定。

3.6　把空心字体内部挖空

知识点：固定轮廓铣 FIXED_CONTOUR、驱动方法边界、多条刀路、余量、变换刀路

看我操作并回答问题（扫描下方二维码观看本节视频）：

二维码 15　把空心字体内部挖空

问 创建边界时，参数“平面”是什么意思？

问 创建边界时，参数“材料侧”是什么意思？

问 拾取完一个边界以后，不选择“创建下一个边界”，直接继续选其他边界的后果是什么？

跟我操作（根据以下关键词的指引，独立完成相关操作）：

1）（打开练习文件）打开模型文件“3-6 把空心字体内部挖空 .prt”，如图 3-6 所示。

图 3-6　把空心字体内部挖空模型

2）创建 B0.3 球刀→设置 WORKPIECE。

3）创建“固定轮廓铣 FIXED_CONTOUR”工序→更改驱动方法为“边界”。

4）拾取一个字的笔画，观察边界跑到什么地方去了（XC-YC 平面）。

5）把 WCS 设置为 Z 轴向上（目的是使得 XC-YC 平面与文字平行），重新拾取边界，依次创建下一个边界。

6）公差 0.003mm →跟随周边→向外→顺铣→恒定 0.05mm。

7）选择切削参数→多条刀路→偏置 0.2mm，增量 0.1mm。

8）更改非切削移动为插削下刀 0.5mm。

9）设置转速和进给为 S16000F400 →进刀速度 F50（mm/min）。

10）变换刀路→平移 0.2mm。

11）单击确认刀轨→切削 2D 仿真。

3.7　挖空交叉图案和交叉字体的编程

知识点：固定轮廓铣 FIXED_CONTOUR、驱动方法边界、多条刀路、余量、变换刀路

看我操作并回答问题（扫描下方二维码观看本节视频）：

二维码 16　挖空交叉图案和交叉字体的编程

问 交叉轮廓为什么只有一部分区域生成了刀路？

跟我操作（根据以下关键词的指引，独立完成相关操作）：

1）（打开练习文件）打开模型文件“3-7 挖空交叉图案和交叉字体的编程 .prt”，如图 3-7 所示。

图 3-7　挖空交叉图案和交叉字体的编程模型

2）创建“固定轮廓铣 FIXED_CONTOUR”工序→更改驱动方法为“边界”。

3）显示 WCS，把 WCS 设置为 Z 轴向上→拾取边界→依次创建下一个边界。

4）公差 0.003mm →跟随周边→向外→顺铣→恒定 0.05mm。

5）更改非切削移动为插铣下刀。

6）单击生成刀路，观察刀路情况（发现只有一部分区域有刀路）。

7）重新把交叉的笔画分成两个程序进行编程。

8）变化刀路→平移 0.2mm。

9）单击确认刀轨，切削 2D 仿真。

3.8　相关练习

打开模型文件“3-8 编制“出租”两个字的挖空程序 .prt”，完成程序的编制，如图 3-8 所示。

图 3-8　编制“出租”两个字的挖空程序模型

第 4 章　孔系零件加工编程

4.0　课程思政之微孔加工大国工匠常晓飞

知识点：大国工匠、工匠精神

说到孔系加工，不得不提起大国工匠常晓飞，他可以使用直径只有 0.03mm 的钻头在金属片上钻孔，孔的直径只有头发丝直径的 1/3，钻出来的小孔只有通过强光照射才能看到。

这些年来，常晓飞凭借着一身真本领，获得了无数荣誉。然而，比起这些耀眼的荣誉，常晓飞最自豪的还是能用自己精湛的技术参与到我国航空航天事业中，为国家的安全保驾护航。

观看《新闻联播》对大国工匠常晓飞的报道（扫描下方二维码观看本节视频）：

二维码 17　大国工匠常晓飞

4.1　打开 drill 钻孔模式的环境变量

知识点：drill 钻孔模式的环境变量

看我操作并回答问题（扫描下方二维码观看本节视频）：

二维码 18　打开 drill 钻孔模式的环境变量

问 为了避免文件出错，导致无法恢复，在修改文件之前应该进行什么操作？

跟我操作（根据以下关键词的指引，独立完成相关操作）：

1）（打开练习文件）打开模型文件“4-1 钻孔 .prt”，如图 4-1 所示。

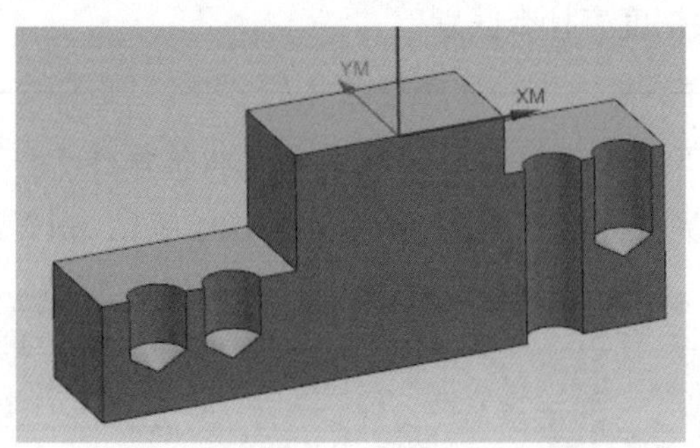

图 4-1　钻孔模型

2）单击“创建工序”→查看“类型”下是否有 drill 的钻孔模式。

3）从 Windows 目录所有程序中或者在桌面上找到 UG NX 12.0 的启动图标。

4）在图标上面单击右键→选择“属性”→“打开文件所在位置”→在弹出窗口的路径上单击“NX 12.0”位置。

5）在“NX 12.0”路径下搜索 cam_general.opt 这个文件，并用写字板（不要使用记事本）打开。

6）删掉这两行前面的两个 # 号：##${UGII_CAM_TEMPLATE_PART_ENGLISH_DIR}drill.prt（英文版）；##${UGII_CAM_TEMPLATE_PART_METRIC_DIR}drill.prt（中文版）。

7）保存文件，重启 NX 12.0。

8）单击“创建工序”→查看“类型”下是否有 drill 的钻孔模式。

4.2　采用 G01 啄钻

知识点：啄钻、距离、钻孔最小安全距离、钻孔通孔安全距离、钻孔深度、安全平面、避让

看我操作并回答问题（扫描下方二维码观看本节视频）：

二维码 19　采用 G01 啄钻

问　啄钻循环参数“距离”和循环参数“增量”（increment）分别是什么意思？

问 啄钻的动作特点是什么？啄钻有什么好处？

问 模型深度和刀尖深度有什么区别？

跟我操作（根据以下关键词的指引，独立完成相关操作）：

1）（打开练习文件）打开模型文件“4-2 采用 G01 啄钻 .prt”，如图 4-2 所示。

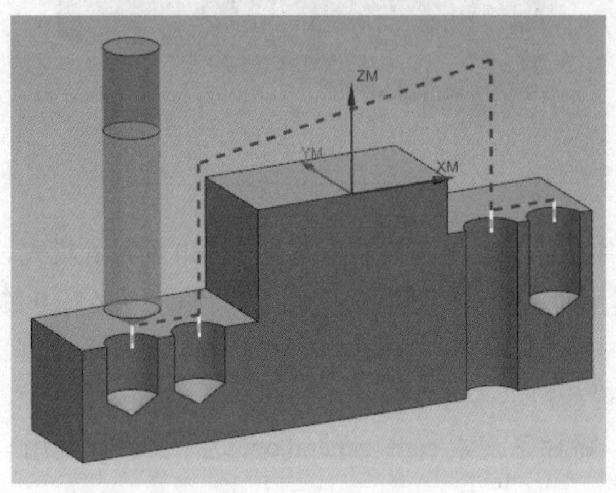

图 4-2　采用 G01 啄钻模型

2）创建 DR-10 钻头→设置 WORKPIECE。

3）创建钻孔 DRILLING 工序→指定孔→循环类型改为“啄钻”→“距离”设置为 1mm→“增量”（increment）设置为 5mm→生成刀路→确认刀轨→2D 仿真→单步执行仿真，观察 Z 坐标的变化，了解钻孔动作。

4）设置“避让”→“安全平面”（clearance plane），观察刀路的变化（起点和终点的变化）。

5）指定孔→“避让”，单击需要开始避让的孔，再单击避让结束的孔→生成刀路，观察刀路的区别。

6）“最小安全距离”改为 10mm，生成刀路看看有何区别；“通孔安全距离”改为 10mm，生成刀路看看有何区别。

7）后处理输出代码，观察代码：都是 G01 和 G00 动作，没有标准循环代码。

8）编辑循环参数→“距离”1mm→“Number of sets”1→“Depth 模型深度”→“刀尖深度”→“深度”1mm→单击“确定”按钮，生成刀路（一般用于钻中心孔）。

4.3　采用 G01 断屑钻

知识点：断屑钻、距离、MCS 安全平面、避让

看我操作并回答问题（扫描下方二维码观看本节视频）：

二维码 20　采用 G01 断屑钻

问 在 MCS 中指定具体的安全平面与没有指定安全平面对钻孔有何影响？

问 “避让”选项有什么作用？

问 断屑钻和啄钻有什么区别？

跟我操作（根据以下关键词的指引，独立完成相关操作）：

1）（打开练习文件）打开模型文件“4-3 采用 G01 断屑钻 .prt”，如图 4-3 所示。

2）创建钻孔 DRILLING 工序→指定孔→循环类型改为“断屑钻”。

3）“距离”设置为 1mm →“增量”（increment）设置为 5mm。

4）设置“避让”→“安全平面”（clearance plane）到安全高度。

5）指定孔→避让（避开中间凸台碰撞）。

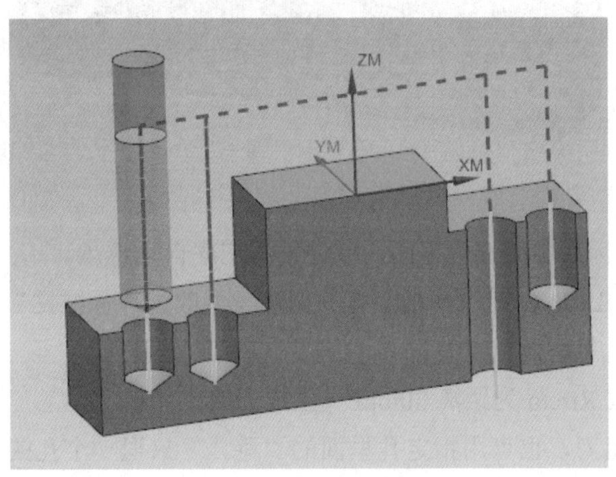

图 4-3　采用 G01 断屑钻模型

4.4　标准循环钻孔 G81

知识点：标准钻、Rtrcto、钻孔深度、安全平面、避让

看我操作并回答问题（扫描下方二维码观看本节视频）：

二维码 21　标准循环钻孔 G81

问 参数“距离”、“自动”和“空”的区别是什么？

跟我操作（根据以下关键词的指引，独立完成相关操作）：

1）（打开练习文件）打开模型文件“4-4 标准循环钻孔 G81.prt”，如图 4-4 所示。

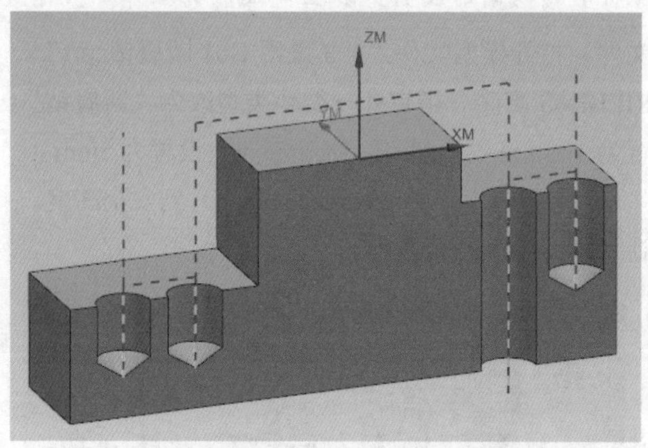

图 4-4　标准循环钻孔 G81 模型

2）设置 MCS 坐标系中的安全平面，以便钻孔工序自动继承。

3）创建钻孔 DRILLING 工序→指定孔→循环类型改为“标准钻”。

4）生成刀路，观察是否有撞刀。

5）设置回退参数 Rtrcto 为距离 30mm →生成刀路。

（如果不想全部退刀，也可用指定孔里面的“避让”只退一个孔的高度。）

（标准钻的动作是 G01 钻下去，G00 抬起来，也可以用来快速铰孔。）

4.5　标准循环埋头孔 G82

知识点：倒角刀、埋头孔、埋头直径 Csink、孔底暂停时间 Dwell

看我操作并回答问题（扫描下方二维码观看本节视频）：

二维码 22　标准循环埋头孔 G82

问 参数 Csink 的直径是指哪个圆的直径？

问 孔口倒斜角时，在孔底暂停的目的是什么？

跟我操作（根据以下关键词的指引，独立完成相关操作）：

1）（打开练习文件）打开模型文件“4-5 标准循环埋头孔 G82.prt”，如图 4-5 所示。

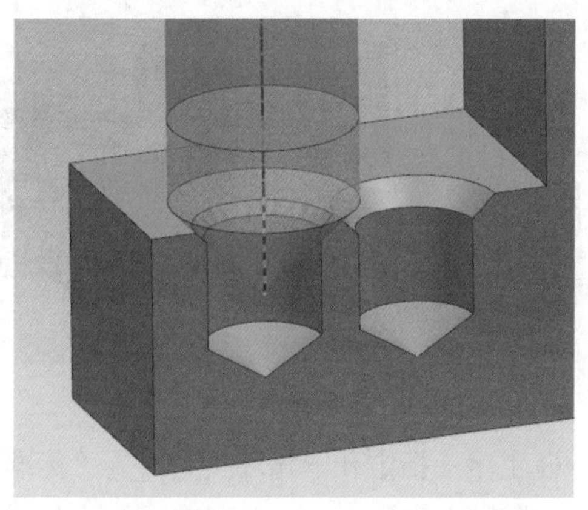

图 4-5　标准循环埋头孔 G82 模型

2）创建倒角刀 COUNTERSINKING_TOOL（C16 刀具）。

3）创建钻埋头孔 COUNTERSINKING 工序（注意：由其他工序类型切换过来的埋头孔，后处理时会无法输出 G82 代码）。

4）指定孔（不同埋头直径的孔不能一起选），生成刀路。

5）设置 Csink 直径。

6）设置 Dwell（孔底暂停时间）。

7）进行后处理，观察加工代码是否有 G82、P。

4.6　标准循环 G83、G73、G84、G85、G76

知识点：G83、G73、G84、G85、G76

看我操作并回答问题（扫描下方二维码观看本节视频）：

二维码 23　标准循环 G83、G73、G84、G85、G76

问 标准攻丝时，主轴转速与进给率有什么关系？如果不匹配会有什么后果？

问 采用 G76 镗孔的好处是什么？

跟我操作（根据以下关键词的指引，独立完成相关操作）：

1）（打开练习文件）打开模型文件“4-6 标准循环 G83 等 .prt”，如图 4-6 所示。

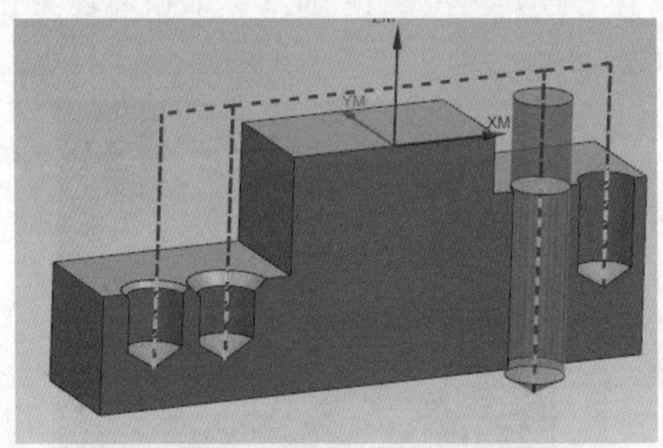

图 4-6　标准循环 G83 等模型

2）创建钻孔 DRILLING 工序→指定孔→循环类型改为“标准钻，深孔”。

设置每次钻深 5mm →设置回退参数 Rtrcto 为“自动”→生成刀路→后处理观察代码是否有 G83。

3）循环类型改为“标准钻，断屑”→生成刀路→后处理观察代码是否有 G73。

4）循环类型改为“标准攻丝”→转速设置为 S400 →进给率设置为转速乘以螺距即 F600（以 M10 为例，螺距为 1.5mm）→生成刀路→后处理观察代码是否有 G84。

5）循环类型改为“标准镗”→生成刀路→后处理观察代码是否有 G85（也可以用来铰孔）。

6）循环类型改为“标准镗，横向偏置后快退”设置 Q 值方向→生成刀路→后处理观察代码是否有 G76。

4.7　铣孔

知识点：HOLE_MILLING

看我操作并回答问题（扫描下方二维码观看本节视频）：

二维码 24　铣孔

问 铣通孔为什么要设置底面偏置？

问 添加清理刀路有什么用？

问 如果指定孔以后，Z 轴方向反了怎么办？

问 高效切削模式有什么好处？高效模式加工时对切屑的处理要注意什么问题？

跟我操作（根据以下关键词的指引，独立完成相关操作）：

1）（打开练习文件）打开模型文件“4-7 铣孔 .prt”，如图 4-7 所示。

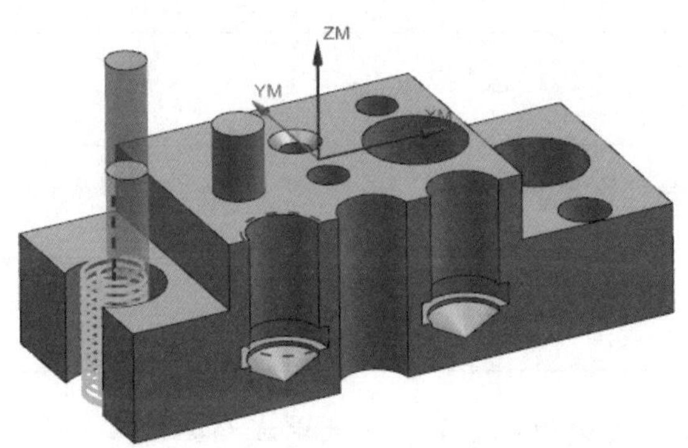

图 4-7　铣孔模型

2）创建铣孔 HOLE_MILLING 工序→依次点选三个大孔→生成刀路。

3）设置延伸路径：顶面偏置 5mm、底面偏置 5mm →生成刀路观察（注意只有通孔才会往下延伸）。

4）切削参数→策略→添加清理刀路。

5）设置轴向步距为 1mm →生成刀路观察（每转一圈的切削深度）。

6）设置底部余量和部件侧面余量 2mm，观察预览效果（底部余量只对盲孔有效）。

7）在列表中点选第一个孔，设置深度为 30mm（可根据需要修改孔深），起始直径为 10mm（假设已经有 10mm 的预孔）→生成刀路观察。

8）切削模式改成“螺旋 / 平面螺旋”，螺旋直径设置为 14mm（大约为刀具直径的 1.7

倍），径向步距设置为 15% →生成刀路观察（高效模式）。

9）轴向步距刀路数改成恒定 10mm →生成刀路观察（分层加工）。

4.8 铣螺纹退刀槽

知识点：平面铣 PLANAR_MILL

看我操作并回答问题（扫描下方二维码观看本节视频）：

二维码 25 铣螺纹退刀槽

问 刀具命名时有什么注意事项？

问 参数“边界类型”是什么意思？

问 参数“刀具侧”是什么意思？

问 参数“平面”是什么意思？

问 参数“指定底面”是什么意思？

跟我操作（根据以下关键词的指引，独立完成相关操作）：

1）（打开练习文件）打开模型文件“4-8 铣螺纹退刀槽 .prt”，如图 4-8 所示。

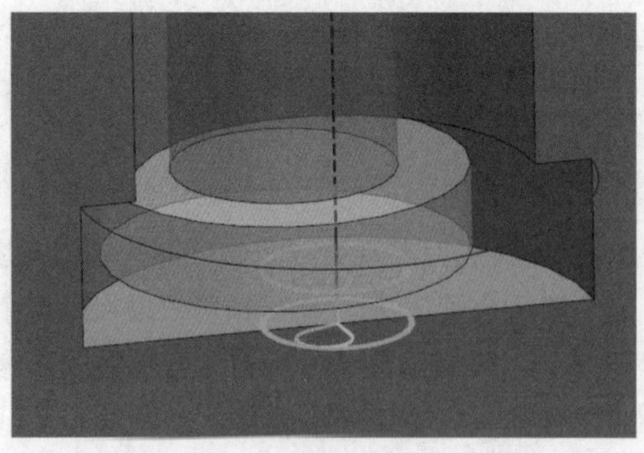

图 4-8 铣螺纹退刀槽模型

2）创建 T 型刀具，命名为 T_D13D8FL3L50，直径 13mm，颈部直径 8mm，长度 50mm，刃长 3mm。

3）创建平面铣 PLANAR_MILL，指定部件边界→曲线→刀具侧设置为内侧→平面指定为槽的上端面→选取退刀槽的上部曲线，指定底面为槽的底面。

4）设置非切削移动参数：封闭区域进刀类型改为“与开放区域相同”→开放区域进刀类型改为“点”，半径 1mm，高度 1mm →鼠标拾取圆心→“转移 / 快速”的区域内转移类型改为“直接”。

5）切削层：设置为“用户定义”→“公共”设置为 2mm →离顶面的距离设置为 3mm（刀具刃长）。

6）切削模式改为轮廓→步距设置为 0.05mm →附加刀路数为 2（粗加工、半精加工、精加工）。

4.9　铣内螺纹

知识点：符号螺纹、铣内螺纹 THREAD_MILLING

看我操作并回答问题（扫描下方二维码观看本节视频）：

二维码 26　铣内螺纹视频

二维码 27　铣内螺纹

问 螺纹参数是随便设置的吗？应该如何确定这些参数？

问 螺旋铣刀的类型和螺距是随便设置的吗？有什么要求？

问 螺纹刀具刃长与加工刀路有何关联？

问 为什么要进行螺纹延伸？

问 为什么要在径向进行分层加工？

跟我操作（根据以下关键词的指引，独立完成相关操作）：

1）（打开练习文件）打开模型文件“4-9 铣内螺纹 .prt”，如图 4-9 所示。

图 4-9　铣内螺纹模型

2）进入建模环境→创建符号螺纹 M16×2：成形 GB193，完整螺纹，手工修改：大径 16mm，小径 14.3mm，螺距 2mm，角度 60°，螺纹钻尺寸 14.3mm。

3）创建螺纹铣刀→命名为 THREAD_D12×2，直径 12mm，颈部直径 8mm，螺距 2mm，牙型公制。

4）创建铣螺纹 THREAD_MILLING 工序→指定特征几何体为符号螺纹。

【**注意**：如果选不了螺纹，注意看选择过滤器，并采用静态线框显示，或者把实体隐藏起来。】

5）生成刀路→修改刀具刃长为 50mm，重新生成刀路，观察区别；修改刀具刃长为 2mm，重新生成刀路，观察区别；修改刀具刃长为 10mm，重新生成刀路，观察区别。

6）轴向步距改为牙数 1，生成刀路观察区别（单牙的螺纹铣刀编程方式）。

7）修改特征螺纹长度 24mm 为 27mm →生成刀路，观察区别。

8）修改径向步距为 0.05mm，生成刀路观察区别→修改特征攻丝直径为 16mm−0.05mm×2×2−0.05mm（螺纹大径 − 步距 ×2（直径方向的吃刀量）×2（两圈）−0.05mm）→生成刀路观察区别。

4.10　铣外螺纹—双头螺纹

知识点：符号螺纹、铣外螺纹 THREAD_MILLING、双头螺纹

看我操作并回答问题（扫描下方二维码观看本节视频）：

二维码 28　铣外螺纹—双头螺纹

问 使用什么样的刀具铣螺纹，必须把轴向步距改为牙数 1？

问 单头螺纹改成双头螺纹，共分哪几个步骤？

跟我操作（根据以下关键词的指引，独立完成相关操作）：

1）（打开练习文件）打开模型文件“4-10 铣外螺纹—双头螺纹 .prt”，如图 4-10 所示。

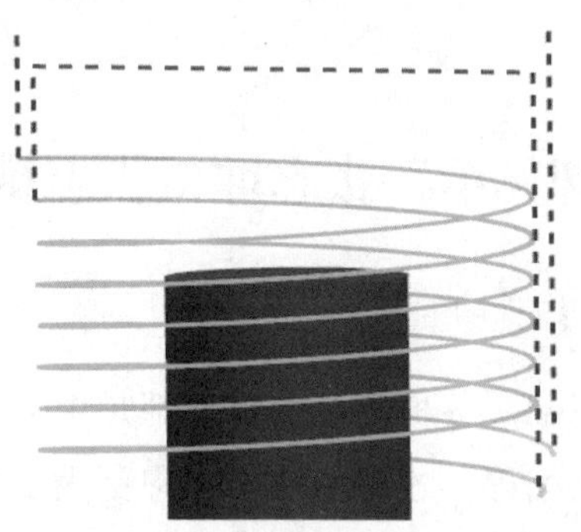

图 4-10　铣外螺纹—双头螺纹模型

2）进入建模环境→创建符号螺纹 M10×1.5：成形 GB193，完整螺纹，从表中选择规格。

3）创建螺纹铣刀→命名为 THREAD_D12×1.5，直径 12mm，螺距 1.5mm，牙型公制。

【注意：刀具的螺距和符号螺纹的螺距必须一致。**】**

4）创建凸台铣螺纹 BOSS_THREAD_MILLING 工序，指定特征几何体为符号螺纹。

5）轴向步距改为牙数 1，生成刀路观察。

6）修改符号螺纹长度为 10mm（缩短螺纹刀路，避免根部撞刀；或修改螺纹长度）。

7）修改径向步距为 0.05mm，生成刀路观察，修改特征攻丝直径为 8.376mm+0.05mm×2×2+0.05mm（螺纹小径 + 步距 ×2（直径方向的吃刀量）×2（两圈）+0.05mm）。

8）生成刀路观察：退刀处直接抬起来，会把螺纹拉坏→修改非切削进刀参数，最小安全距离设置为 2mm →生成刀路观察区别。

9）修改螺纹头数为 2，观察刀路变化（双头螺纹）。

10）（变换刀路）Z 方向平移复制一个刀路，螺距 1.5mm，产生第二头螺纹→按住 Shift 键点选两个工序，同时显示两条刀路。

4.11　特征钻孔 hole_making 练习

打开模型文件“4-11 特征钻孔 hole_making.prt”，观看 hole_making 钻孔视频（扫描下方二维码观看本节视频），并采用 hole_making 方式编制一个 G01 钻孔程序和一个 G81 钻孔程序。

二维码 29　hole_making 钻孔

第 5 章　平面零件加工编程

5.0　课程思政之“金牌兄弟”张志坤、张志斌

知识点：世界技能大赛数控铣项目冠军

平面零件是加工编程的基础，各种复杂的零件都是由一个个简单的平面零件特征构成的。只有学会平面零件的加工编程，才能完成工作中更为复杂的产品的加工。当前世界技能大赛数控铣项目比赛的零件就是平面零件。说到世界技能大赛，不得不提“金牌兄弟”张志坤、张志斌。

张志坤：“笨鸟”先飞走上逆袭之路

1995 年出生的张志坤，小时候学习成绩并不好，性格内向，也没有什么自信，初中毕业后就来到广东省机械技师学院学习。在学校接触数控铣之后，他对这门技术产生了兴趣，因此报名参加了竞赛班，每天坚持训练 16 个小时以上，为克服每个难点，他进行了成百上千次尝试和训练。往往其他同学已经进入梦乡，他还在挑灯夜读，第二天又早早地开始学习。

靠着日复一日的坚持，2015 年，在巴西圣保罗举行的第 43 届世界技能大赛上，20 岁的张志坤一举拿下数控铣项目的金牌。

张志斌：从“网瘾少年”到世界冠军

张志坤的弟弟张志斌曾经是一个“网瘾少年”，几乎每天都会泡在网吧里。在哥哥的激励下，他也参加了技能大赛。以赛促学让他获得成就感，也让他提起对学习的兴趣，通过一场场比赛，他重新找到了自信，成绩一路上升。

努力终究没有白费，经过一轮又一轮的比赛训练，张志斌夺得了第 44 届世界技能大赛塑料模具工程项目冠军，和哥哥一样，成为享受国务院政府特殊津贴的专家。

5.1　平面零件编程—极简模式

知识点：电极设计自动块、型腔铣 CAVITY_MILL、余量、螺旋下刀、主轴转速、进给率、基于层、显示工序几何体

看我操作并回答问题（扫描下方二维码观看本节视频）：

二维码 30　平面零件编程—极简模式

问 使用“基于层”的作用是什么？

问 使用“基于层”的条件是什么？

问 报警“当前操作中定义了部件几何体，当使用基于层的 IPW 时，操作必须从几何体组继承部件几何体”是什么原因？

问 报警“不能在任何层上切削该部件”是什么原因？

问 用户默认设置里面的“显示工序几何体”功能有什么用？

跟我操作（根据以下关键词的指引，独立完成相关操作）：

1）（打开练习文件）打开模型文件“5-1 平面零件编程—极简模式 .prt”，如图 5-1 所示。

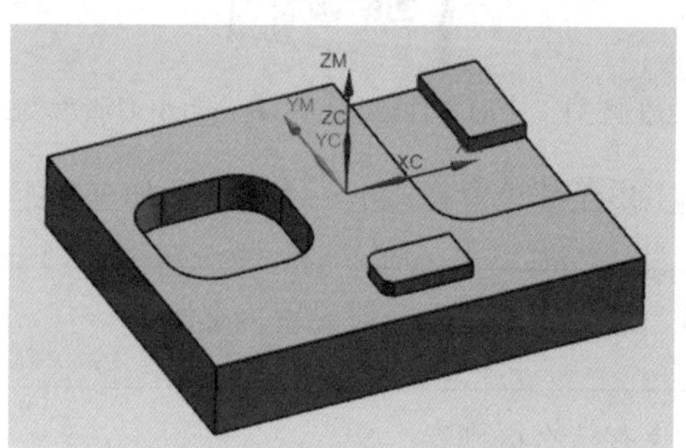

图 5-1　平面零件编程—极简模式模型

2）（做一个毛坯）依次选择“应用模块”→“电极设计”→“包容体”，各边留 5mm 余量。

3）设置 MCS 到毛坯中心上表面，设置 WORKPIECE。

4）测量分析拐角半径和腔体最窄处的宽度，以便选取合适的加工刀具→“创建刀具”→“铣刀”D8。

5）“创建型腔铣”→切削模式“跟随周边”→步距 75%→最大距离 2mm→“切削参数”→“余量”→部件侧面余量 0.2mm→“非切削移动”→进刀类型“螺旋”→斜坡角度 5°→“进给率和速度”→主轴转速 S6000→进给率 F1500→生成刀路。

6）（精加工）复制粘贴工序→“切削参数”→余量改成 0→最大距离改成 0→进给率改成 F400→生成刀路（发现有很多空切刀路）。

7）（理解基于层的含义）“切削参数”→“空间范围”→过程工件设置为“使用基于层”→生成刀路（发现已经没有空切刀路）。

8）（理解基于层的含义）把余量设置为 0.2mm，看看能否生成刀路→余量再改为 0，生成刀路→复制一个工序，单击“生成”，看看能否生成刀路→“取消”。

9）（设置点选工序的显示模式）“文件”→“实用工具”→“用户默认设置”→“加工”→“用户界面”→“工序导航器”→取消勾选“显示工序几何体”，重启 NX。

10）（相关练习）打开模型文件“5-1 平面零件编程—极简模式—P.prt”，依照此例，完成编程。

5.2　平面零件编程—大刀开粗小刀清角模式

知识点：电极设计自动块、型腔铣 CAVITY_MILL、基于层、螺旋下刀、圆弧进退刀、删除组装

看我操作并回答问题（扫描下方二维码观看本节视频）：

二维码 31　平面零件编程—大刀开粗小刀清角模式

问 为什么这里的加工步距要设置得比上一个例子的加工步距小一点？

问 加工铝合金材料，螺旋下刀角度一般设置为多少？

问 深度优先和层优先有什么区别？

问 为什么要设置圆弧进退刀？有什么好处？

问 为什么飞刀不能用于侧面精加工？精铣底面时，为什么要留出侧壁余量？

问 刀具直径比较小时，切削参数应该做什么调整？

问 删除组装的实际含义是什么？

跟我操作（根据以下关键词的指引，独立完成相关操作）：

1）（打开练习文件）打开模型文件“5-2 平面零件编程—大刀开粗小刀清角模式 .prt”，如图 5-2 所示。

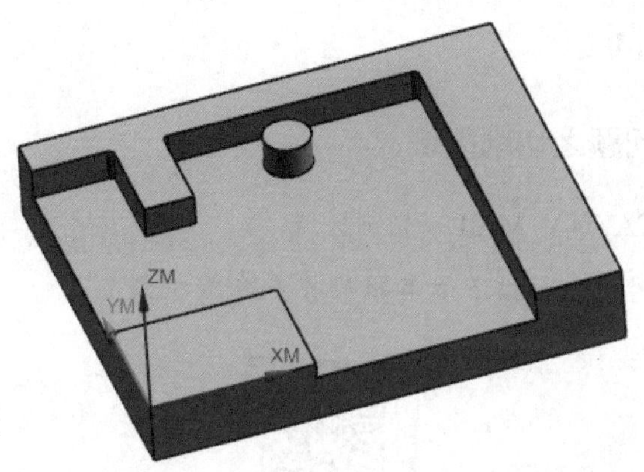

图 5-2　平面零件编程—大刀开粗小刀清角模式模型

2）（做一个毛坯）依次选择“电极设计”→“包容体”，各边 5mm，顶面 0.5mm。

3）设置 MCS 加工坐标系到毛坯中心上表面，设置 WORKPIECE。

4）测量分析拐角半径和腔体最窄处的宽度，以便选取合适的加工刀具→“创建刀具”→“铣刀”D3、D6、D32（飞刀）。

5）创建“型腔铣”→选择刀具 D32→切削模式“跟随周边”→步距 45%→最大距离 2mm→“切削参数”→“余量”0.2mm→“非切削移动”→进刀类型“螺旋”→斜坡角度 5°→生成刀路。

6）复制粘贴工序→更换刀具为 D6→最大距离改为 1mm→“使用基于层”（使用线框仿真观察刀具运动，发现有来回抬刀的现象）。

单击“切削参数”→“策略”→切削顺序由“层优先”改成“深度优先”→“非切削移动”→“转移 / 快速”→区域内→转移类型“直接”→生成刀路（线框仿真观察，抬刀减少了）。

7）复制粘贴工序→更换刀具为 D3→最大距离改为 0.5mm→生成刀路观察（进退刀不太好）→“非切削移动”→“进刀”→开放区域→进刀类型“圆弧”→半径 3mm→生成刀路（采用圆弧切入切出）。

8）复制粘贴工序→更换刀具为 D32→最大距离改为 0→“切削参数”→“余量”→取消勾选“使底面余量与侧面余量一致”→侧面余量 0.3mm→底面余量 0→生成刀路→ 2D 仿真比较，观察切削效果（不同颜色的区别）。

9）复制粘贴工序→更换刀具为 D6→侧面余量改为 0→生成刀路。

10）复制粘贴工序→更换刀具为 D3→最大距离改为 3mm→生成刀路。

11）删除组装，重新练习一遍。

12）（相关练习）打开模型文件“5-2 平面零件编程—大刀开粗小刀清角模式—P.prt”，依照此例，完成编程。

5.3　型腔铣撞刀问题

5.3.1　型腔铣撞刀问题之切削区域

知识点：型腔铣 CAVITY_MILL、切削区域

看我操作并回答问题（扫描下方二维码观看本节视频）：

二维码 32　型腔铣撞刀问题之切削区域

问 型腔铣粗加工时，一般是否需要指定切削区域？

____

问 什么情况下可以指定切削区域？指定切削区域有什么好处？

____

问 如果切削不封闭的槽，并且区域边界小于毛坯边界时，可能会发生什么情况？

____

跟我操作（根据以下关键词的指引，独立完成相关操作）：

1）（打开练习文件）打开模型文件“5-3 型腔铣撞刀问题之切削区域 .prt”，如图 5-3 所示。

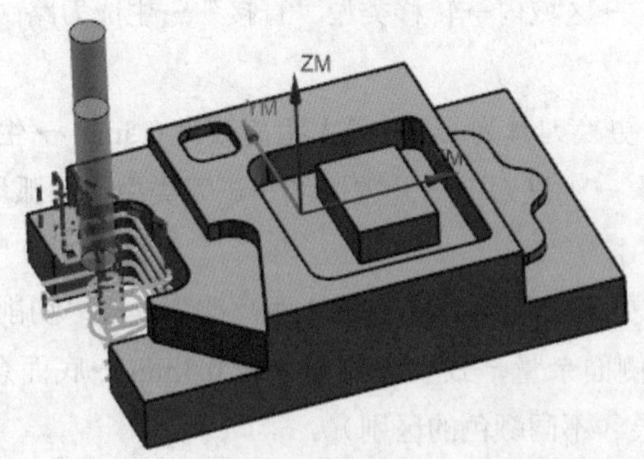

图 5-3　型腔铣撞刀问题之切削区域模型

2）创建型腔铣→生成刀路（刀路正常）。

3）指定切削区域为右边凸型平台区域→生成刀路观察→ 2D 仿真（刀路正常）。

4）指定切削区域修改为中间槽→生成刀路观察（刀路正常）。

5）指定切削区域修改为左边凹槽侧壁→生成刀路观察→ 2D 仿真（加工残留不正常）。（如果要单独加工左边区域，可以采用修剪边界功能来实现，后文讲解。）

5.3.2　型腔铣撞刀问题之修剪边界

知识点：型腔铣 CAVITY_MILL、WCS、修剪边界、检查体

看我操作并回答问题（扫描下方二维码观看本节视频）：

二维码 33　型腔铣撞刀问题之修剪边界

问 WCS 与修剪边界有什么关系？

问 修剪边界时，进退刀路径能否被修剪掉？

问 检查体有什么作用？面和实体都可以作为检查体吗？

跟我操作（根据以下关键词的指引，独立完成相关操作）：

1）（打开练习文件）打开模型文件“5-4 型腔铣撞刀问题之修剪边界 .prt”，如图 5-4 所示。

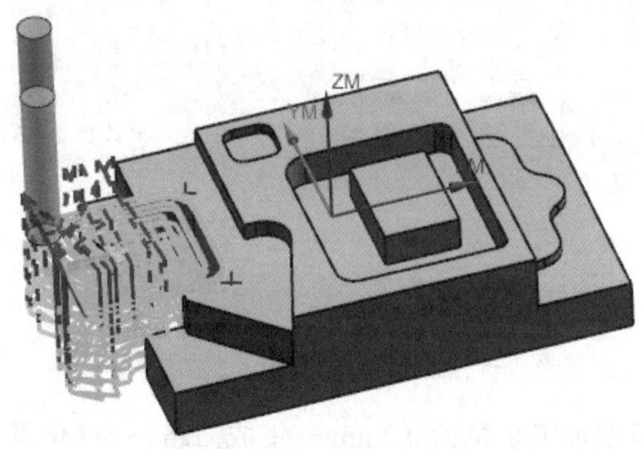

图 5-4　型腔铣撞刀问题之修剪边界模型

2）创建型腔铣→生成刀路→ 2D 仿真观察（加工正常）。

3）显示 WCS →调整为与 MCS 方向一致。

4）使用点的方式，大致指定修剪边界为左边区域→生成刀路（发现边界之外的刀路被修剪掉了）。

5）指定修剪边界→拾取凹型相连曲线，修剪侧为“外侧”→生成刀路观察。

6）指定检查体→生成刀路（检查体可以是面也可以是实体，可以彻底挡住刀路）。

5.3.3　型腔铣撞刀问题之切削层

知识点：型腔铣 CAVITY_MILL、切削层

看我操作并回答问题（扫描下方二维码观看本节视频）：

二维码 34　型腔铣撞刀问题之切削层

问 切削层的作用是什么？

问 修改切削层的顺序是什么？

跟我操作（根据以下关键词的指引，独立完成相关操作）：

1）（打开练习文件）打开模型文件“5-5 型腔铣撞刀问题之切削层 .prt”，如图 5-5 所示。

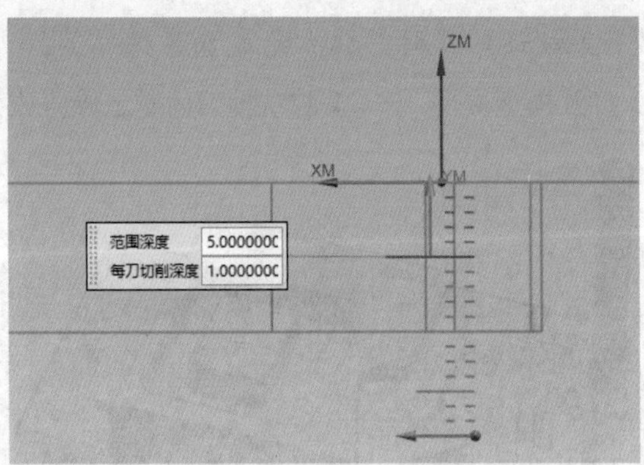

图 5-5　型腔铣撞刀问题之切削层模型

2）创建型腔铣→设置加工余量为 0.2mm →生成刀路→ 3D 仿真→“分析”（余量是否正确）。

3）修改切削层→范围 1 的顶部改到左边凹槽顶面→删除所有范围→拾取到下面平台（12）。

4）每刀切削深度设置为 1mm →生成刀路观察。

5）修改切削层→把范围 1 的顶部改到零件上表面→删除所有范围→拾取到下面平

台（17）。

6）每刀切削深度设置为 6mm →生成刀路→ 3D 仿真→分析余量（余量不正确）。

7）修改切削层→把范围类型改成“自动”→把范围 1 的顶部改到零件上表面→将最后一个范围（32）改到中间平台（17）→生成刀路→ 3D 仿真→分析余量（余量正常）。

【**说明：**范围 1 的顶部是指从什么地方开始往下切，范围定义是指切多深，零件的每一个水平台阶必须有一个范围（系统自动会产生，不能随意删除或修改），否则无法正确获得加工余量，容易造成撞刀。】

5.3.4　型腔铣撞刀问题之参考刀具

知识点：型腔铣 CAVITY_MILL、基于层、参考刀具

看我操作并回答问题（扫描下方二维码观看本节视频）：

二维码 35　型腔铣撞刀问题之参考刀具

问 参考刀具和基于层相比，有什么优势？使用参考刀具时，要注意什么问题？

跟我操作（根据以下关键词的指引，独立完成相关操作）：

1）（打开练习文件）打开模型文件“5-6 型腔铣撞刀问题之参考刀具 .prt”，如图 5-6 所示。

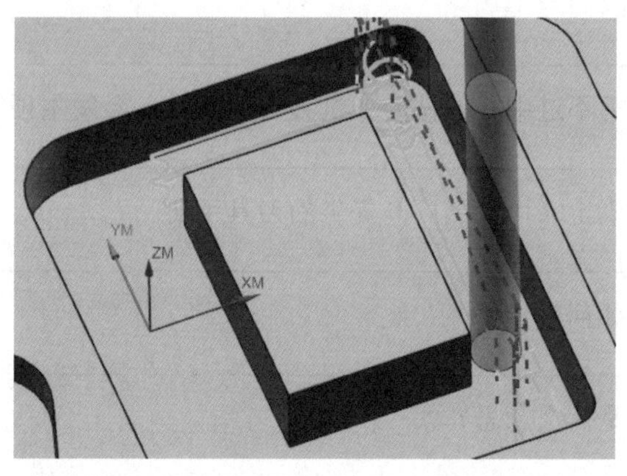

图 5-6　型腔铣撞刀问题之参考刀具模型

2）创建型腔铣 D10 刀具→设置加工余量为 0.2mm →生成刀路。

3）复制刀路→刀具换成 D6 →启用基于层→生成刀路（刀路正常）。

4）关闭基于层→开启参考刀具 D10 →重叠距离 1mm →生成刀路（小槽撞刀）。

5）修改余量为 0 →生成刀路（也发生撞刀）。

【说明：“基于层”是参考上一个工序加工的结果作为计算刀路的毛坯，考虑实际情况，比较安全，但是计算刀路的运算量大，复杂的大尺寸零件计算刀路时间长；而“参考刀具”不考虑前面工序的加工情况，因此计算速度快，但是可能会出现本该前工序加工完的区域却没有加工的情况，容易造成撞刀。测试发现：加工余量与前工序的余量一致时，长槽区域可正确识别前工序没加工的情况（相对安全），但是小槽依然没有正确识别，所以采用参考刀具生成刀路以后必须仔细观察刀路是否正常，尤其是前工序生成刀路报警“有些区域太小无法进刀”时要特别注意。**】**

5.3.5　型腔铣撞刀问题之非切削移动参数

知识点：型腔铣 CAVITY_MILL、非切削移动参数、FANUC 系统 G00 运动特性

看我操作并回答问题（扫描下方二维码观看本节视频）：

二维码 36　型腔铣撞刀问题之非切削移动参数

问 为什么 D6 刀具会撞刀？为什么 D10 刀具不能粗加工小槽？如果 D6 刀具采用“基于层”会撞刀吗？

问 什么叫顶刀或踩刀？

问 为什么采用刀刃不过中心的铣刀或机夹刀加工时，会发生顶刀现象？

问 斜坡角度如何确定（可查阅厂商提供的刀具手册）？

问 最小斜坡长度如何确定？

问 G00 运动特性是什么意思？

跟我操作（根据以下关键词的指引，独立完成相关操作）：

1）（打开练习文件）打开模型文件“5-7 型腔铣撞刀问题之非切削移动参数 .prt”，如图 5-7 所示。

2）创建型腔铣→ D10 刀具→生成刀路。

3）复制刀路→更换 D6 刀具→开启参考刀具 D10 →重叠距离 1mm →生成刀路（小槽会撞刀）。

4）修改 D10 刀具的型腔铣→非切削移动参数“最小斜坡长度”70% 改为 10% →生成刀路（小槽粗加工，D6 参考刀具工序不再撞刀）。

图 5-7　型腔铣撞刀问题之非切削移动参数模型

5）理解进刀参数“斜坡角度”和“最小斜坡长度”，如图 5-8 ～图 5-10 所示。

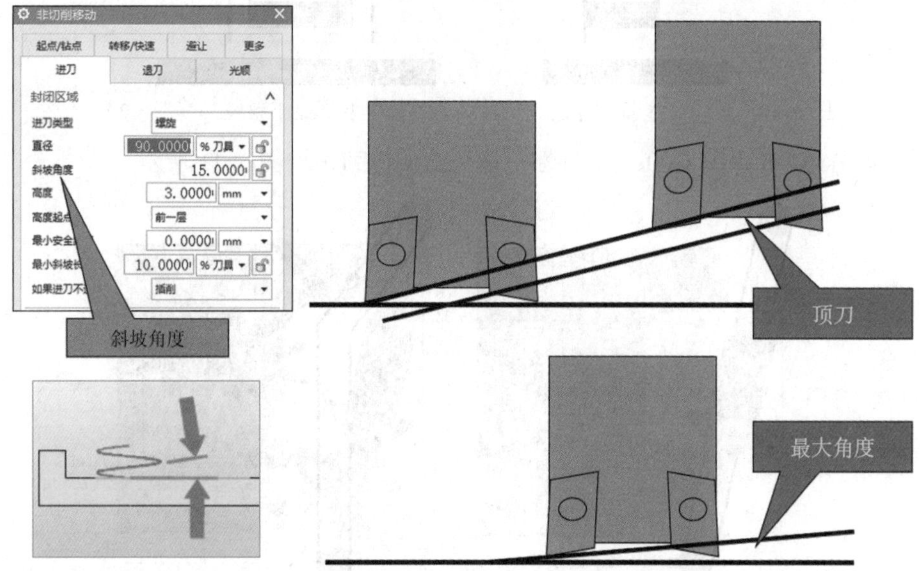

图 5-8　型腔铣撞刀问题之非切削移动参数“斜坡角度”

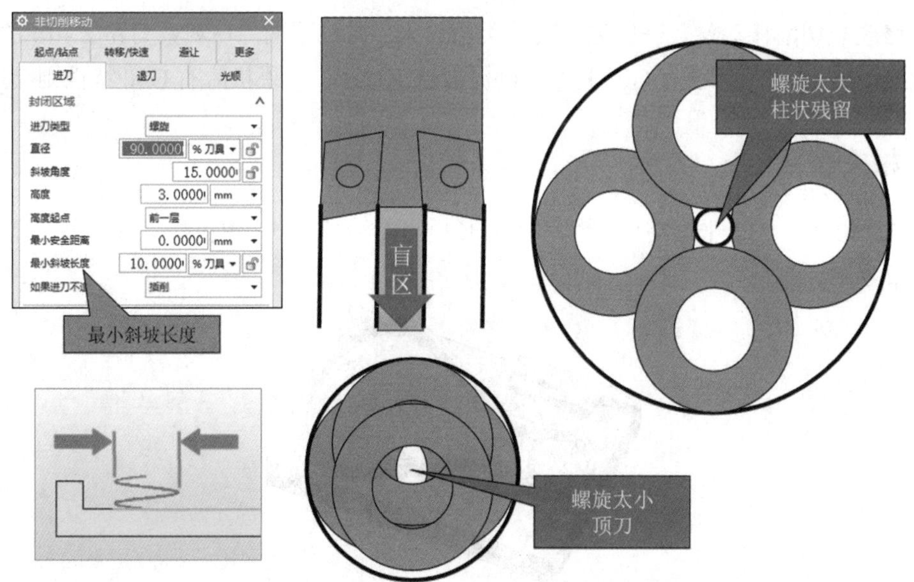

图 5-9　型腔铣撞刀问题之非切削移动参数模型“最小斜坡长度”（1）

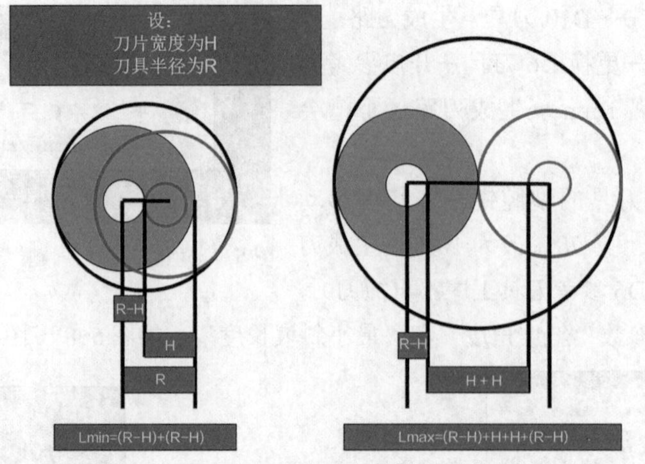

图 5-10　型腔铣撞刀问题之非切削移动参数模型“最小斜坡长度”（2）

6）了解 FANUC 系统 G00 运动特性，避免造成撞刀，如图 5-11 所示。

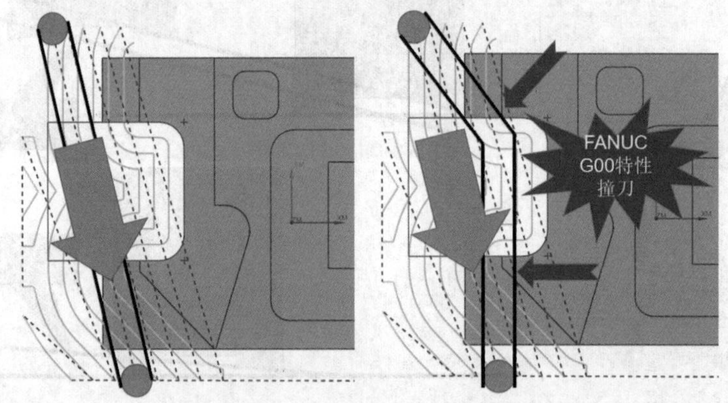

图 5-11　型腔铣撞刀问题之非切削移动参数模型→ G00 运动特性

7）修改非切削移动参数→区域内转移类型设为“前一平面”→观察刀路 Z –14 的层（有撞刀安全隐患。如果机床没有 G00 特性，可提高加工效率；如果机床有 G00 特性则会撞刀）。

5.3.6　相关练习

打开模型文件“5-2 平面零件编程—大刀开粗小刀清角模式—P.prt”，完成程序的编制，如图 5-12 所示。

图 5-12　平面零件编程—大刀开粗小刀清角模式—P 模型

5.4　平面零件编程—精细模式

5.4.1　平面零件编程—精细模式—底壁铣铣表面

知识点：底壁铣 FLOOR_WALL、空间范围毛坯几何体、将底壁延伸至毛坯轮廓、显示十字准线、刀轨显示轮廓线填充

看我操作并回答问题（扫描下方二维码观看本节视频）：

二维码 37　平面零件编程—精细模式—底壁铣铣表面

问　使用型腔铣作为精加工刀路，有什么弊端？

跟我操作（根据以下关键词的指引，独立完成相关操作）：

1）（打开练习文件）打开模型文件“5-8 平面零件编程—精细模式 .prt”，如图 5-13 所示。

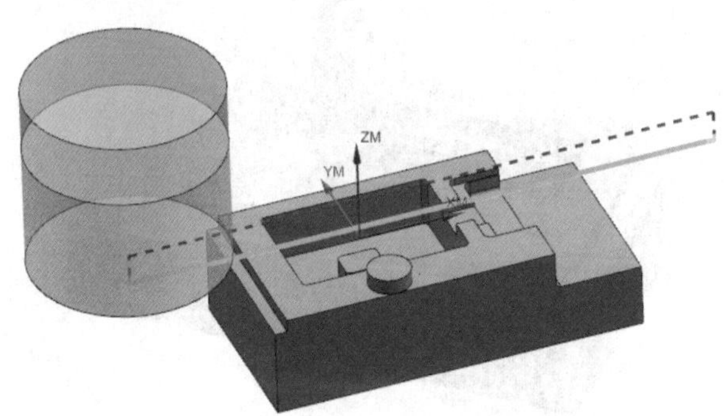

图 5-13　平面零件编程—精细模式模型（1）

2）用 D80 刀具新建底壁铣工序。

3）指定切削区域为圆柱凸台上表面→生成刀路→观察（此时只切圆凸台面）。

依次单击“切削参数”→“空间范围”→“毛坯”设置为“毛坯几何体”→“将底面延伸至”设置为“毛坯轮廓”→生成刀路（整个毛坯面全切）。

步距改为刀路数 1 →生成刀路观察区别（只有一条刀路）。

4）切削深度设置为 0.5mm →切削参数→余量→最终底面余量设置为 0.2mm →生成刀路观察区别（分层加工）。

5）Ctrl+Shift+T →显示十字准线→观察刀具是否完全覆盖零件。

6）编辑显示→刀轨显示改为“轮廓线填充”→重播刀轨，观察刀具是否完全覆盖零件。

5.4.2　平面零件编程—精细模式—型腔铣开粗

知识点：保存 MCS、WCS 偏置坐标系、使 WCS 与 MCS 重合、跟随周边、切削层

看我操作并回答问题（扫描下方二维码观看本节视频）：

二维码 38　平面零件编程—精细模式—型腔铣开粗

问 使 WCS 与 MCS 重合有什么好处？是否必须使它们重合？

问 切削层范围 1 的顶部表示什么意思？范围深度是什么意思？

跟我操作（根据以下关键词的指引，独立完成相关操作）：

1）继续上面的任务，如图 5-14 所示。

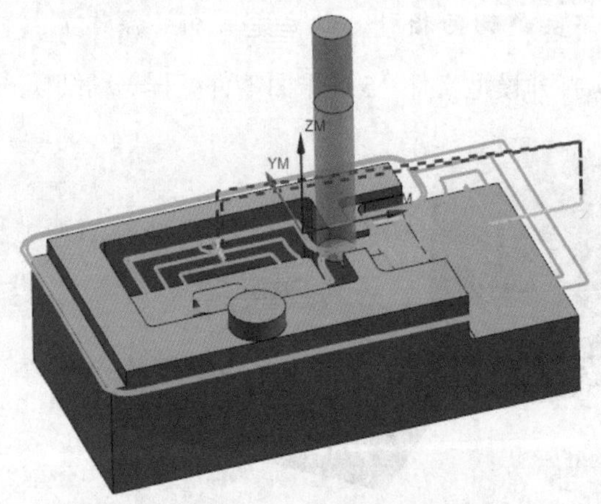

图 5-14　平面零件编程—精细模式模型（2）

2）（使 WCS 与 MCS 重合）双击 MCS→展开“细节”→保存 MCS→显示 WCS→WCS 定向→偏置坐标系→拾取保存的 MCS→“确定”。

3）用 D12 刀具创建型腔铣→跟随周边→最大距离 2mm→余量 0.2mm→螺旋下刀 5°→生成刀路观察（上表面的刀路是多余的，已经被底壁铣加工过了，需要移除）。

修改切削层→范围 1 的顶部改为 ZC –1.8mm→最后一个范围拾取零件底面→然后再加 1mm，即 47.2mm（前提是 WCS 与 MCS 已经重合，否则输入数值是不正确的）→生成刀路。

5.4.3　平面零件编程—精细模式—型腔铣二次开粗

知识点：深度优先、基于层、圆弧进退刀、前一平面转移

看我操作并回答问题（扫描下方二维码观看本节视频）：

二维码 39　平面零件编程—精细模式—型腔铣二次开粗

问 基于层有什么作用？

问 圆弧进退刀有什么好处？

跟我操作（根据以下关键词的指引，独立完成相关操作）：

1）继续上面的任务，如图 5-15 所示。

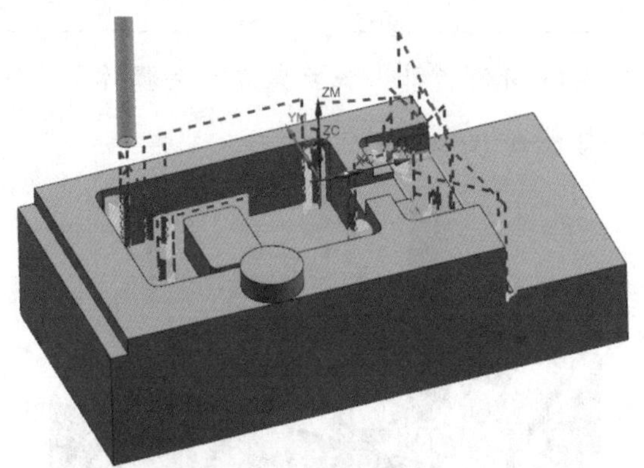

图 5-15　平面零件编程—精细模式模型（3）

2）复制型腔铣开粗工序→刀具换成 D5 →最大距离改成 1mm →深度优先→开启基于层。

3）非切削移动→圆弧进退刀 3mm →区域内转移“前一平面”→生成刀路。

5.4.4　平面零件编程—精细模式—底壁铣精铣底面

知识点：底壁铣 FLOOR_WALL、部件余量、壁余量、刀具延展量、岛清根、添加精加工刀路、毛坯余量、跨空区域

看我操作并回答问题（扫描下方二维码观看本节视频）：

二维码 40　平面零件编程—精细模式—底壁铣精铣底面

问 精铣底面时，为什么要留出部件余量，且要大于粗加工余量？

问 刀具延展量是什么意思？

问 岛清根的作用是什么？

问 添加精加工刀路的作用是什么？

问 毛坯余量的作用是什么？

问 把刀路拖到未使用项表示什么意思？

问 底壁铣中壁余量和部件余量有什么区别？壁余量在什么情况下才有效？

跟我操作（根据以下关键词的指引，独立完成相关操作）：

1）继续上面的任务，如图 5-16 所示。

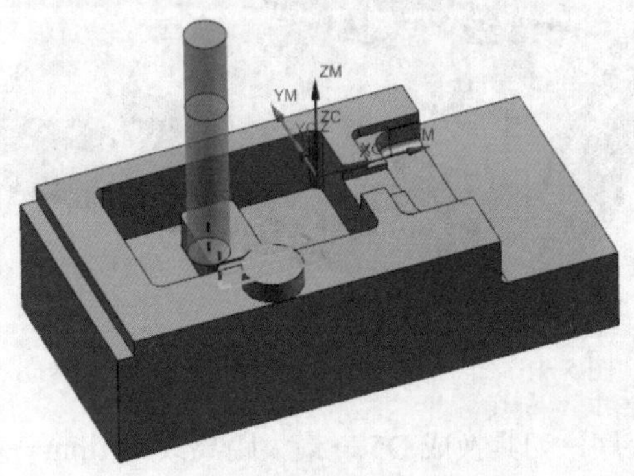

图 5-16　平面零件编程—精细模式模型（4）

2）用 D12 刀具创建底壁铣→切削区域依次拾取所有底平面→跟随周边→部件余量 0.3mm→生成刀路→观察中间缺口槽出现了一层多余的刀路→把底面毛坯厚度改成 0.2mm→生成刀路（多余的刀路消失）。

3）观察左边和中间缺口槽的两个肩膀没有刀路→切削参数“刀具延展量”改为 100%→生成。

4）观察顶层刀路→外圈刀路切不到零件，浪费时间，重新改回 50%→生成。

5）复制底壁铣工序→重新指定未加工区域→延展量改为 100%→生成。

6）使用 3D 仿真→观察加工效果（发现圆凸台周边一圈没有切干净）。

7）复制工序→重新指定圆台阶区域→生成（当前延展量是 100%，刀路不完整）。

8）切削参数→勾选“岛清根”→生成（刀路仍不完整）。

9）切削参数→添加精加工刀路（凸台周边多了一圈精加工刀路，但仍切不完整）。

10）切削参数→毛坯余量设置为 1mm（预览，加工区域被放大）→生成（切完整）→切削模式改成轮廓（只沿着轮廓切一圈）。

11）复制刀路→切削模式改为“往复”→生成刀路观察（中间槽空切）→切削参数“连接”→跨空区域切削改成“跟随”生成刀路观察（没有空切），把刀路拖到未使用项（删除这条刀路）。

12）用 D12R2 刀具创建底壁铣→切削区域为有圆角的平台→往复走刀→生成（切不到壁）。

勾选“精确定位”→生成（切到壁）。

部件余量 0.3mm →生成（刀具离开太远）。

部件余量 0，壁余量 0.3mm →生成（还是切到壁了，0.3mm 壁余量无效）。

指定壁几何体为侧壁→生成（壁余量有效）。

切削模式改为轮廓→生成。

5.4.5　平面零件编程—精细模式—平面铣精铣侧壁

知识点：平面铣 PLANAR_MILL、批准刀路、工序前面符号的含义

看我操作并回答问题（扫描下方二维码观看本节视频）：

二维码 41　平面零件编程—精细模式—平面铣精铣侧壁

问 刀具侧是什么意思？

____

问 平面是什么意思？

____

问 报警“没有在岛的周围定义要切削的材料”是什么原因？如何解决？

____

问 如果下刀的位置会撞刀（在其他的位置下刀不会撞），如何解决？

____

问 为什么指定了切削层分层加工，却无法输出分层加工刀路？

____

问 参数 - 拐角 - 凸角“延伸并修剪”有什么作用？

____

问 使用球头刀或者圆鼻刀编平面铣程序时，有什么安全隐患？

____

问 工序图标前的红色符号“⊘”表示什么意思？

问 工序图标前的黄色叹号“！”表示什么意思？

问 工序图标前的绿色对号“√”表示什么意思？

问 工序图标前的绿色对号“√”上面有个手形标志表示什么意思？

问 工序图标后面“刀轨”列出现黄色问号“？”表示什么意思？

跟我操作（根据以下关键词的指引，独立完成相关操作）：

1）继续上面的任务，如图 5-17 所示。

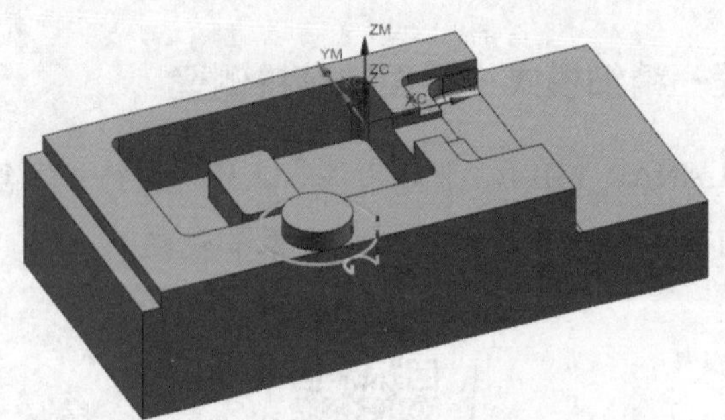

图 5-17　平面零件编程—精细模式模型（5）

2）（精铣圆凸台）用 D12 刀具创建平面铣→指定部件边界→拾取圆凸台表面→指定底面为圆台大平面→生成刀路（有报警）。

修改切削模式为“轮廓”→生成（没有报警）。

修改进退刀为圆弧 3mm →重叠 3mm →设置“起点 / 钻点”为凸台 Y 负方向→生成。

3）（精铣外形）用 D12 刀具创建平面铣→指定部件边界为零件外形→拾取零件底面→指定底面为零件的底面多铣深 1mm →切削模式为轮廓→切削层为用户定义 10 →生成（发现无法分层加工）。

修改部件边界平面到圆台大平面（表示从这里开始下切）→点击手电筒观察是否正确→生成（可以正常分层）。

4）切削参数→拐角→凸角改为“延伸并修剪”→进退刀改为“线性 - 相对于切削”→区域起点改为“拐角”→大概在零件右下角单击一下鼠标左键→生成刀路。

5）用 D12 刀具创建平面铣，分别依次精加工左侧一条边和中间缺口槽。

6）用 D5 刀具加工缺口槽右边平台和槽内的凸台（分层加工：切深 5mm →进退刀为圆弧 1mm →重叠 3mm →进刀位置在窄槽处）（发现撞到对面）。

最小安全距离改成 1mm →生成（不撞刀）。

再把进刀位置改到槽的右边（尽量在空旷的位置下刀）。

7）用 D12R2 刀具精加工有圆角根部的侧壁（不分层，一刀切到底）。

8）复制刀路→层切设置为 0.5mm（观察边上会撞刀）。

把刀具换成 D12 →生成（不会撞刀）→再把刀具换成 D12R2，不要单击“生成”，直接单击“确定”→单击右键选择工序→对象→批准（刀路正确），把工序拖到未使用项（不要这条刀路了）。

5.4.6　相关练习

1）打开模型文件“5-8 平面零件编程—精细模式 .prt”，完成精铣槽侧壁刀路的编制，如图 5-18 所示。

2）打开模型文件“5-8 平面零件编程—精细模式—P.prt”，完成整个模型程序的编制，如图 5-19 所示。

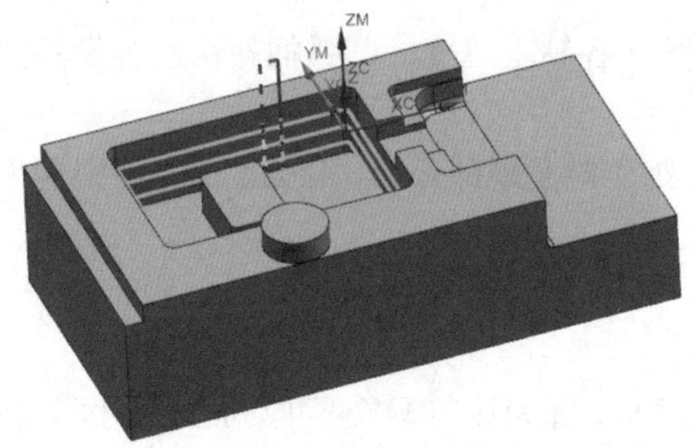

图 5-18　平面零件编程—精细模式模型（6）

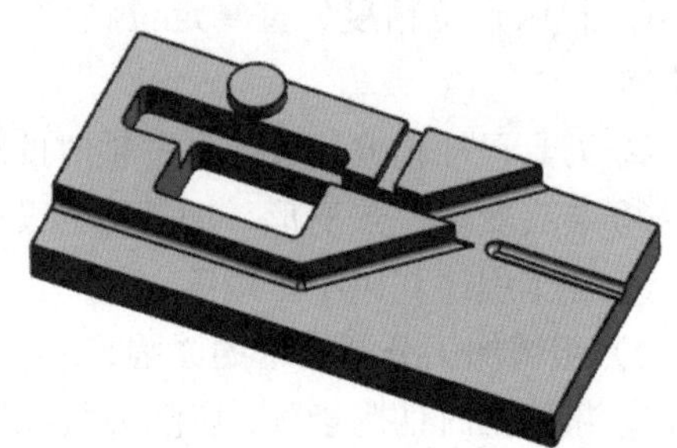

图 5-19　平面零件编程—精细模式—P 模型

5.5　平面零件加工误差分析及尺寸控制方法

5.5.1　平面零件加工尺寸控制—加工误差分析

知识点：加工误差分析

看我操作并回答问题（扫描下方二维码观看本节视频）：

二维码 42　平面零件加工尺寸控制—加工误差分析

问 精加工底面的进给率和精加工侧壁的进给率有什么不同？

问 刀具半径补偿是在精加工底面时设置还是在精加工侧壁时设置？

问 精加工侧壁时，如果底面和侧壁一起切削，一般会发生什么现象？

阅读以下段落，了解加工误差与编程的关系。

1）影响加工误差的因素（如图 5-20 所示）：

图 5-20　平面零件加工尺寸控制—加工误差分析

① 机床定位精度、重复定位精度、反向间隙、各轴垂直度、圆弧插补精度等设备因素的影响。

② 刀具尺寸精度，安装到主轴时的跳动量，加工时呈现的弹刀、让刀、刀具磨损现象。

③ 装夹变形、热变形、加工应力变形。

④ 加工程序代码不正确等。

2）粗精加工分开编程的原因：

① 粗加工时切削量大，切削力大，刀具抖动严重，弹刀让刀现象严重，加工尺寸不准确、不稳定，加工表面质量不好。

② 精加工切削量少、切削力小，可以很好地控制加工尺寸精度和表面质量。

③ 根据零件加工具体工况，可能还需要安排半精加工，把余量去除得更均匀。如果粗加工余量太小，有可能弹刀时就过切了，或者是零件变形太大，精加工时已经无法加工出正确零件；如果余量太大，可能精加工效果不好，表面质量和尺寸精度无法保证。

④ 另外，加工残余应力大的零件，在精加工前还可能要进行去应力热处理。

5.5.2　平面零件加工尺寸控制—正负余量法

知识点：平面铣、刀具位置、定制成员数据、定制边界数据、PIM 标注、正负余量法

看我操作并回答问题（扫描下方二维码观看本节视频）：

二维码 43　平面零件加工尺寸控制—正负余量法

问 什么是正负余量法？

问 定制成员数据的作用是什么？

问 如图 5-21 所示，刀具位置“相切”是什么意思？

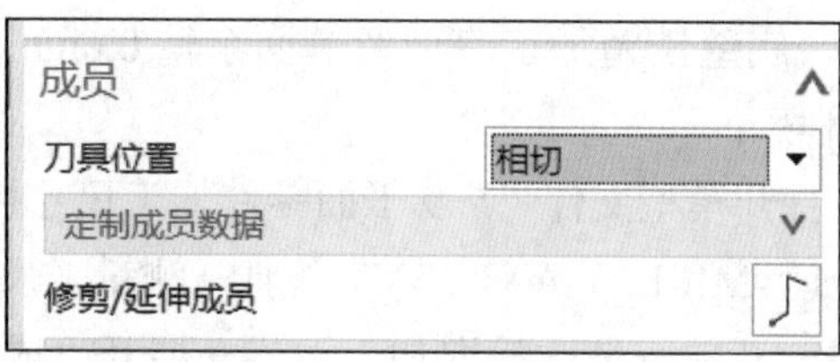

图 5-21　刀具位置“相切”

问 如图 5-22 所示，刀具位置“开”是什么意思？

图 5-22　刀具位置“开”

问 如图 5-23 所示，定制边界数据是什么意思？

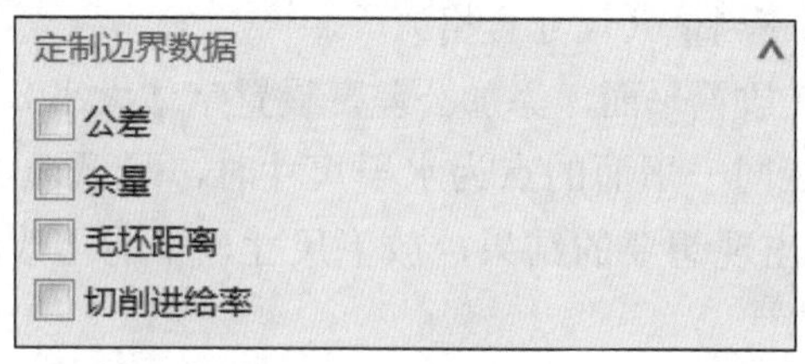

图 5-23　定制边界数据

问 如图 5-24 所示，切削参数中的“部件余量”和定制边界数据中的“余量”有何区别？

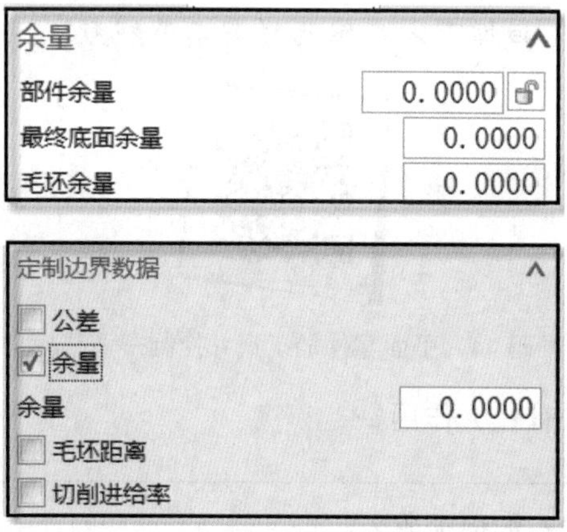

图 5-24　切削参数中的“部件余量”和定制边界数据中的“余量”

跟我操作（根据以下关键词的指引，独立完成相关操作）：

提前做好以下准备：名义尺寸零件，名义尺寸毛坯，编程原点在毛坯中心上表面；型腔铣粗加工，余量 0.5mm，底壁铣精加工底面留侧面余量 0.6mm；一个常规平面铣程序；设置好的 VERICUT 仿真环境。

1）（打开练习文件）打开模型文件“5-9 平面零件加工尺寸控制 .prt”。

2）使用系统自带后处理 -MILL_3_AXI → VT 仿真→测量（尺寸超差）。

3）创建平面铣→曲线→开放→依次拾取加工边界→展开“成员”→单击列表里面的成员（此时在刀具位置下面会多出一个选项“定制成员数据”）→展开“定制成员数据”→可单独控制每条边的余量→余量可以设置为正，也可以设置为负，如图 5-25 所示。

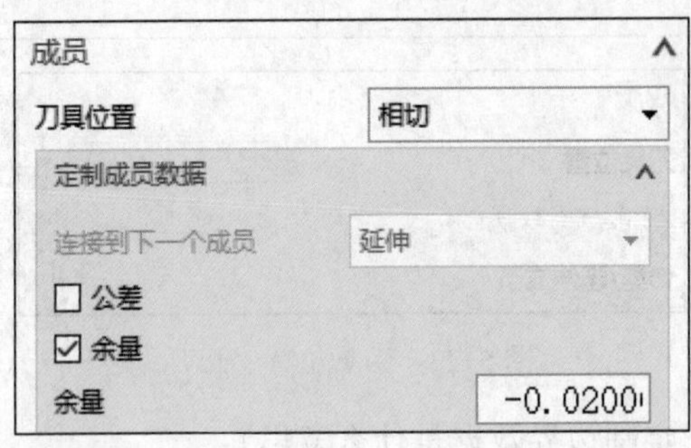

图 5-25 平面零件加工尺寸控制—正负余量法

4）后处理→ VT 仿真→测量（尺寸合格）。

5）用 PMI 进行标注（放置平面，添加公差，设置字体大小）。

【**注意**：标注两个不在同一平面的点为水平尺寸时，平面选 XC-YC，然后方法切换为水平、竖直、垂直，直到出现想要的结果，放下尺寸，不能再改动其他参数，否则尺寸又会变化。】

5.5.3 平面零件加工尺寸控制—调整模型法

知识点：组、复制体、移动面、偏置区域、线性标注、PMI、平面铣、调整模型法

看我操作并回答问题（扫描下方二维码观看本节视频）：

二维码 44 平面零件加工尺寸控制—调整模型法

问 分组是什么意思？有什么作用？

问 什么是调整模型法？如何调整？

跟我操作（根据以下关键词的指引，独立完成相关操作）：

1）继续上面的任务，调整模型法如图 5-26 所示。

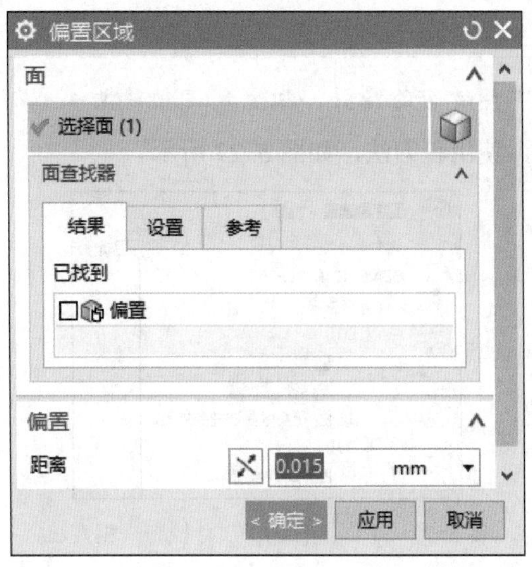

图 5-26　平面零件加工尺寸控制—调整模型法

2）新建零件分组、毛坯分组，按 Ctrl+T 复制体，新建辅助体分组。

3）了解同步建模的移动面、偏置区域、线性标注。

4）使用偏置区域和线性标注，从基准边开始依次调整各个尺寸。

5）PMI 标注检查模型是否调整正确。

【注意：如果想标注两个不在同一平面的对象为水平尺寸，先设置平面为“XC-YC”，再设置显示小数位数，然后方法切换为水平、竖直、垂直，直到出现想要的结果，放下尺寸，不能再改动其他参数，否则尺寸可能又会变化；如果改变显示小数位数后尺寸标注结果发生变化，就重新切换方法，直到获得想要的结果。**】**

6）创建平面铣→后处理→ VT 仿真→测量（尺寸合格）。

5.5.4　平面零件加工尺寸控制—骗刀法

知识点：正负余量法、工序导航器列属性、骗刀法

看我操作并回答问题（扫描下方二维码观看本节视频）：

二维码 45　平面零件加工尺寸控制—骗刀法

问 如何把每层切削深度参数显示在工序导航器中？

问 什么是骗刀法？

跟我操作（根据以下关键词的指引，独立完成相关操作）：

1）继续上面的任务，使用骗刀法，如图 5-27 所示。

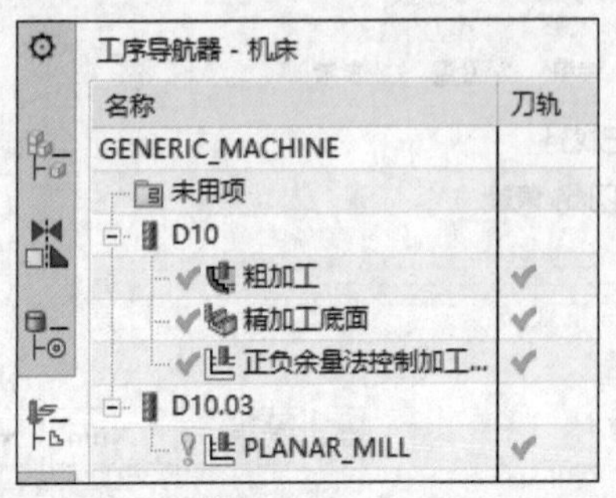

图 5-27　平面零件加工尺寸控制—骗刀法

【**注意**：加工模型按照中差处理以后，理论上就加工合格了。】

2）把 VT 刀具尺寸改大 0.03mm（假设刀具跳动等原因使得刀具回转切削直径变大）。

3）VT 仿真→测量（尺寸不合格）。

4）NX 程序余量设置为 0.015mm →生成→后处理→ VT 仿真（正负余量法，尺寸合格）。

【**注意**：设置工序导航器列属性，把转速、进给率、加工余量信息显示出来。】

5）创建一把大 0.03mm 的刀具 D10.03（骗刀法）。

6）复制平面铣，把刀具换成 D10.03 →生成→后处理→ VT 仿真→测量（尺寸合格）。

【**注意**：在 5.4.5 节中用了另一种骗刀法，避免了圆鼻刀平面铣加工过切问题；当程序比较多，不想一一修改程序余量时，可以采用骗刀法，比较快捷。】

5.5.5　平面零件加工尺寸控制—刀具半径补偿法

知识点：刀具半径补偿法

看我操作并回答问题（扫描下方二维码观看本节视频）：

二维码 46　平面零件加工尺寸控制—刀具半径补偿法

问 什么是刀具半径补偿法？

问 采用系统默认参数时，机床上设置的刀具补偿值是刀具半径值吗？为什么？

问 机床上刀具参数设置了全半径值时，应该勾选哪个参数进行对应？

跟我操作（根据以下关键词的指引，独立完成相关操作）：

1）继续上面的任务，使用刀具半径补偿法，如图 5-28 所示。

2）复制平面铣→把刀具换成 D10 →非切削移动参数→更多→刀具补偿位置选择“最终精加工刀路”。

【**注意：**最小移动距离建议比加工时设置的补偿值大 0.1mm。】

3）后处理→观察程序是否有 G41 刀具半径补偿代码。

刀具补偿
刀具补偿位置　最终精加工刀路
最小移动　2.5000　mm
最小角度　10.0000
☐ 如果小于最小值，则抑制刀具补偿
☐ 输出平面
☐ 输出接触/跟踪数据

图 5-28　平面零件加工尺寸控制—刀具半径补偿法

4）VT 仿真→测量（刀具补偿值为 0，不合格）→刀具补偿值改为 0.015mm →仿真→测量（合格）。

5）把 VT 刀具尺寸改小 0.04mm（假设刀具磨损）→刀具补偿值改为 –0.02mm →仿真（合格）。

【**注意：**刀具半径补偿好处：刀具尺寸发生变化后不用重新输出加工程序，机床操作人员可以直接进行调整。】

6）勾选“输出接触 / 跟踪数据”→观察刀路（刀路与零件边界重合）→后处理→ VT 调整刀具补偿值为 4.98mm →仿真→测量。

【**注意：**输出接触 / 跟踪数据表示全半径补偿，不提前偏移一个刀具半径；机床自动对刀、自动输入刀具补偿值时（海德汉系统），需要用全半径补偿。】

5.5.6　平面零件加工尺寸控制—基准统一法

知识点：基准统一法

看我操作并回答问题（扫描下方二维码观看本节视频）：

二维码 47　平面零件加工尺寸控制—基准统一法

问 基准统一法是什么意思？如果编程基准与设计基准不统一会导致什么问题？

跟我操作（根据以下关键词的指引，独立完成相关操作）：

1）继续上面的任务，使用基准统一法，如图 5-29 所示。

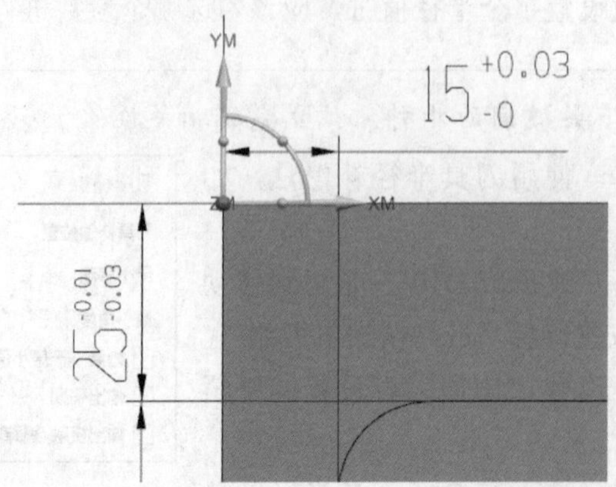

图 5-29　平面零件加工尺寸控制—基准统一法

2）把 VT 毛坯改成 200.16mm×120.12mm（假设是毛坯的实际尺寸），编程原点重新设置到中心。

3）VT 仿真→测量（边距尺寸 25mm 不合格）（设计基准和编程基准不重合导致）。

4）把 NX 编程原点改到左上角→后处理→把 VT 编程原点改到左上角→仿真→测量（左边尺寸合格，右边尺寸不合格）（右边基准不统一导致）。

5）新建平面铣程序→只加工左边，不加工右边 32mm。

6）新建 MCS →设置在右上角→新建平面铣程序→只加工右边 32mm。

7）分别单独后处理。

8）VT 新建一个加工坐标 G55 →设置在右上角→设置 VT 程序执行方式为按 G54 和 G55 执行→修改加工程序分别添加 G54、G55 →仿真→测量（合格）。

5.5.7　相关练习

打开模型文件"5-9 平面零件加工尺寸控制 .prt"，完成精铣侧壁刀路程序的编制，如图 5-30 所示。

要求：利用公称尺寸模型，采用正负余量法同时开启刀具半径补偿。

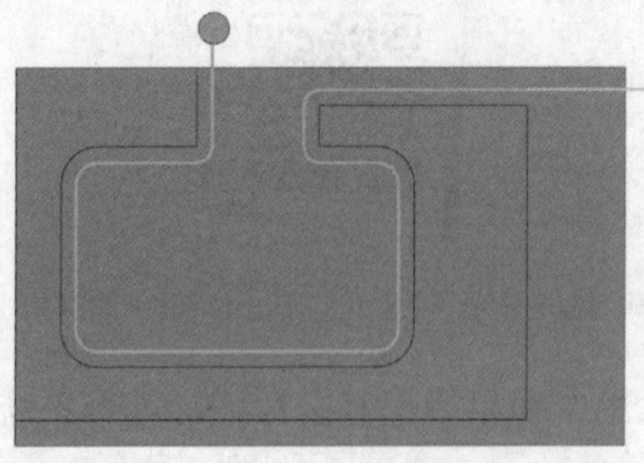

图 5-30　平面零件加工尺寸控制模型

5.6 平面零件—两面加工件 1

5.6.1 平面零件—两面加工件 1—工艺准备

知识点：工艺准备、铝合金加工参数

看我操作并回答问题（扫描下方二维码观看本节视频）：

二维码 48 平面零件—两面加工件 1—工艺准备

问 粗加工铝合金一般选用疏齿刀还是密齿刀？为什么？

跟我操作（根据以下关键词的指引，独立完成相关操作）：

1）（打开练习文件）打开模型文件“5-10 平面零件—两面加工件 1.prt”，如图 5-31 所示。

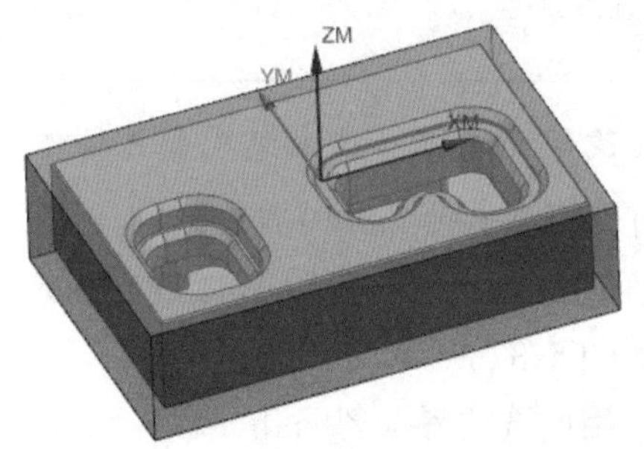

图 5-31 平面零件—两面加工件 1 模型

2）分析零件长宽高→最小圆角→最小槽宽→确定加工刀具。

3）选择菜单→工具→工序导航器→删除组装。

4）创建刀具：1 号刀 D8 平底刀→ 2 号刀 C6 倒角刀。

【**注意**：切削刃长度要大于切削深度，否则无切削刃的部分会挤黑或挤坏零件，或发生断刀。】

5）铝合金加工参考切削参数（最终要根据刀具材质、毛坯状态、机床最高转速而定）：

① D8 层粗加工参数 S16000，F4000，切削深度 2mm，Ae=50% 刀具直径。

② D8 精加工参数 S16000，F2000（精铣底面）。

③ S16000，F1500，精侧面。

④ C6 粗精 S=16000，F=2000。

6）选择电极设计→包容块→侧面单边余量 3mm → A 面余量 0.7mm（尽量把余量留在对面）→ B 面余量 1.3mm。

7）编程原点设置在 A 面毛坯中心上表面→设置 WORKPIECE →改名为 MCS_A → W_A。

8）设置 WCS 和 MCS 重合（方便调整切削层或修剪边界）。

5.6.2 平面零件—两面加工件 1—A 面粗加工

知识点：底壁铣、平面铣、忽略孔、忽略倒斜角

看我操作并回答问题（扫描下方二维码观看本节视频）：

二维码 49 平面零件—两面加工件 1—A 面粗加工

问 铣中间的槽，为什么要多铣穿一点？

问 平面铣要把下刀位置改到左边，该如何操作？

跟我操作（根据以下关键词的指引，独立完成相关操作）：

1）（打开练习文件）打开模型文件“5-10 平面零件—两面加工件 1.prt”。

2）底壁铣粗加工上表面：往复走刀→步距 50% →底面余量 0.2mm →将底面延伸到毛坯轮廓，S16000，F4000，如图 5-32 所示。

3）平面铣粗加工外形：用面选边界（忽略孔，忽略倒斜角）→指定底面为零件背面留 5mm（留出平口钳夹持位，尽量铣深一点，防止翻面加工时毛坯影响对刀）→轮廓走刀→层切 2mm →余量 0.2mm →圆弧进退刀→开放区域最小安全距离 7mm →区域内转移前一平面 0，S16000，F4000，如图 5-33 所示。

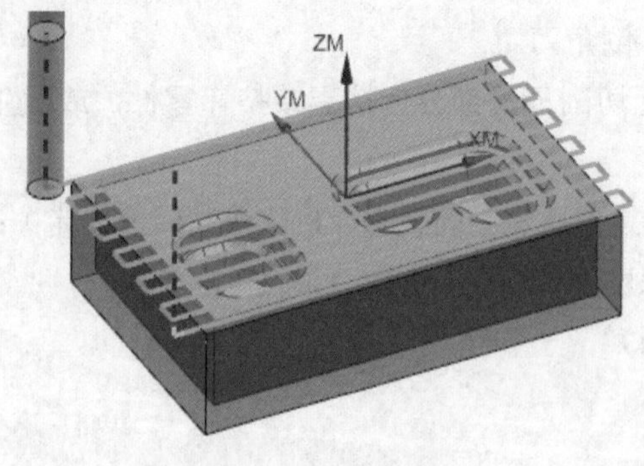

图 5-32 底壁铣

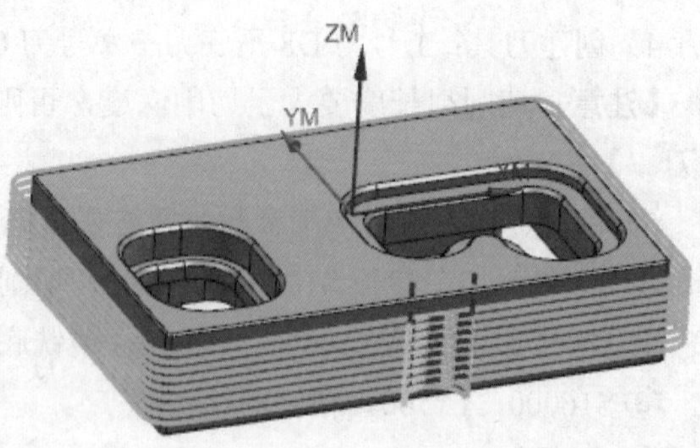

图 5-33 平面铣

4）型腔铣粗加工槽：修剪边界两槽→层切 2mm→切削层从零件顶面 0.2mm 开始→铣穿槽 1mm→余量 0.2mm→深度优先→螺旋下刀角度 3°→区域内转移前一平面 0，S16000，F4000，如图 5-34 所示。

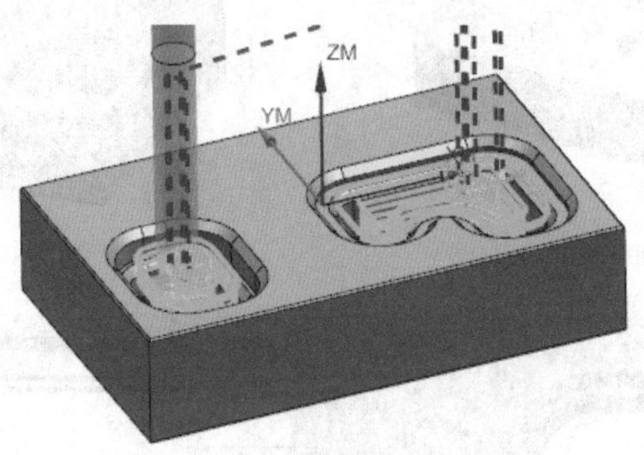

图 5-34　型腔铣

5.6.3　平面零件—两面加工件 1—A 面精加工

知识点：底壁铣、平面铣

看我操作并回答问题（扫描下方二维码观看本节视频）：

二维码 50　平面零件—两面加工件 1—A 面精加工

问 精削外形时，为什么选择拐角进刀？

问 平面铣设置重叠距离的目的是什么？

跟我操作（根据以下关键词的指引，独立完成相关操作）：

1）（打开练习文件）打开模型文件“5-10 平面零件—两面加工件 1.prt”。

2）复制底壁铣粗刀路→余量 0，S16000，F2000，如图 5-35 所示。

3）复制平面铣粗加工刀路→层切改成 0→余量 0→从拐角进刀，S16000，F1500，如图 5-36 所示。

4）复制精加工平面铣→依次加工槽的各个边界（通槽多铣穿 0.5mm）→圆弧进退刀 3mm→最小安全距离 3mm→重叠距离 3mm，从拐角进刀改成中间进刀，如图 5-37 所示（4 个工序）。

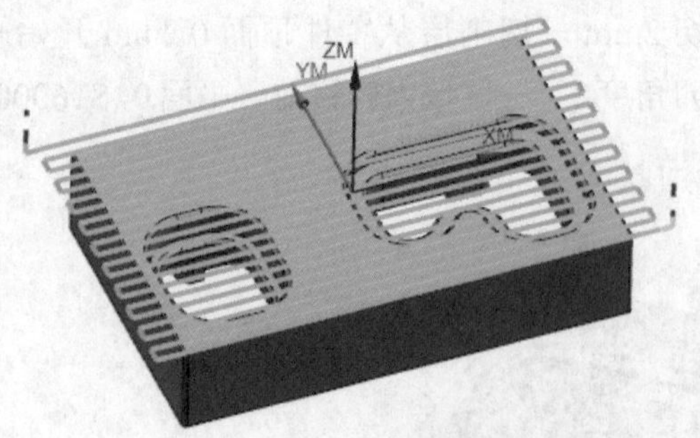

图 5-35　底壁铣

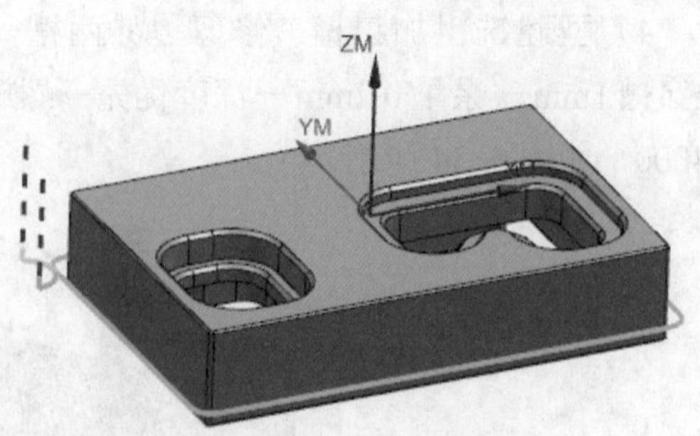

图 5-36　平面铣（1）

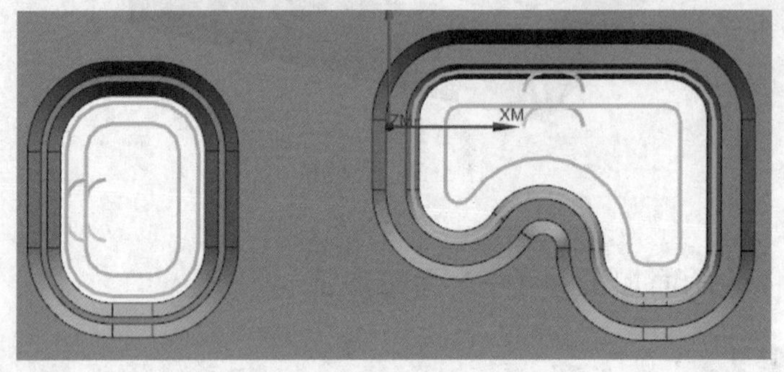

图 5-37　平面铣（2）

5.6.4　平面零件—两面加工件 1—A 面倒斜角

知识点：倒斜角、忽略孔、附加刀路、小平面体

看我操作并回答问题（扫描下方二维码观看本节视频）：

二维码 51　平面零件—两面加工件 1—A 面倒斜角

问 倒斜角加工时，为什么要把刀具尽量下伸？

跟我操作（根据以下关键词的指引，独立完成相关操作）：

1）（打开练习文件）打开模型文件“5-10 平面零件—两面加工件 1.prt”。

2）创建平面铣，C6 倒角刀具→边界选择倒斜角的上边线（用忽略孔方式选面）→底面 –2.5mm（尽量下伸，避免刀尖部分参加切削）→轮廓走刀→附加 1 条刀路 0.05mm →圆弧进退刀 3mm →重叠距离 3mm，S16000，F2000，如图 5-38 所示。

3）复制刀路→依次加工出所有倒斜角面（注意观察是否碰撞侧壁和槽内平台面，如果有碰撞，相应地调整底面深度），如图 5-39 所示。

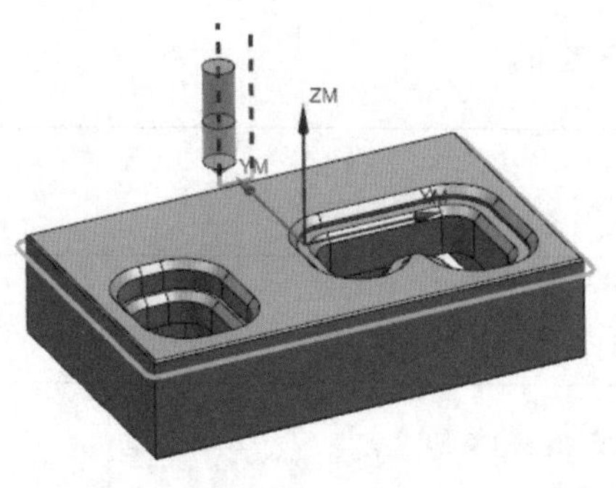

图 5-38　平面铣倒斜角（1）

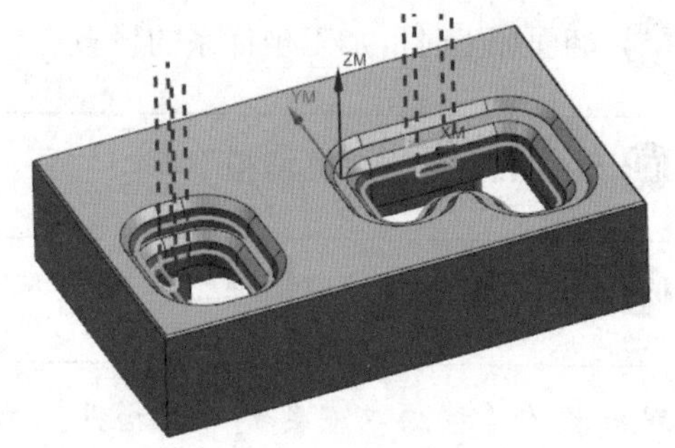

图 5-39　平面铣倒斜角（2）

4）创建程序顺序文件夹 A 面→ A1 粗加工→ A2 精加工→ A3 倒斜角→拖拽整理好，如图 5-40 所示。

5）选中 A 面文件夹→确认刀轨→ 3D 仿真→创建 IPW（小平面体：加工的结果模型）。

名称			
A			
A1			
FLOOR_WA...		✔	D8
PLANAR_M...		✔	D8
CAVITY_MI...		✔	D8
A2			
FLOOR_WA...		✔	D8
PLANAR_M...		✔	D8
PLANAR_M...		✔	D8
PLANAR_M...		✔	D8
PLANAR_M...		✔	D8
PLANAR_M...		✔	D8
A3			
PLANAR_M...		✔	C6
PLANAR_M...		✔	C6
PLANAR_M...		✔	C6
PLANAR_M...		✔	C6

图 5-40　程序顺序

5.6.5　平面零件—两面加工件 1—B 面粗加工

知识点：翻面加工、岛清根、壁清理、小平面体

看我操作并回答问题（扫描下方二维码观看本节视频）：

二维码 52　平面零件—两面加工件 1—B 面粗加工

问 小平面体是怎么获得的？可以用来做什么？

问 翻面加工时，加工坐标系的设置有什么要注意的？

问 为什么要勾选“岛清根”？

问 为什么要勾选“壁清理”？

跟我操作（根据以下关键词的指引，独立完成相关操作）：

1）（打开练习文件）打开模型文件“5-10 平面零件—两面加工件 1.prt”。

2）新建 MCS_B（设置在零件 A 面中心）→新建并设置 WB（小平面体作为毛坯）。

3）复制 A 面底壁铣粗加工刀路→内部粘贴到 WB 下面→重选加工面，如图 5-41 所示。

4）复制 A 面平面铣粗加工刀路→内部粘贴到 WB 下面→更改部件边界平面到毛坯表面→更改底面偏置值，由 5 改为 6，如图 5-42 所示。

5）复制 A 面型腔铣粗加工刀路→内部粘贴到 WB 下面→去除修剪边界→框选切削区域→跟随周边→由外向内→岛清根→壁清理自动→指定切削层范围为自动，如图 5-43 所示。

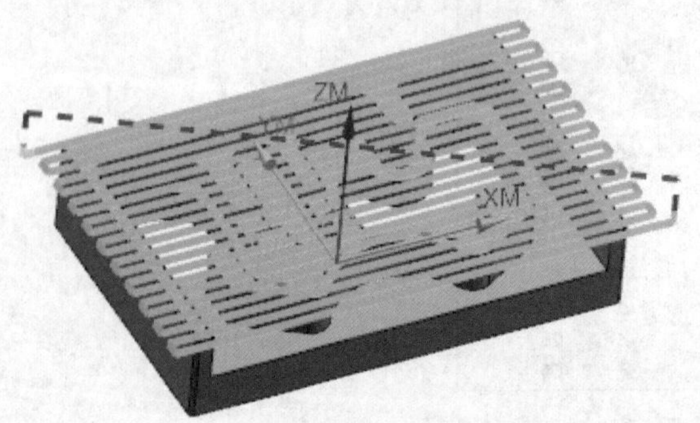

图 5-41　底壁铣

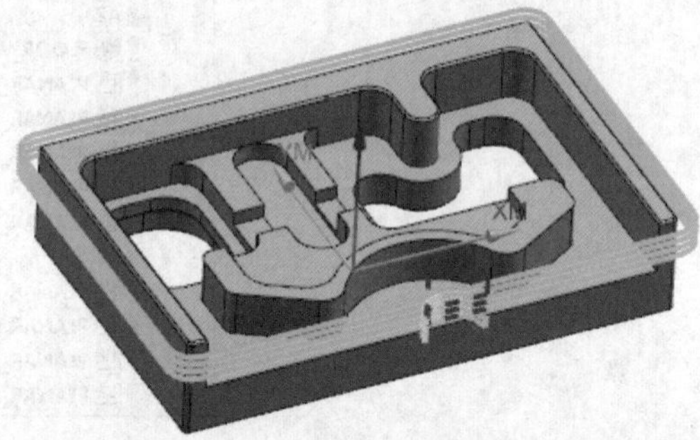

图 5-42　平面铣

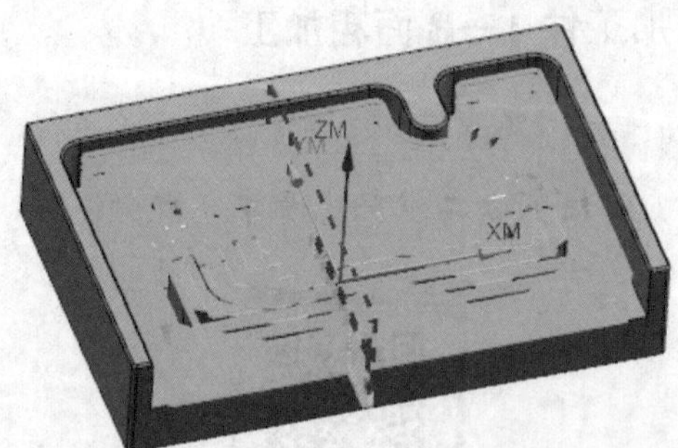

图 5-43　型腔铣

5.6.6　平面零件—两面加工件 1—B 面精加工

知识点：底面铣、平面铣

看我操作并回答问题（扫描下方二维码观看本节视频）：

二维码 53　平面零件—两面加工件 1—B 面精加工

问 精铣底面时，为什么要留部件余量，而且要大于粗加工余量？

问 不同深度、不同区域的轮廓一般都分开编程，为什么不用一个工序一次完成？

跟我操作（根据以下关键词的指引，独立完成相关操作）：

1）（打开练习文件）打开模型文件“5-10 平面零件—两面加工件 1.prt”。

2）复制底壁铣精加工刀路→内部粘贴到 WB 下面→重选加工面（全部水平面）→往复走刀→切削参数等略添加精加工刀路 45%→连接跨空区域运动类型“跟随”空间范围毛坯“厚度”→底面毛坯厚度 0.2mm→余量→部件余量 0.3mm，S16000，F2000，如图 5-44 所示。

3）复制平面铣精加工刀路→内部粘贴到 WB 下面→依次精加工各个侧壁（半挂壁部件边界使用成员数据里面的“修剪 / 延伸成员”延伸刀路），S16000，F1500，如图 5-45 所示（5 个工序）。

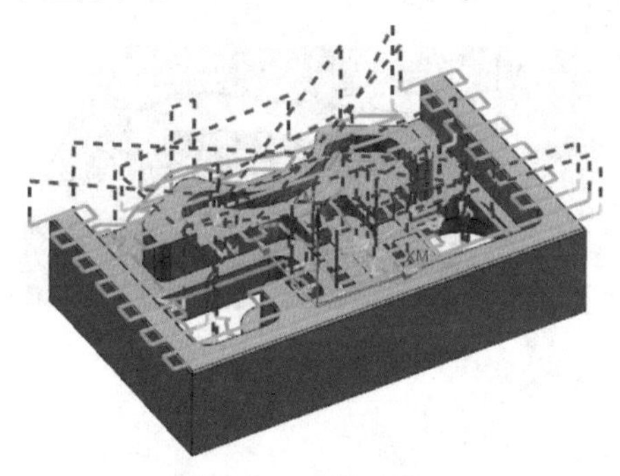

图 5-44　底壁铣

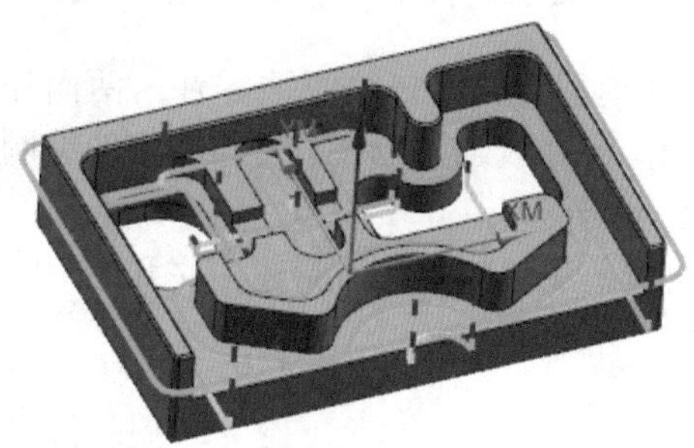

图 5-45　平面铣

5.6.7　平面零件—两面加工件 1—B 面倒斜角

知识点：平面铣倒斜角

看我操作并回答问题（扫描下方二维码观看本节视频）：

二维码 54　平面零件—两面加工件 1—B 面倒斜角

问 程序顺序视图有什么用？为什么要经常整理程序顺序视图？

跟我操作（根据以下关键词的指引，独立完成相关操作）：

1）（打开练习文件）打开模型文件“5-10 平面零件—两面加工件 1.prt”。

2）复制倒斜角加工刀路→内部粘贴到 WB 下面→加工倒斜角（开启凸角延伸并修剪，否则尖锐拐角处会有一点过切），如图 5-46 所示。

3）创建程序顺序文件夹 B 面→ B1 粗加工→ B2 精加工→ B3 倒斜角→拖拽整理好，如图 5-47 所示。

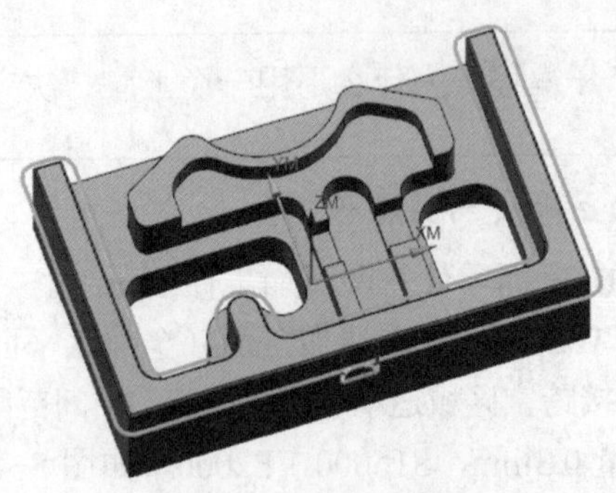

图 5-46　平面铣倒斜角

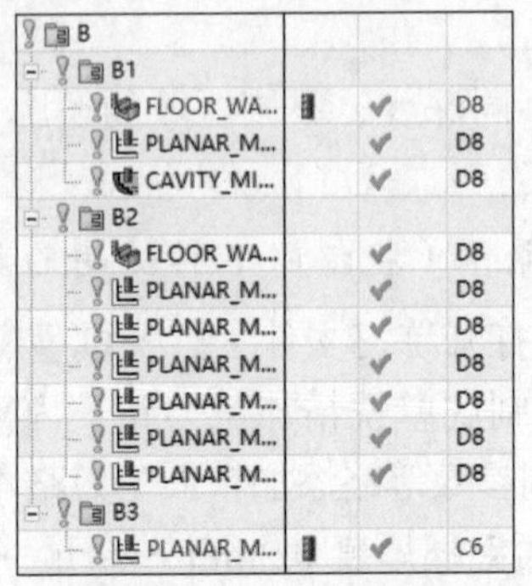

图 5-47　程序顺序

4）选中 B 面文件夹→确认刀轨→ 3D 仿真→创建 IPW（小平面体：加工的结果模型）。

5.6.8　相关练习

打开模型文件“5-10 平面零件—两面加工件 1.prt”，完成倒斜角加工刀路程序的编制，如图 5-48 所示。

要求：从新建刀具、新建工序开始，一直到完成刀路编制结束。

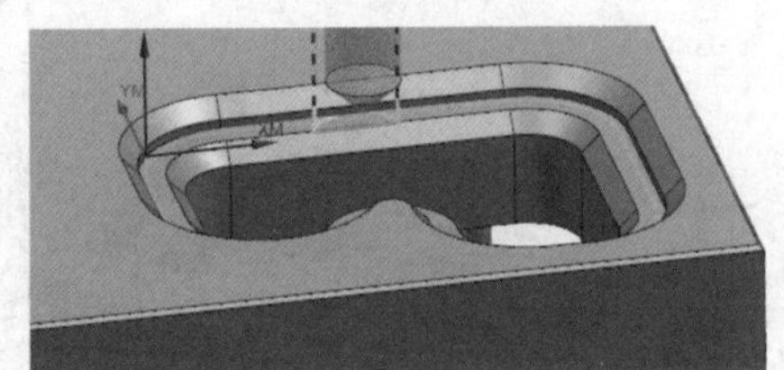

图 5-48　倒斜角加工刀路

5.7　平面零件—两面加工件 2

5.7.1　平面零件—两面加工件 2—工艺准备

知识点：工艺准备、铝合金高速加工参数、零件装夹方式

看我操作并回答问题（扫描下方二维码观看本节视频）：

二维码 55　平面零件—两面加工件 2—工艺准备

问 给定加工参数是不是 100% 合适的？为什么？加工的时候要注意观察什么？

跟我操作（根据以下关键词的指引，独立完成相关操作）：

1）（打开练习文件）打开模型文件“5-11 平面零件—两面加工件 2.prt”，如图 5-49 所示。

2）工艺分析：

① 假定毛坯为单边余量 3mm、40mm 厚的铝合金 6061 板材，T6 热处理。

② 零件长、宽、高为 98mm×80mm×5mm，尺寸不大，零件为弱刚性薄壁腔体结构（2mm），金属去除率比较大，容易变形，加工刀具和切削参数均不宜过大，故选用 D10 刀具粗加工，采用浅切快加工的高速模式进行加工；两面粗加工完以后，进行去应力退火热处理，再进行半精加工和精加工；装夹时有夹紧方向要求，错误的装夹方式（两夹紧点之间悬空无支撑），会导致零件弯曲变形，如图 5-50 所示；必须沿着刚性强的方向夹紧，如图 5-51 所示；另外，夹紧力的大小也需要有经验的操作人员进行把控，夹紧力过大也会导致零件变形。

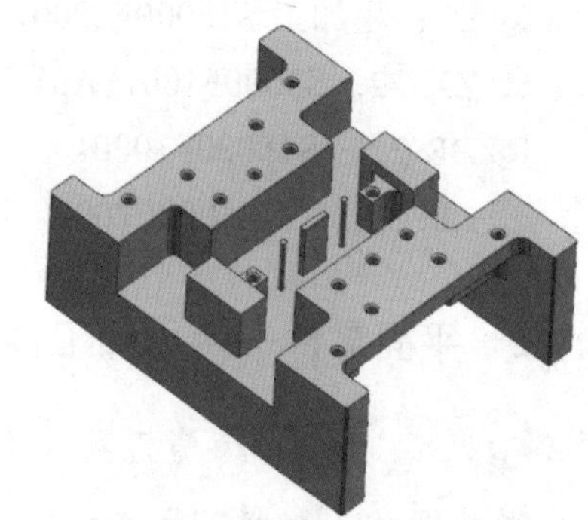

图 5-49　平面零件—两面加工件 2 模型

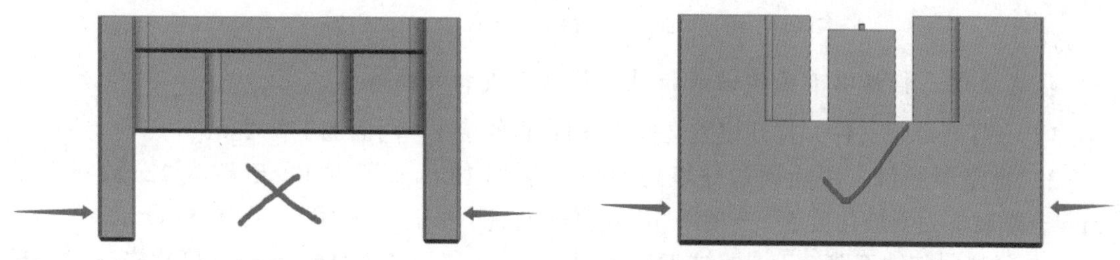

图 5-50　错误的装夹方式

图 5-51　正确的装夹方式

③ 分析最窄处槽宽 5.6mm（选 D5 刀具二次粗加工）。

④ 分析最小圆角 R2 深 16mm（选 D3 刀具清角，如果深度大于 6 倍直径即 18mm，就建议选用 D4 的刀具）；R3 深 29.5mm（选 D5 刀具清角，如果深度大于 6 倍直径即 30mm，就建议选用 D6 的刀具）。

【注意：当刀具刚性较好时，尽量用小刀具铣出拐角，这样加工出来的拐角效果比用等拐角半径的刀具加工出来的效果好。当刀具刚性太差，不得已用等拐角半径的刀具加工时，必须分层精加工，层切不大于 0.2mm，否则加工出来的拐角会有严重的振纹，如图 5-52 所示。】

⑤ 薄壁特征厚 1.5mm、高 14.8mm（避免粗加工弹断或过切，至少留 1mm 余量，分层精加工）。

3）刀具及切削参数准备（浅切快加工的高速切削参数）：

图 5-52　拐角加工振纹

① D10：粗加工 S14000F6000，Ae40%，Ap1mm，余量 1mm；精加工 S4500F600 底面，F400 侧面。

② D5：粗加工 S16000F3000，Ae40%，Ap0.5mm；精加工 S12000F1500，Ap0.2mm。

③ D3：粗加工 S16000F2000，Ae40%，Ap0.2mm；精加工 S12000F1200，Ap0.15mm。

④ ZXZ-2：S3000F100，Ap1.5mm。

⑤ DR-2.5：S15000F1000。

⑥ C8：粗加工 S5000F2000，精加工 S5500F1200。

5.7.2　平面零件—两面加工件 2—A 面粗加工

知识点：型腔铣参考刀具、修剪边界

看我操作（扫描下方二维码观看本节视频）：

二维码 56　平面零件—两面加工件 2—A 面粗加工

跟我操作（根据以下关键词的指引，独立完成相关操作）：

1）（打开练习文件）打开模型文件“5-11 平面零件—两面加工件 2.prt”。

2）新建型腔铣：跟随周边→步距 40%→层切 1mm→范围 40mm 改成 22mm→余量 1mm→螺旋下刀斜坡角度 5° →使用 3D 仿真→创建小平面体→刀路如图 5-53 所示。

3）复制型腔铣刀路→刀具换成 D5→跟随部件→层切改为 0.5mm→深度优先→连接开放刀路“变换切削方向”→参考刀具 D10→圆弧进退刀 30%→最小安全距离 30%→区域内前一平面转移 0→生成刀路→刀路如图 5-54 所示（观察是否有在小平面体内部插削下刀的情况，如果有就把最小安全距离改大，如果始终解决不了，就把参考刀具换成基于层）。

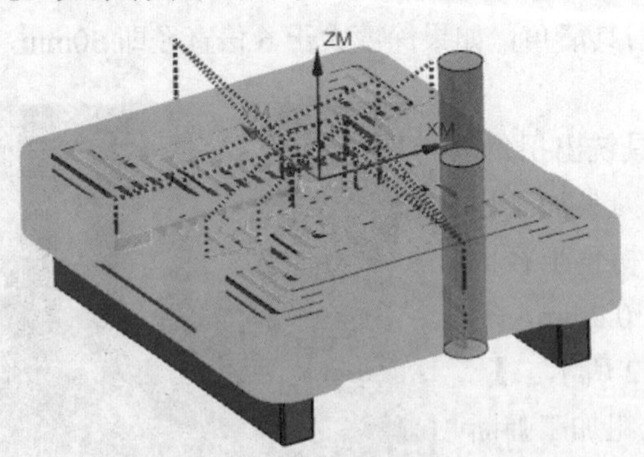

图 5-53　型腔铣粗加工

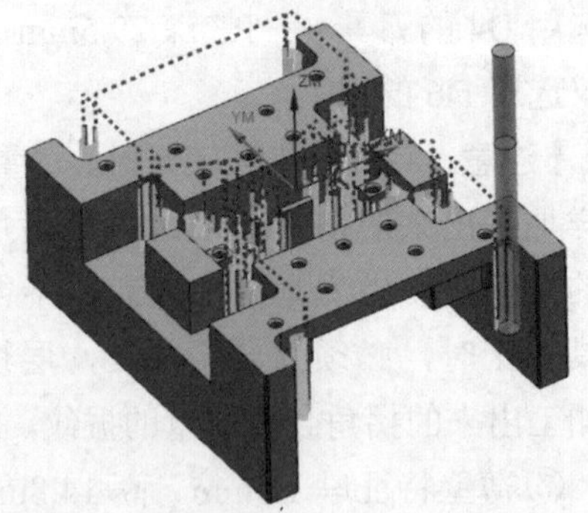

图 5-54　参考刀具二次粗加工（1）

4）使用 3D 仿真→碰撞时暂停→创建小平面体→观察残留情况（两根圆柱之间没有铣断）。

5）复制型腔铣刀路→指定修剪边界为两根圆柱之间的残留区域→刀具换成 D3→跟随

周边→层切 0.2mm →参考刀具 D5（在去应力退火之前铣断，效果更好，避免后期再产生大的应力变形），如图 5-55 所示。

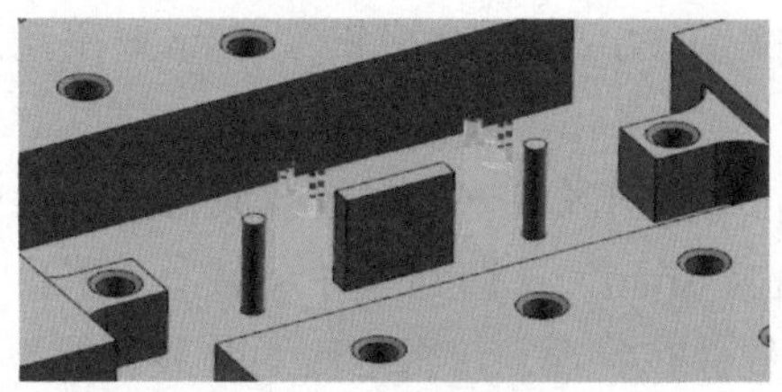

图 5-55　参考刀具二次粗加工（2）

6）使用 3D 仿真→碰撞时暂停→创建小平面体。

5.7.3　平面零件—两面加工件 2—B 面粗加工

知识点：翻面加工、切削层

看我操作并回答问题（扫描下方二维码观看本节视频）：

二维码 57　平面零件—两面加工件 2—B 面粗加工

问 修改切削层时，第一步必须先设置哪个参数？为什么？

问 零件底面余量不正确，可能有哪几种原因？

跟我操作（根据以下关键词的指引，独立完成相关操作）：

1）修改加工坐标系名为 MCS_A_1 → WA_1。

2）复制坐标系→改名为 MCS_B_2 → WB_2（毛坯换成小平面体）→设置坐标位置在已加工面 A 面中心（毛坯面下 1.5mm），并调整坐标方向，保证平口钳夹紧方向为刚性好的方向（假设沿 Y 轴方向夹紧），如图 5-56 所示，避免夹持位置没有支撑，造成零件弯曲。

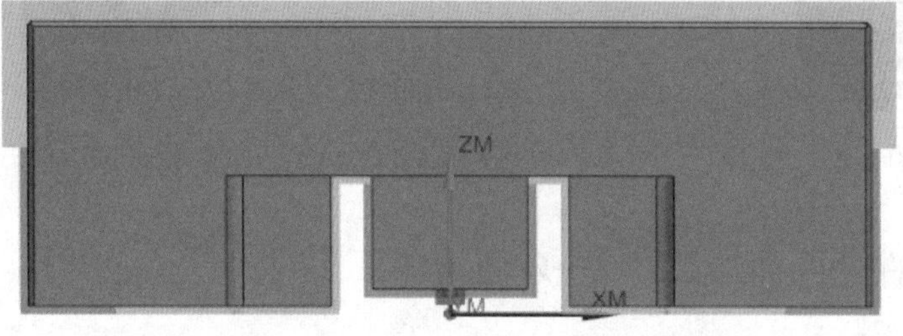

图 5-56　加工 B 面坐标系位置及方向

3）创建程序文件夹名为 1A → 2B →把程序分别整理好。

4）修改 D10 型腔铣粗加工刀路→切削层改成“自动”→最低范围 38.5mm 改到小平面中间平面 18mm →（用面上的点的方式拾取）多铣穿 1mm →手动改成 19mm →刀路如图 5-57 所示。

5）复制型腔铣刀路→框选切削区域→切削层改成自动→从小平面中间平面接着往下切（降 1mm，因为第 4 步多铣穿 1mm）→切到零件最后一个平台（设置切削层范围时，必须用面来选，不能用点来选（软件有错误），否则底面余量可能不正确，可试试看）→刀路如图 5-58 所示。

【**注意**：如果把第 4 步直接加工到第 5 步的深度，将会有大量的空切刀路，浪费时间。】

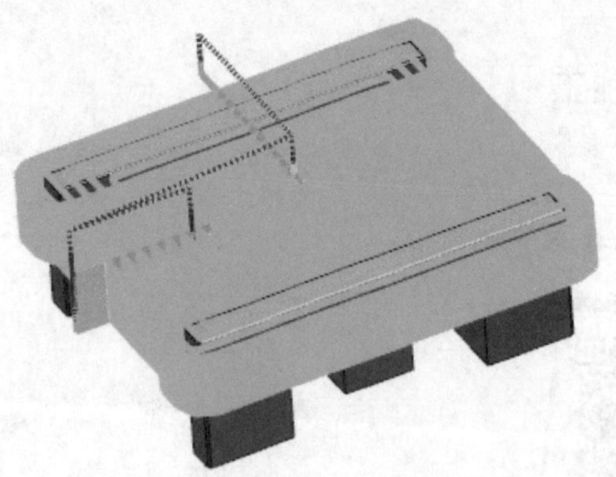

图 5-57　粗加工上半截

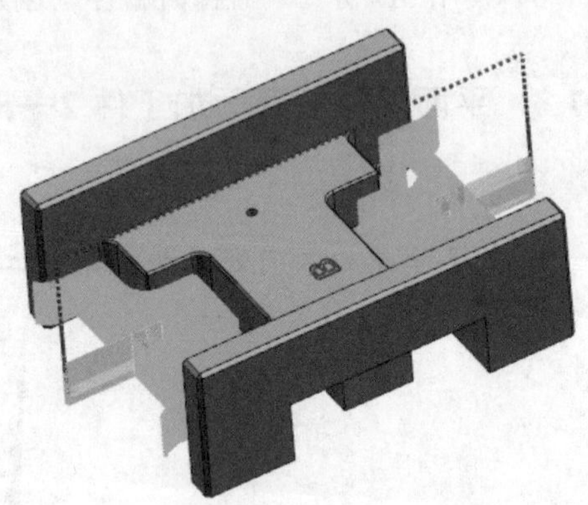

图 5-58　粗加工下半截

6）修改 D5 型腔铣二次粗加工刀路→切削层改成“自动”→范围底部改到零件最低加工面，如图 5-59 所示→删除 D3 型腔铣刀路。

7）使用 3D 仿真→碰撞时暂停→创建小平面体，如图 5-60 所示。

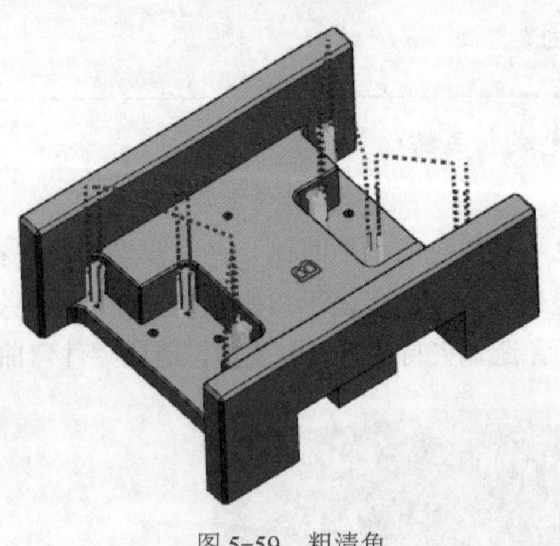

图 5-59　粗清角

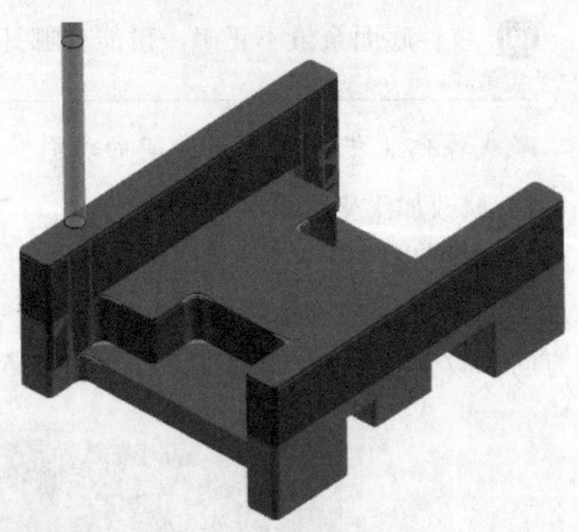

图 5-60　加工结果

5.7.4　平面零件—两面加工件 2—B 面精加工

知识点：切削层、检查体、检查余量

看我操作（扫描下方二维码观看本节视频）：

二维码 58　平面零件—两面加工件 2—B 面精加工

跟我操作（根据以下关键词的指引，独立完成相关操作）：

（去应力热处理，或自然时效 24h 以后加工）

1）复制坐标系 MCS_B_2 →改名为 MCS_B_3 → WB_3（换毛坯）→坐标位置不变。

2）创建程序文件夹名为 3B →把程序分别整理好。

3）修改型腔铣刀路→指定切削区域为所有水平面→层切 0.5mm →侧面余量 1.2mm（比粗加工多留一点，避免碰到侧壁）→底面余量 0.2mm →切削层改成“自动”→切到零件最后一个平台→刀路如图 5-61 所示。

【**注意**：观察中间大平面，应该是 2 层刀路，现在产生了 3 层刀路，分析测量小平面体到平面的距离 1.4722mm，并不是我们留的 1mm 余量，说明粗加工时切削层不正确，返回查看 WB_2 的第一个 D10 型腔铣，因为余量原因，最后一层刀路没切到平台，倒数第二层离平台太高，把切削范围 19 改到这个平台面即可解决。】

4）修改下一个 D10 型腔铣→移除切削区域→轮廓走刀→步距 0.3mm →附加两条刀路→层切 0 →切削层改成“自动”→切到零件最后一个平台→底面和侧面余量都是 0.2mm →进退刀均选择“线性相对于切削”→在右边拐角进刀→刀路如图 5-62 所示。

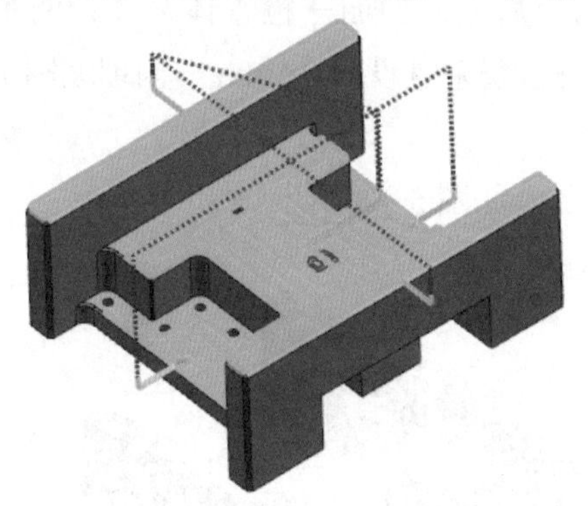

图 5-61　半精铣底面

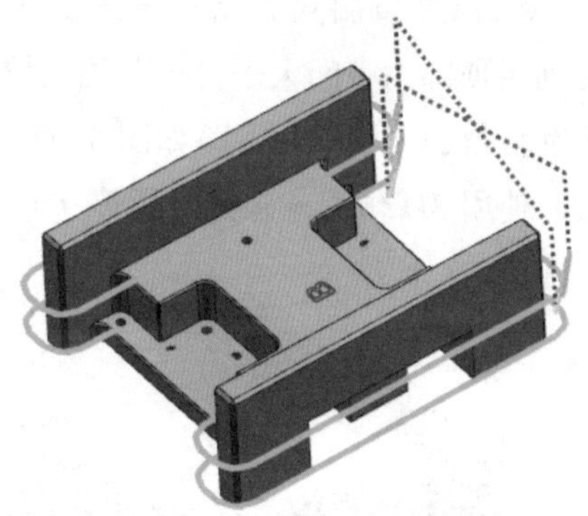

图 5-62　半精铣侧壁

5）复制两个 D10 型腔铣→修改精铣底面的 D10 型腔铣刀路→层切改为 0 →侧面余量改为 0.3mm →底面余量 0 →打开基于层→刀路如图 5-63 所示。

6）修改下一个精铣侧壁的 D10 型腔铣刀路→附加刀路改为 0 →余量改为 0 →刀路如图 5-64 所示。

7）修改 D5 型腔铣二次粗加工刀路→层切改为 0.2mm →切削层改成“自动”→切到零件最后一个平台→余量改为 0 →参考刀具重叠距离 1mm →刀路如图 5-65 所示。

8）复制精铣侧壁的 D10 型腔铣刀路→刀具换成 C8 →步距 0.05mm →附加 1 条刀路→切

削层范围内型改为单侧→顶部为顶面→范围设置为 3mm →深度优先→圆弧进退刀 3mm →最小安全距离 3mm →重叠距离 3mm →刀路如图 5-66 所示。

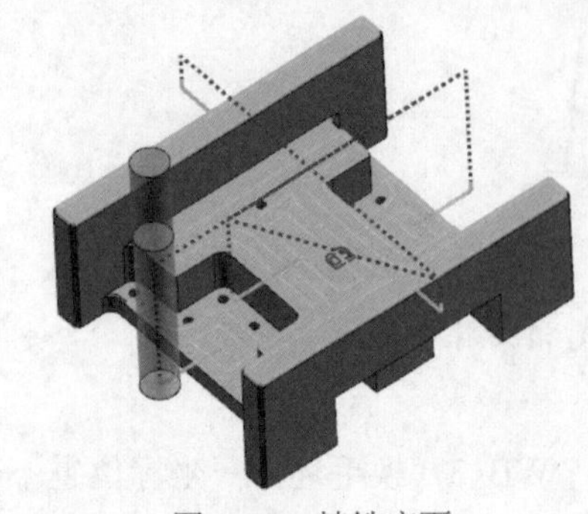

图 5-63　精铣底面

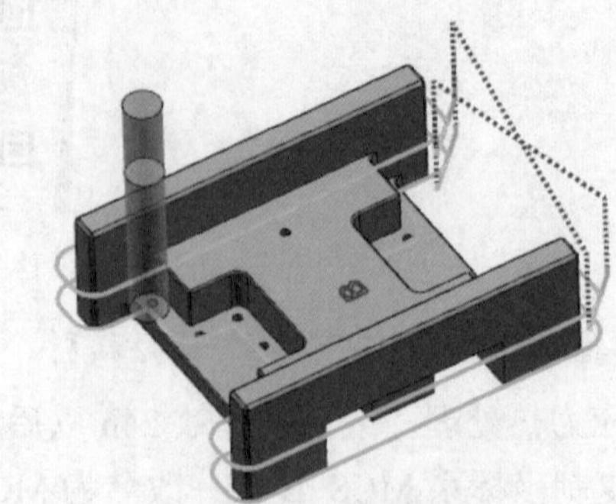

图 5-64　精铣侧壁

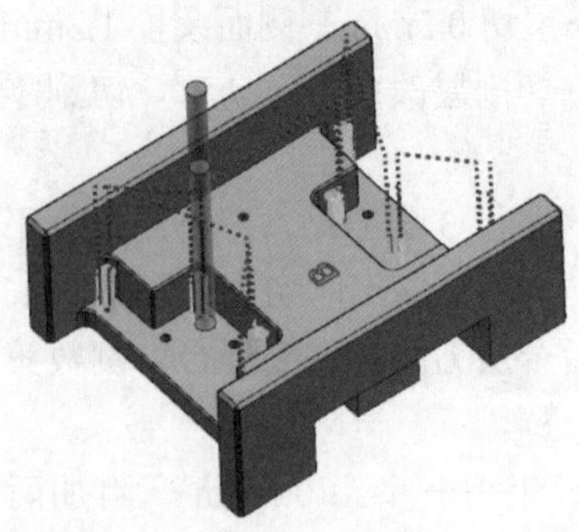

图 5-65　精清角

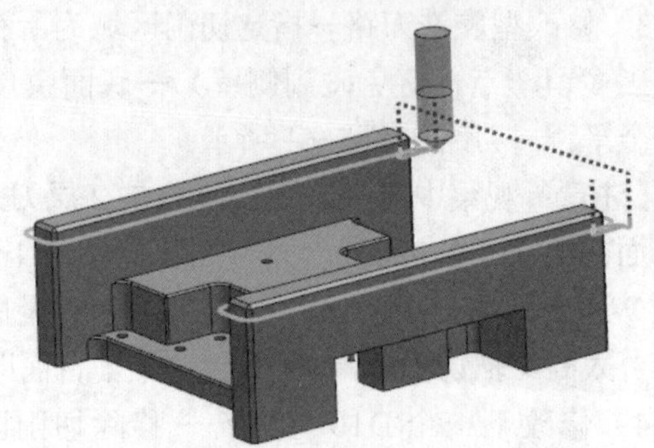

图 5-66　倒斜角

9）复制 C8 倒斜角刀路→框选加工区域为两个肩之间的面→检查体选择为两个侧壁面→切削层顶部为中间大平台→范围设置为 3mm →检查余量设为 0.5mm →同理编制下一个平台的倒斜角加工程序→刀路如图 5-67 所示。

10）使用 3D 仿真→碰撞时暂停→创建小平面体，如图 5-68 所示。

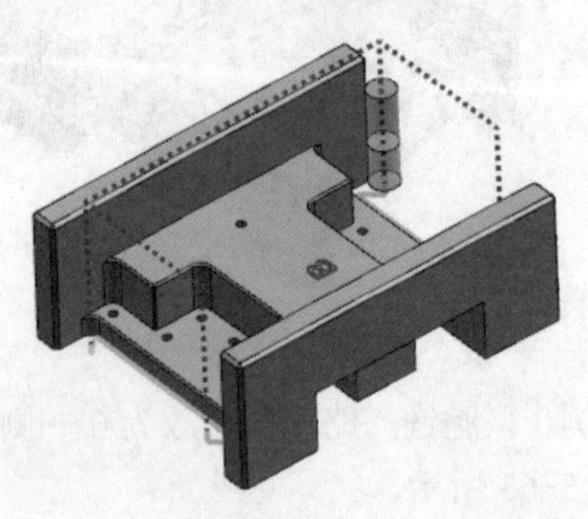

图 5-67　倒斜角

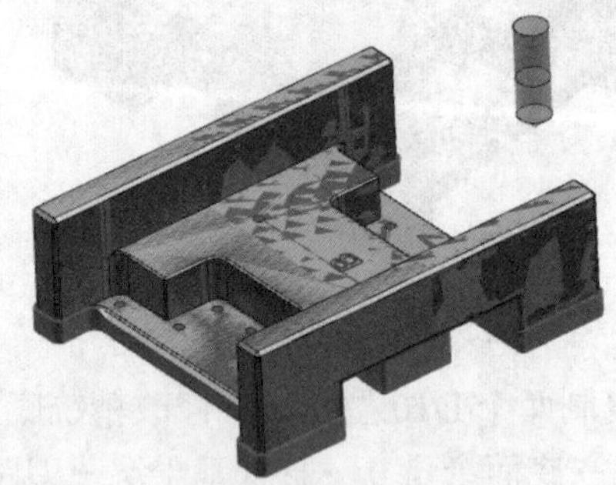

图 5-68　加工结果

5.7.5　平面零件—两面加工件 2—固定轴倒斜角

知识点：区域轮廓铣

看我操作（扫描下方二维码观看本节视频）：

二维码 59　平面零件—两面加工件 2—固定轴倒斜角

跟我操作（根据以下关键词的指引，独立完成相关操作）：

1）新建固定轴区域轮廓铣 D5 刀具→切削区域选择 8 个顶面倒斜角→编辑驱动方法→步距 0.1mm →切削角指定与 XC 轴夹角 45° →切削参数→“在边上延伸”0.5mm →内外公差 0.01mm →刀路如图 5-69 所示（平底刀沿着面上下铣削，比横向铣削效果好）。

复制粘贴工序→修改第一个工序→移除 4 个刀路方向不好的面→刀路如图 5-70 所示。

修改第二个工序→移除已经完成加工的面→切削角指定与 XC 轴夹角 –45° →刀路如图 5-71 所示。

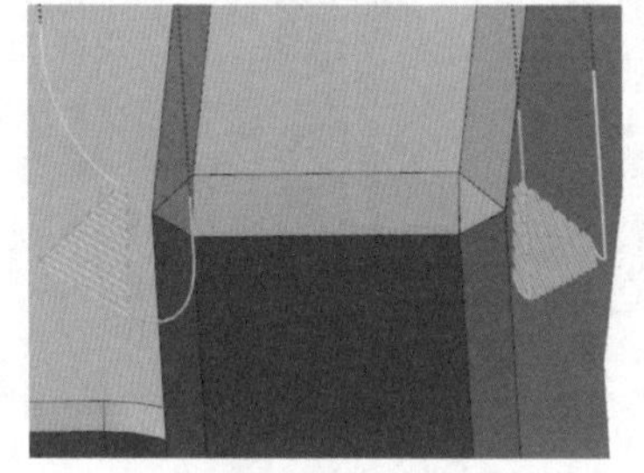

图 5-69　爬面倒斜角（1）

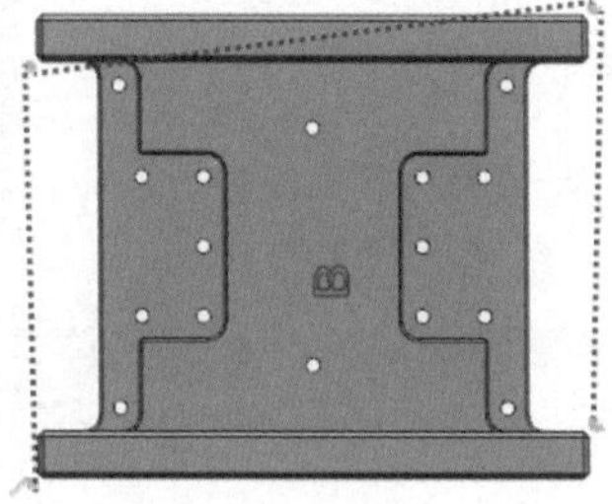

图 5-70　爬面倒斜角（2）

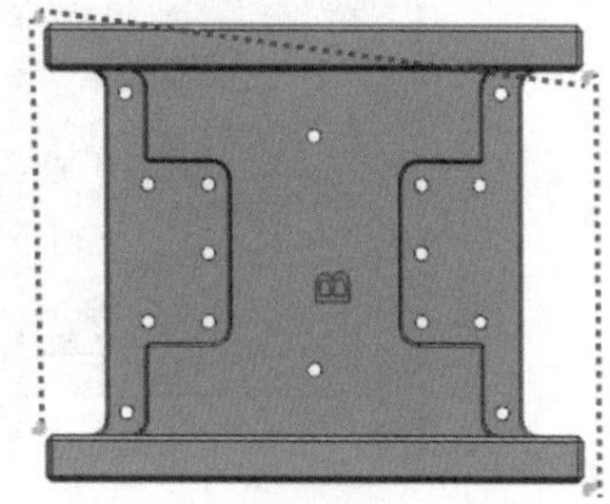

图 5-71　爬面倒斜角（3）

2）复制刀路→切削区域换成台阶上倒角刀加工不到的面（14 个面）→切削角度改为与 XC 轴夹角 90° →指定侧壁面为检查体→切削参数→安全设置→检查安全距离改为 0.1mm。

观察刀路在最下面一层进刀时，切削量过大，如图 5-72 所示，且 C8 倒角刀加工过的地方重复切削，如图 5-73 所示。

指定修剪边界（大致对着小平面体未切干净的位置），如图 5-74 所示→刀路轨迹如图 5-75 所示→确保从中间往边缘切，如果不是，则改变切削角度为 –90° 。

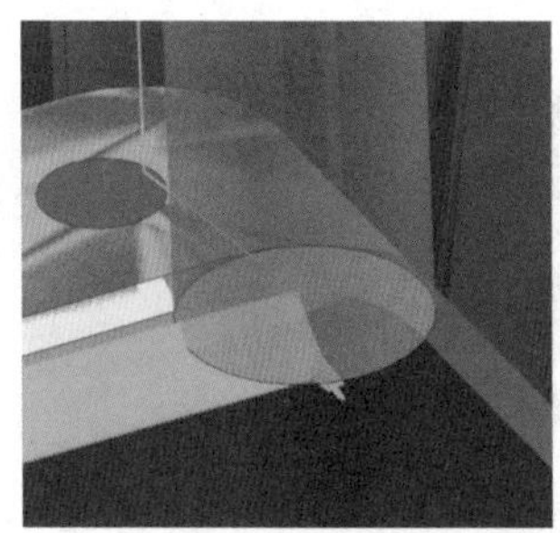

图 5-72　下刀切削量过大

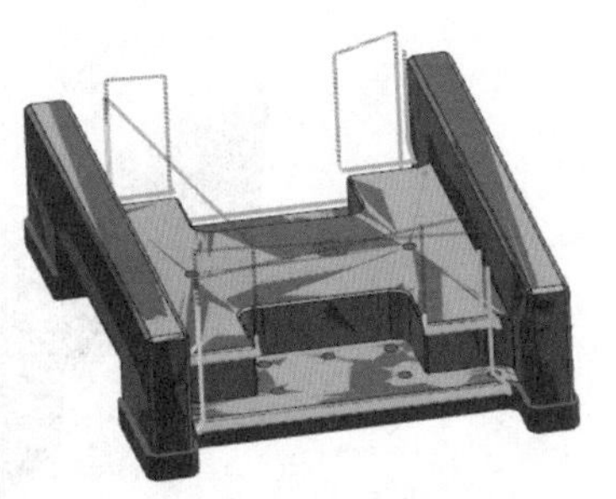

图 5-73　重复切削刀路

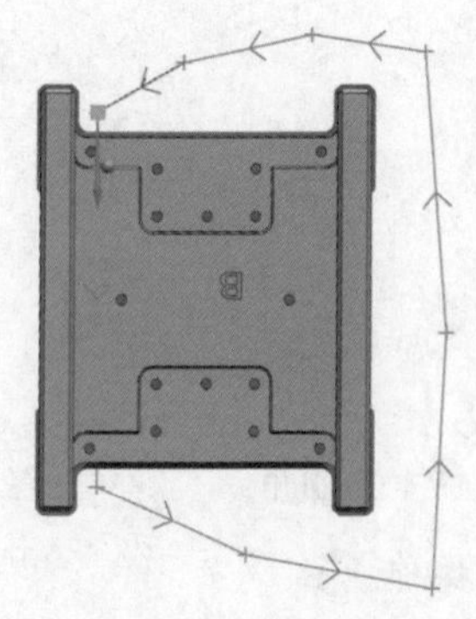

图 5-74　修剪边界

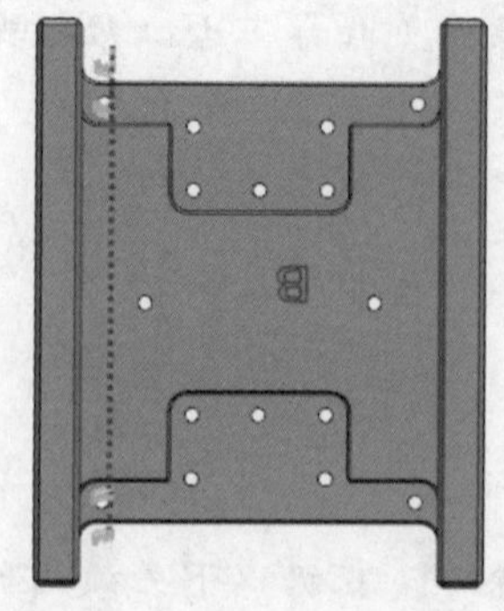

图 5-75　从中间往边缘倒斜角

3）复制刀路→重新指定修剪边界→与之前相反→修改切削角度改为与 XC 轴夹角 -90°→保证从中间往边缘切，如果不是则改变切削角度为 90°→刀路如图 5-76 所示。

【**注意**：如果用球刀加工，会和 C8 倒角刀加工一样，边缘处会有比较多的余量无法切除，如图 5-77 所示。】

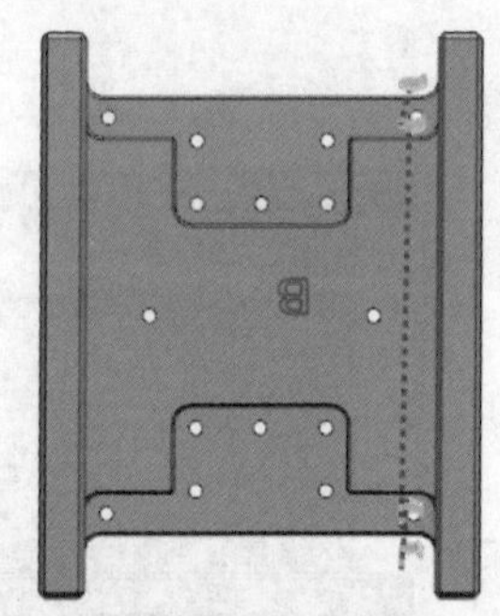

图 5-76　修剪边界

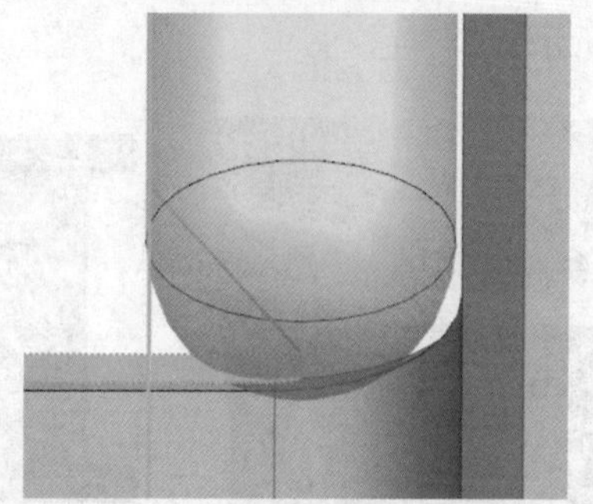

图 5-77　从中间往边缘倒斜角

4）使用 3D 仿真→观察加工结果→换 B5 球刀→生成刀路→ 3D 仿真观察加工结果。

5.7.6　相关练习

打开模型文件“5-11 平面零件—两面加工件 2.prt”，完成倒斜角加工刀路程序的编制，如图 5-78 所示。

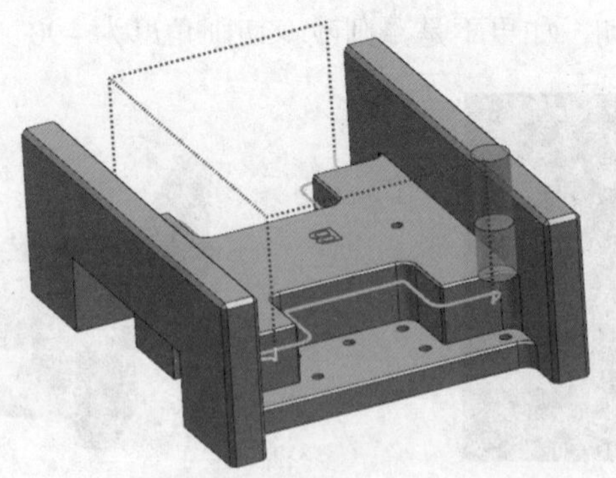

图 5-78　倒斜角加工刀路

5.7.7　平面零件—两面加工件 2—A 面精加工—1

知识点：参考刀具、修剪边界、平面铣串联边界、多台阶边界

看我操作并回答问题（扫描下方二维码观看本节视频）：

二维码 60　平面零件—两面加工件 2—A 面精加工—1

问 串联边界是怎么操作的？

跟我操作（根据以下关键词的指引，独立完成相关操作）：

1）复制坐标系 MCS_B_3 →改名为 MCS_A_4 → WA_4（换毛坯）→坐标位置设置到 B 面已加工面→ YM 轴平行于两肩（保证夹持刚性，避免夹紧变形），如图 5-79 所示。

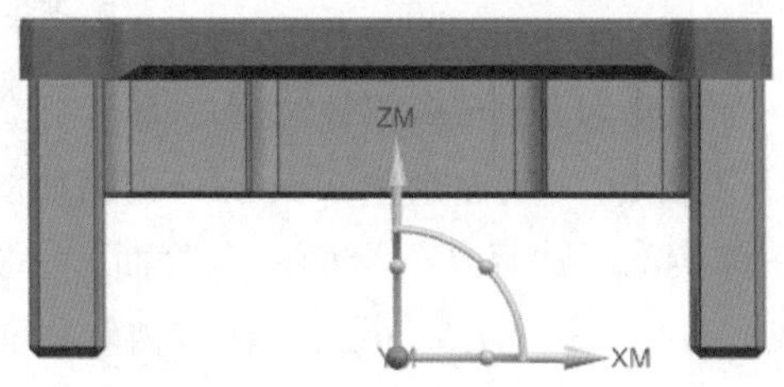

图 5-79　加工 A 面坐标系位置及方向

2）创建程序文件夹名为 4A →把程序分别整理好。

3）修改第一个 D10 型腔铣刀路→切削区域替换为四个大面→切削层自动→刀路如图 5-80 所示。

4）删除其他刀路→复制 D10 型腔铣刀路→往复走刀→层切 0 →底面余量 0 →刀路如图 5-81 所示。

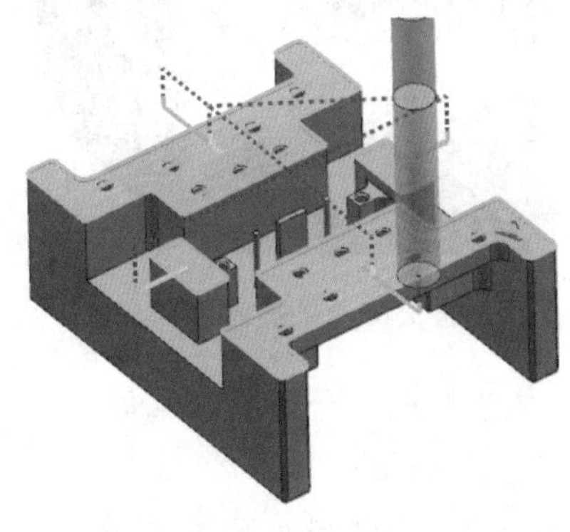

图 5-80　半精铣底面

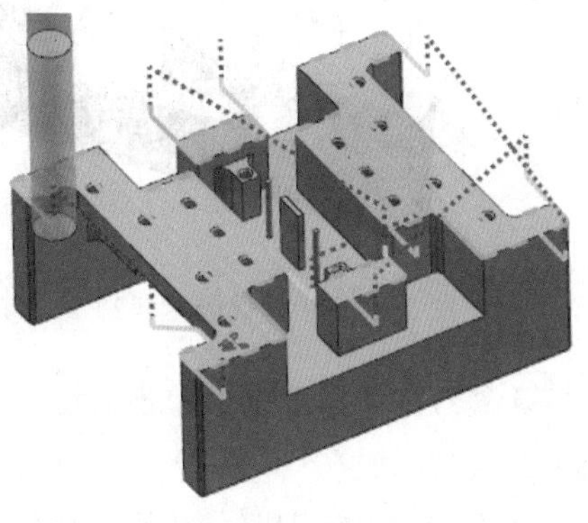

图 5-81　精铣底面

5）新建平面铣刀路→继承在 4A 程序文件夹下→ D10 刀具→ WA_4 →指定部件边界（勾选“链之间”→第 1 次单击：单击第一根线靠近串联方向的一端→第 2 次单击：单击串联的最后一根线任意位置）→指定底面为背部平台多下 1mm，轮廓走刀→步距 0.3mm →附加刀路两条→余量 0.2mm →刀路如图 5-82 所示。

6）复制平面铣刀路→附加刀路改为 0 →余量改为 0 →刀路如图 5-83 所示。

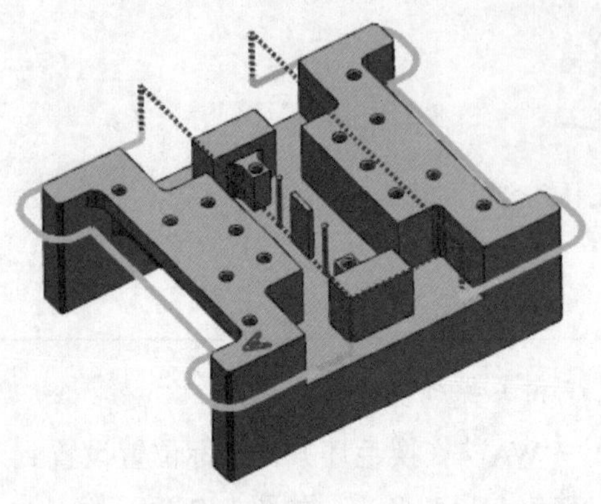

图 5-82　半精铣侧壁（1）

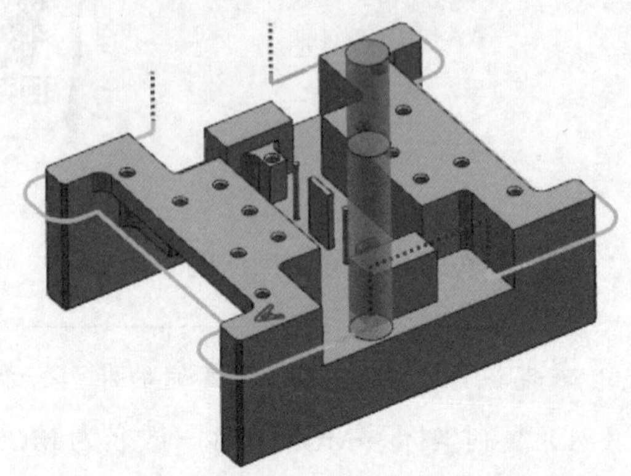

图 5-83　精铣侧壁（1）

7）复制平面铣刀路→刀具换为 D5 →换部件边界（槽两侧壁）→换加工底面→层切为用户定义 0.5mm →侧面余量 0.2mm →底面余量 0.2mm →刀路如图 5-84 所示。

8）复制平面铣刀路→替换部件边界（凸台面 + 台阶面）→圆弧进退刀 3mm →最小安全距离 10mm（确保在外部下刀）→重叠距离 3mm →区域内转移前一平面 0 →刀路如图 5-85 所示。

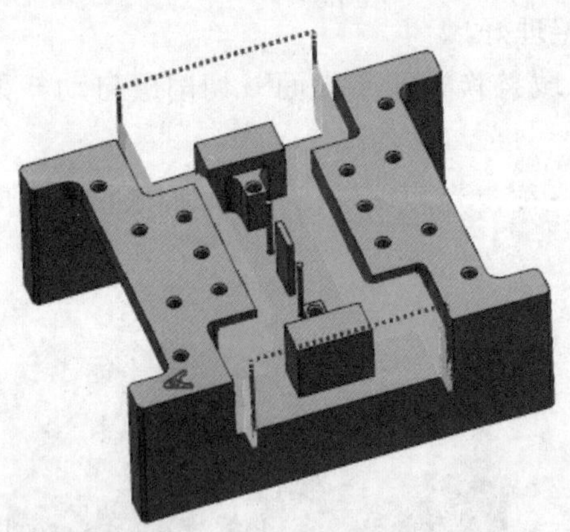

图 5-84　半精铣侧壁（2）

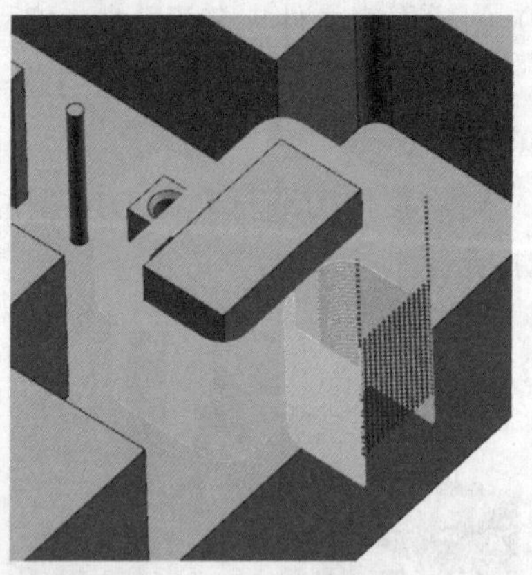

图 5-85　半精铣侧壁（3）

9）镜像刀路（在工序上单击右键→对象→镜像，依次拾取凸台两个对称面）→刀路如图 5-86 所示。

10）复制 3 个 D5 刀路→分别把层切改为 0.2mm →余量 0 →刀路如图 5-87 所示。

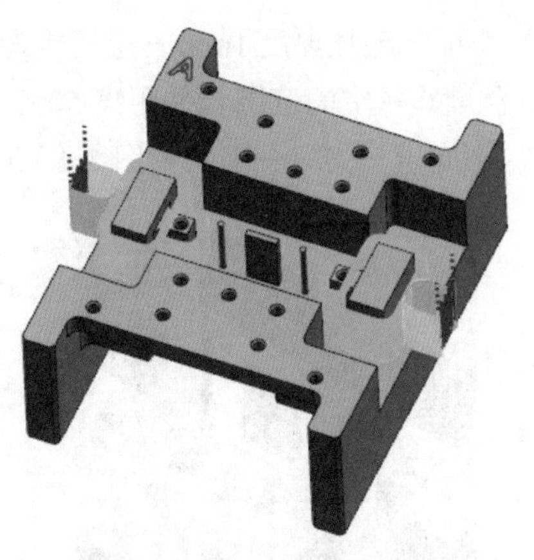

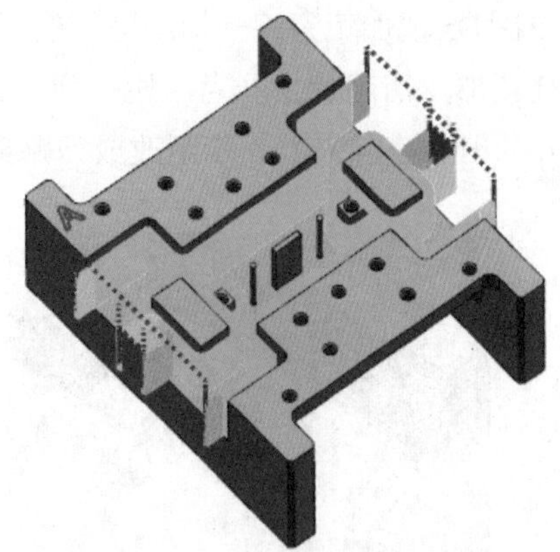

图 5-86　半精铣侧壁（4）

图 5-87　精铣侧壁（2）

5.7.8　平面零件—两面加工件 2—A 面精加工—2

知识点：底壁铣合并距离、沿形状斜进刀螺旋铣、钻孔、面上所有孔、优化最短刀轨、孔口倒斜角

看我操作并回答问题（扫描下方二维码观看本节视频）：

二维码 61　平面零件—两面加工件 2—A 面精加工—2

问　采用沿形状斜进刀螺旋铣时，为什么要把编程公差值设小？

____

问　采用沿形状斜进刀螺旋铣时，如何控制每层切削深度？

____

问　钻孔深度控制中，模型深度和刀尖深度有什么区别？

____

问　使用面上的孔功能指定多个孔位以后，如何控制孔的加工顺序为最短路径？

____

跟我操作（根据以下关键词的指引，独立完成相关操作）：

（继续上面的任务，完成 A 面精加工）

1）创建 D5 底壁铣→切削区域指定为两个孔口台阶面→毛坯厚度 1mm →层切 0.5mm →部件余量 0.1mm →最终底面余量 0.2mm →往复走刀→复制刀路把层切改为 0 →底面余量改为 0 →变成精加工刀路→刀路如图 5-88 所示。

2）复制 D5 精加工刀路→切削区域换成中间三个小面→毛坯厚度 1mm→层切改为 0.2mm（小特征顶部，切削量少一点，避免弹刀）→底面余量 0→空间范围合并距离 500%（这可以把断开的刀路连起来）→步距改成刀路数 1（只从中间走一刀）→刀路如图 5-89 所示。

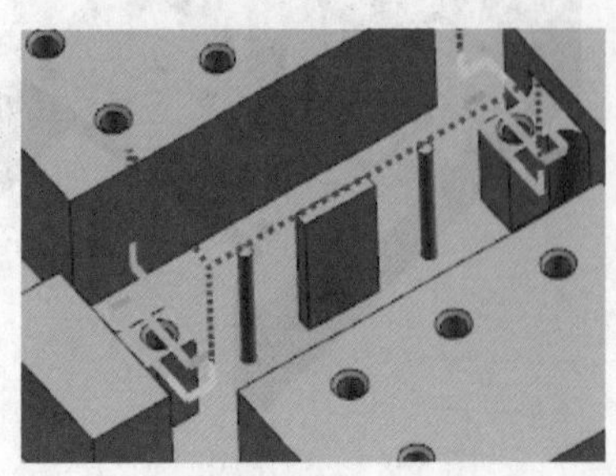

图 5-88 精铣底面（1）

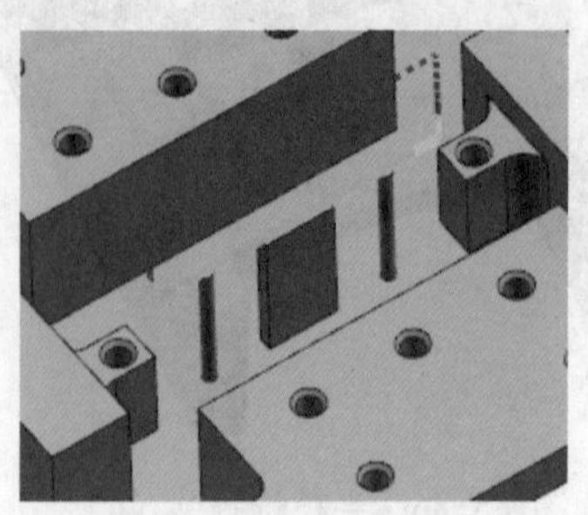

图 5-89 精铣底面（2）

3）复制平面铣刀路→刀具替换为 D3→替换部件边界（3 个小平面）→层切改为 0→余量 0.5mm（切完后薄壁特征还有 2.5mm 厚）→公差 0.001mm（必须设置，否则零件很可能切坏）→封闭区域沿形状斜进刀 0.7°（用投影距离测量，层切大约为 0.2mm）→高度 2mm→开放区域与封闭区域相同→退刀采用 0.2mm 圆弧→最小安全距离也设为 0.2mm→生成半精加工刀路。

再次复制刀路→余量改为 0→沿外形斜进刀角度改为 0.5°→变成精加工刀路→刀路如图 5-90 所示。

4）复制 D5 底壁铣半精加工刀路→切削区域换成大底面→生成半精加工刀路。

再次复制刀路→层切改为 0→部件余量 0.1mm→最终底面余量 0→变成精加工刀路→刀路如图 5-91 所示。

图 5-90 精铣侧壁

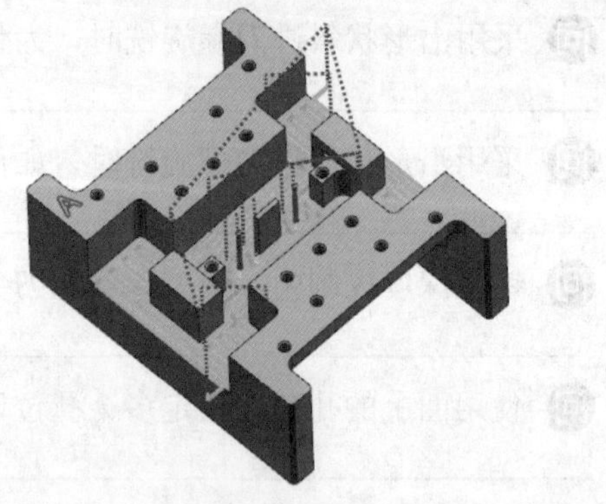

图 5-91 精铣底面（3）

5）复制 D10 外形精加工刀路→刀具换成 D5→层切改成 0.2mm→空间范围参考刀具 D10→重叠距离 1mm→深度优先→圆弧进退刀 3mm→区域内转移前一平面 0→刀路如图 5-92 所示。

6）复制 D5 精加工槽的侧壁的刀路→刀具换成 D3→层切改成 0.15mm→空间范围参考

刀具 D5 →重叠距离 1mm →深度优先→圆弧进退刀 3mm →区域内转移前一平面 0 →刀路如图 5-93 所示。

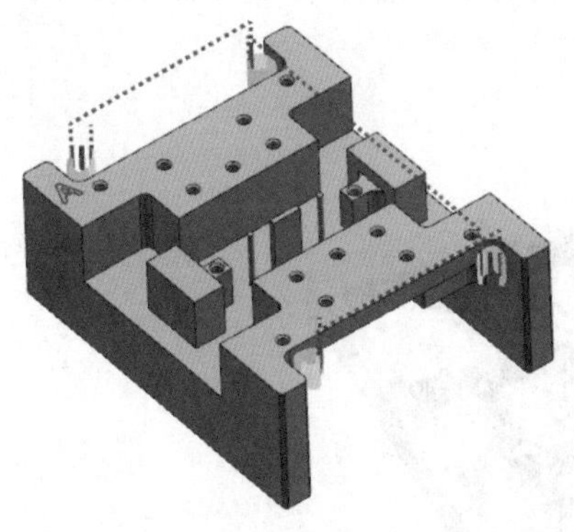

图 5-92 清角（1）

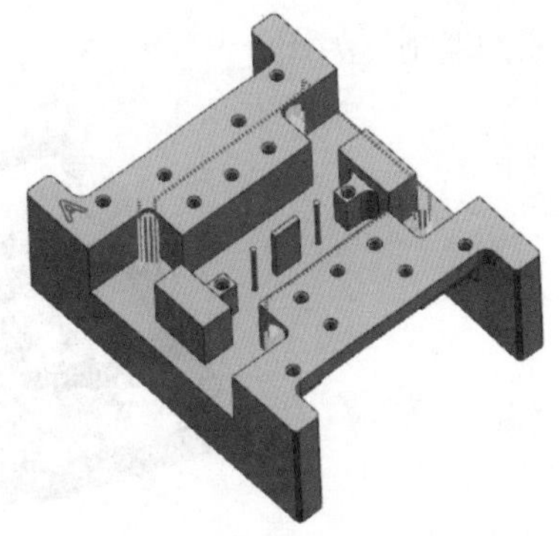

图 5-93 清角（2）

7）创建钻孔工序 DRILLING →刀具 ZXZ-2 →选择面上所有孔→优化（最短刀轨）→刀尖深度 1.5mm →生成中心钻刀路→复制刀路→刀具换成 DR-2.5 →模型深度→钻孔刀路如图 5-94 所示。

8）创建 C8 孔口倒斜角工序 COUNTERSINKING →选择面上所有孔→优化（最短刀轨）→ Csink 直径 3.5mm →暂停 0.5s →刀路如图 5-95 所示。

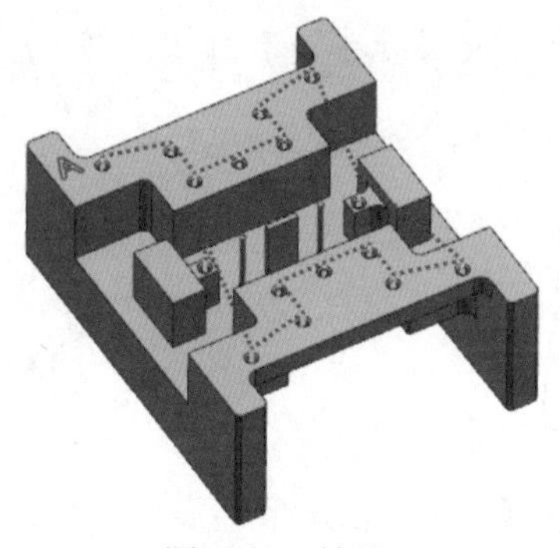

图 5-94 钻孔

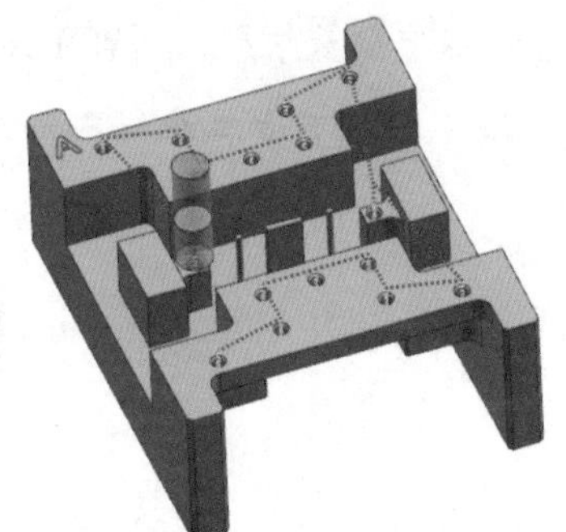

图 5-95 孔口倒斜角

9）使用 3D 仿真→碰撞时暂停→分析→创建小平面体，如图 5-96 所示。

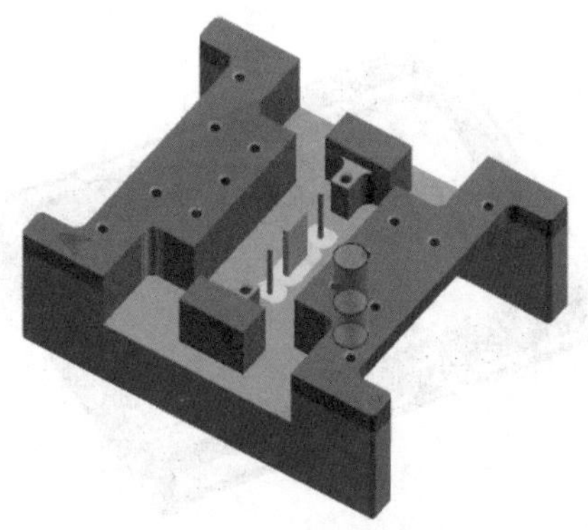

图 5-96 加工结果

5.7.9　相关练习

打开模型文件“5-12 电子微波腔体 .prt”，自行假定加工条件，完成电子微波腔体零件加工程序的编制，如图 5-97 所示。

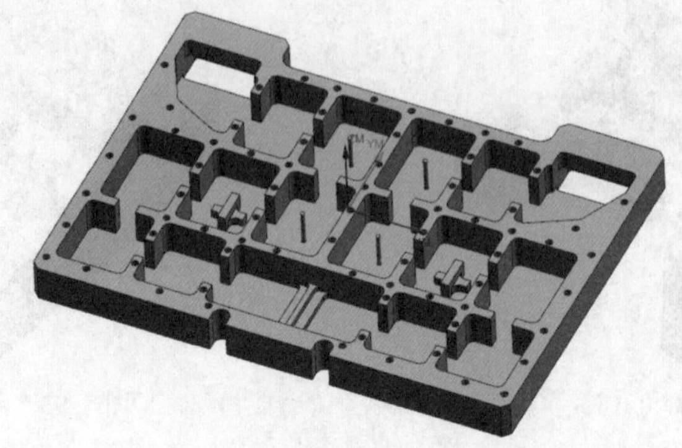

图 5-97　电子微波腔体零件

5.8　平面零件—电子产品—盒子

5.8.1　平面零件—电子产品—盒子—工艺分析

知识点：保存测量结果、调整面大小、给面染色、交叉孔半边孔加工工艺

看我操作（扫描下方二维码观看本节视频）：

二维码 62　平面零件—电子产品—盒子—工艺分析

跟我操作（根据以下关键词的指引，独立完成相关操作）：

1）（打开练习文件）打开模型文件“5-13 平面零件—电子产品—盒子 .prt”，如图 5-98 所示。

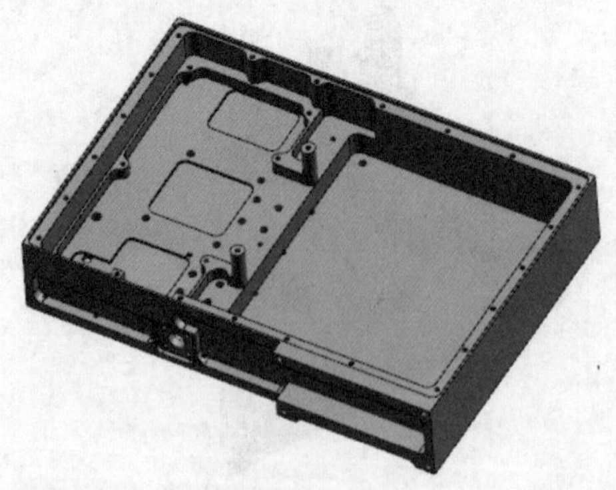

图 5-98　平面零件—电子产品—盒子模型

2）工艺分析：

① 假定毛坯为单边余量 3mm、35mm 厚的铝合金 6061 板材，T6 热处理。

② 目测零件为薄壁腔体，需 4 面加工。分析测量距离（勾选"关联测量和检查"，如图 5-99 所示），大槽是 150mm×100mm×26mm，壁厚为 1.8 ～ 5mm 不等，槽口最薄的筋厚度只有 0.8mm，底板最薄处厚度只有 1.118mm，由于盒子是封闭结构，变形程度不会太大，故加工总体安排为 D16 刀具双面粗加工，留 1mm 余量，再进行半精加工和精加工；侧面的槽一个深 3.715mm、宽 22mm，另一个深 8.7mm、宽 17.7mm，结构比较紧凑，采用小一点的切削量，待正反面精加工完以后直接粗精加工。

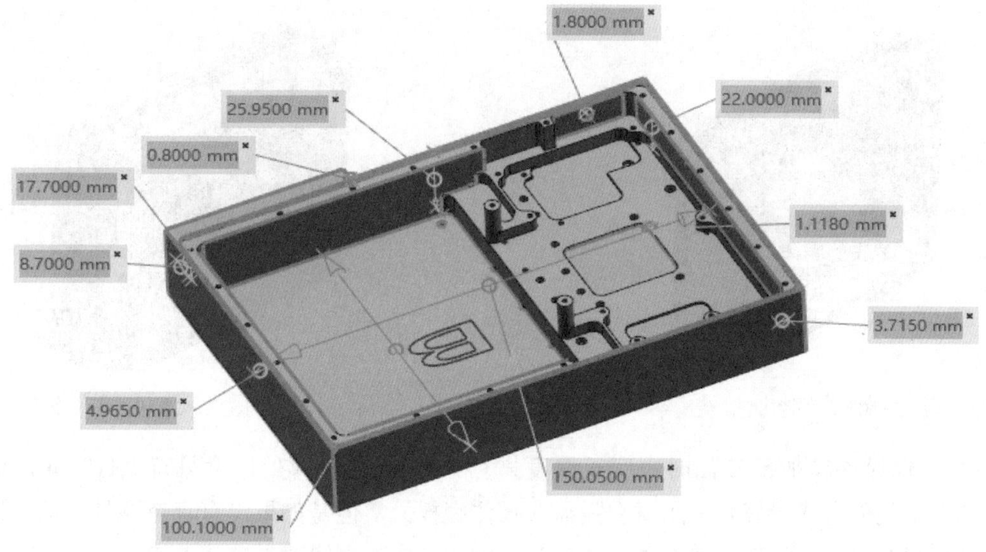

图 5-99　测量分析结果

③ 分析侧壁拐角有 R3.05，R3：用 D5 刀具（建议与设计人员沟通，如果可以改成 R3.1，就可以用 D6 刀具加工）→ R2：用 D3 刀具→ R1：用 D2 刀具；（使用同步建模 - 调整面大小，看看哪些孔径是相同的，可以给面染色）→ ϕ6.3，直接用 D5 刀具铣孔→ ϕ3.3，使用 DR3.3 钻头钻孔→ ϕ2.5，使用 DR2.5 钻头钻孔→ ϕ1.6，使用 DR1.6 钻头钻孔→个别半边孔为避免钻头折断，需要用 D1.6 平底刀啄钻（钻头和平底刀的刀刃形式不同、排屑能力不同、平底刀啄钻不会断，但是加工效率低；钻头加工效率高，但是遇到交叉孔、半边孔，就会钻偏甚至折断），如图 5-100 所示。

④ 为了避免钻半边孔时折断钻头，可以用等孔径的平底刀直接啄钻，但是这种加工效率极低，在不得已的情况下才使用；另外还可以用工艺凸台把空的地方堵起来（包容块 0.5），钻完孔后再铣掉工艺凸台，这种工艺方法需要事先设计好先后加工顺序，在粗加工时就需要把凸台留出来（本例有 7 处），如图 5-101 所示。

⑤ 零件有一侧是台阶形状，加工时不方便装夹，可以先把台阶拉起，当成夹持工艺凸台，以便装夹，最后再铣掉工艺凸台，如图 5-102 所示→加工侧面时，零件悬空，而且槽口 0.8mm 厚度的筋容易夹伤，需要利用两块夹板夹持台阶面部位，如图 5-103 所示。

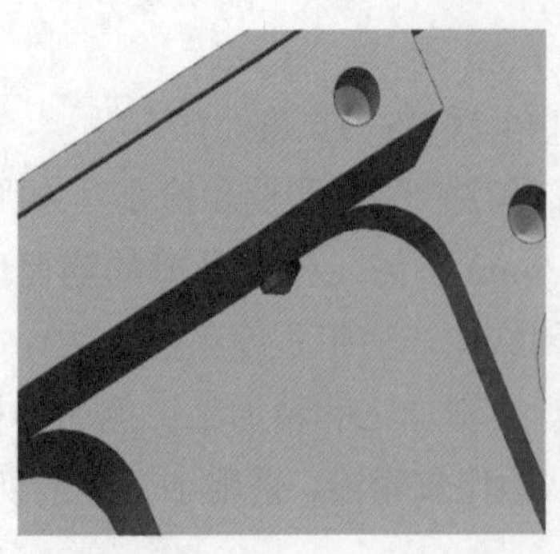

图 5-100　半边孔

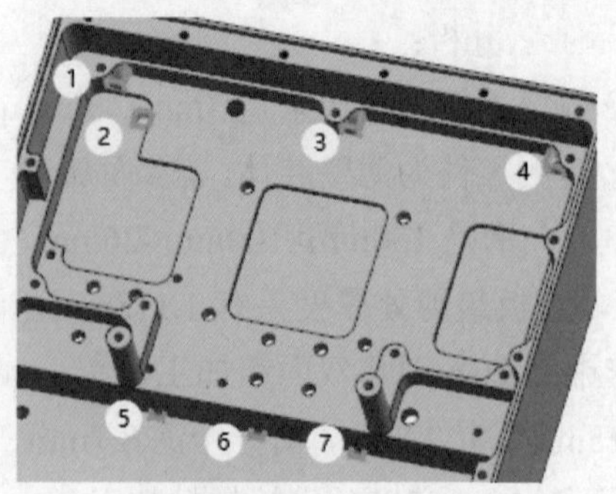

图 5-101　半边孔堵孔

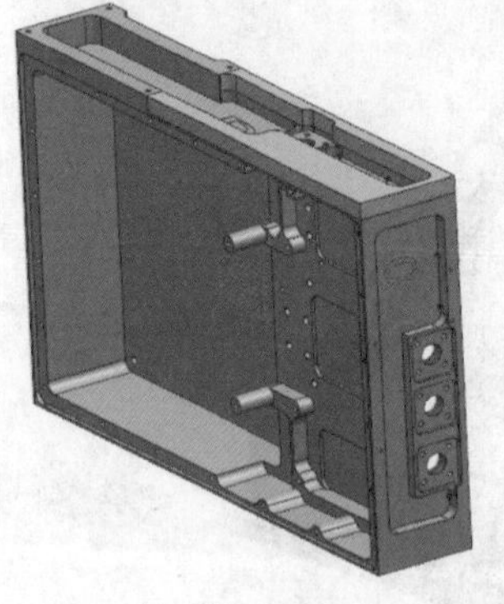

图 5-102　夹持工艺凸台

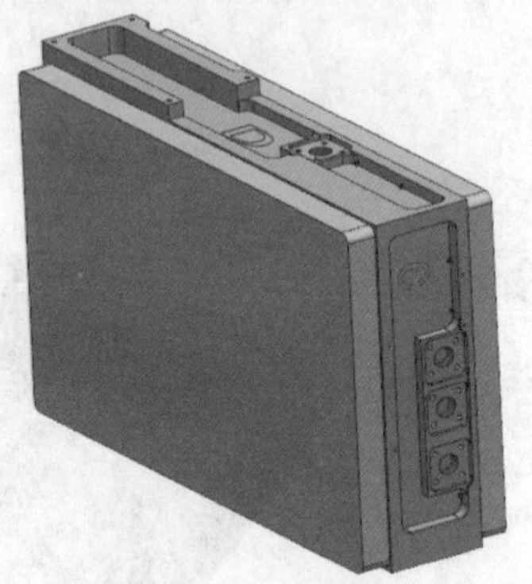

图 5-103　夹持夹板

⑥ 零件最终精加工 B 面时，底板厚度只有 2.45mm，最薄处厚度只有 1.118mm，这类零件的加工装夹方式最好是采用真空吸盘（吸住底板），但是如果没有真空夹具，也可以通过粘贴加强筋来进行抗振，如图 5-104 所示，利用 AB 胶水间隔点滴的方式（粘多了不易去除），将抗振条粘贴在槽底，起到抗振作用（或者用热熔胶、石膏填充腔体）。

⑦ 在使用平口钳夹持零件时，必须确保夹持范围足够大，如果是 150mm 长的钳口，对这个零件就是不够的，夹持部位达不到盒子两边刚性最好的壁，容易夹紧变形，需要换大型号的平口钳，或者使用两个夹板延长钳口，如图 5-105 所示。

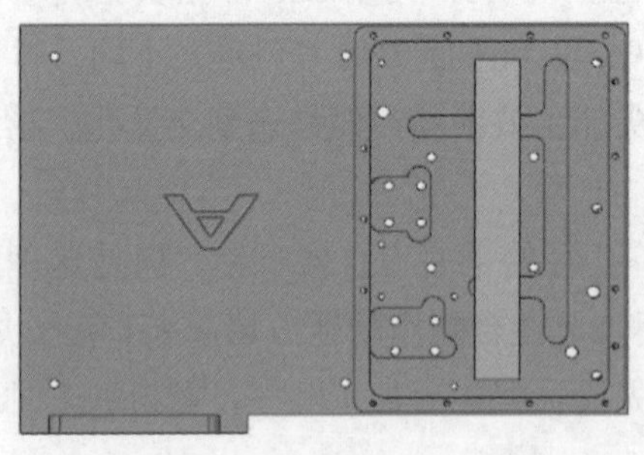

图 5-104　粘贴加强筋

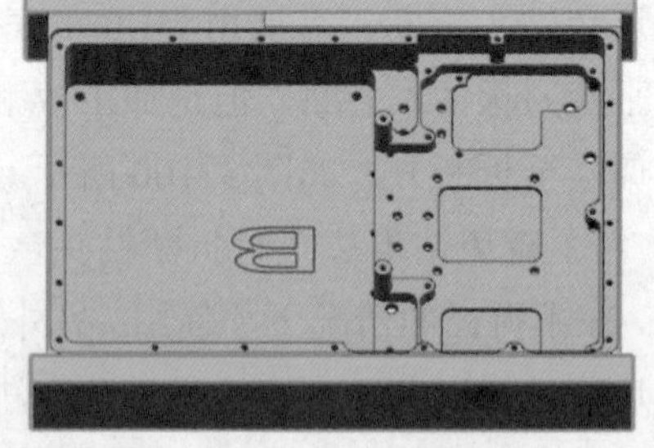

图 5-105　平口钳延长板

⑧ 零件在 A 面、B 面精加工时，是双面接刀加工外形，难免会有点接刀痕迹，为了保证 C 面和 D 面的平面度，在 A 面和 B 面精加工时，需要给 C 面和 D 面留出余量，如图 5-106 所示。

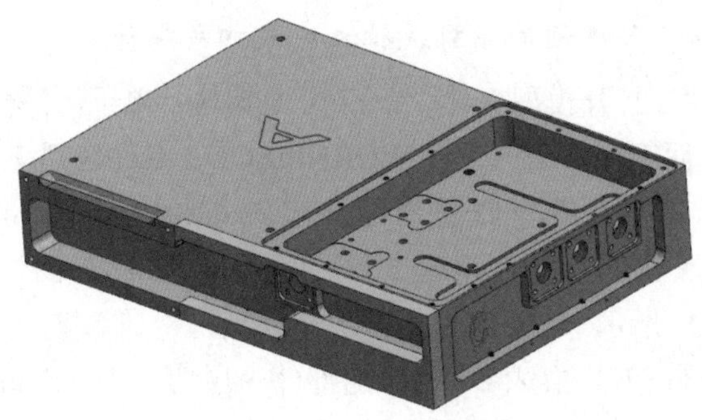

图 5-106　C 面和 D 面状况

3）创建刀具及切削参数准备：

① D16 铝合金专用刀片机夹刀：粗加工 S6000F3600，Ae40%，Ap1mm，余量 1mm。

② D8：粗加工 S14000F6000，Ae40%，Ap0.5mm，余量 1mm；精加工 S12000F2500，Ap0.3mm。

③ D5：粗加工 S16000F3000，Ae40%，Ap0.5mm；精加工 S12000F1500，Ap0.2mm。

④ D3：粗加工 S16000F2000，Ae40%，Ap0.2mm；精加工 S12000F1200，Ap0.15mm。

⑤ D2：粗加工 S16000F2000，Ae40%，Ap0.2mm；精加工 S12000F1200，Ap0.1mm。

⑥ D1.6：啄钻 S3000F20，Ap0.05mm。

⑦ ZXZ-2：S3000F100，Ap1mm。

⑧ DR-3.3：S15000F1000。

⑨ DR-2.5：S15000F1000。

⑩ DR-1.6：S15000F1000。

⑪ DR-0.8：S15000F80，Ap0.3mm。

4）设置加工坐标系和几何体→把 WCS 设置到工件 A 面中心，以便后期调整切削层和修剪边界参考。

5.8.2　平面零件—电子产品—盒子—A 面粗加工

知识点：型腔铣、参考刀具、拐角粗加工、剩余铣、移动到图层

看我操作并回答问题（扫描下方二维码观看本节视频）：

二维码 63　平面零件—电子产品—盒子—A 面粗加工

问 图层有什么用？

跟我操作（根据以下关键词的指引，独立完成相关操作）：

1）（打开练习文件）打开模型文件“5-13 平面零件—电子产品—盒子 .prt”。

2）MCS 设置在 A 面毛坯表面→设置 WORKPIECE（零件包括夹持工艺凸台在内）。

3）用 D16 刀具新建型腔铣→跟随周边→步距 40%→层切 1mm→范围 35mm 改成 22mm→余量 1mm→螺旋下刀斜坡角度 5°→使用 3D 仿真→创建小平面体（方便后续观察）→刀路如图 5-107 所示。

4）复制型腔铣刀路→刀具换成 D8→跟随部件→层切改为 0.5mm→深度优先→连接开放刀路“变换切削方向”→参考刀具 D16→圆弧进退刀 30%→最小安全距离 30%→区域内前一平面转移 0→生成刀路→观察是否有在小平面体内部插削下刀的情况，如果有，就把最小安全距离改大，如果始终解决不了，就把参考刀具换成基于层，刀路如图 5-108 所示。

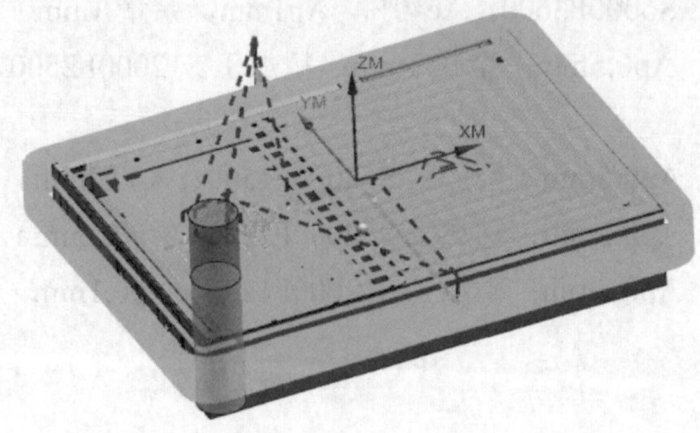

图 5-107　型腔铣粗加工

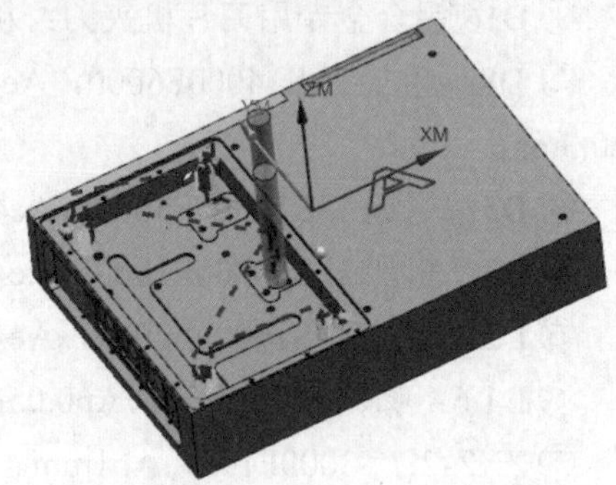

图 5-108　参考刀具二次粗加工

【注意：拐角粗加工 CORNER_ROUGH 其实就是参考刀具，剩余铣 REST_MILLING 其实就是基于层，只是专门设置好了一些适合二次粗加工的进退刀方式，不用像型腔铣这样设置这么多参数。可以尝试创建一个拐角粗加工，比较一下刀路的区别。】

5）使用 3D 仿真→碰撞时暂停→创建小平面体→移动小平面体到 11 号图层，如图 5-109 所示。

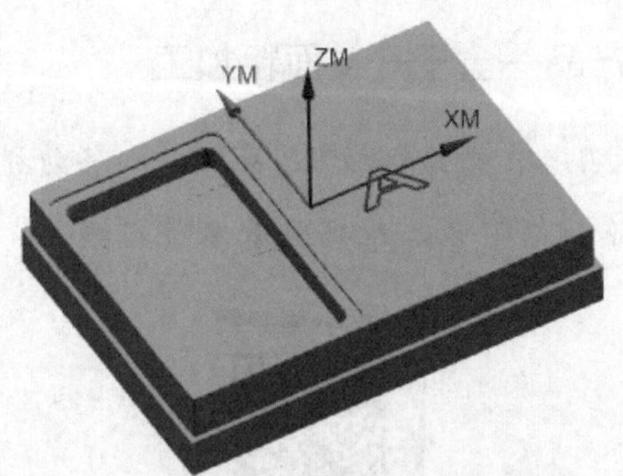

图 5-109　A 面粗加工结果

5.8.3　平面零件—电子产品—盒子—B 面粗加工

知识点：参考刀具、基于层、在延展毛坯下切削、切削层、修剪边界、N 边曲面

看我操作并回答问题（扫描下方二维码观看本节视频）：

二维码 64　平面零件—电子产品—盒子—B 面粗加工

问 使用“基于层”时，参数“最小除料量”有什么作用？

问 使用“参考刀具”进行二次粗加工时，有什么安全隐患？尤其是当前工序出现什么报警时，很可能会撞刀？

问 使用“参考刀具”和使用“基于层”分别有什么优缺点？

跟我操作（根据以下关键词的指引，独立完成相关操作）：

1）修改加工坐标系名为 MCS_A_1 → WA_1。

2）复制坐标系→改名为 MCS_B_2 → WB_2（毛坯换成小平面体，零件把 7 个堵块加上）→设置坐标位置在已加工面 A 面的中心抬起 1mm，并调整坐标方向→ X 轴沿着长度方向，如图 5-110 所示。

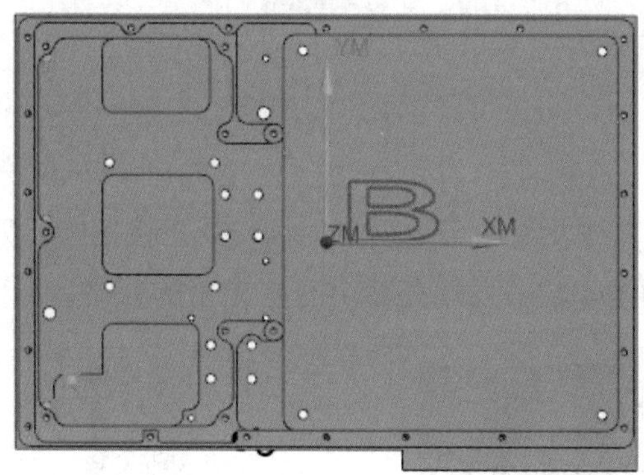

图 5-110　加工 B 面坐标系位置及方向

3）创建程序文件夹名为 1A → 2B →把程序分别整理好。

4）修改 D16 型腔铣粗加工刀路→切削层改成“自动”→切削参数→策略→取消勾选“在延展毛坯下切削”（这可以移除毛坯以下的空切刀路）→刀路如图 5-111 所示。

发现右边还有一条多余的刀路，分析是系统公差原因，把公差改成 0.01mm 生成刀路试试，因为前期加工生成的毛坯就有公差影响，但这个方法不一定总是可行→把公差改回 0.03mm，开启“基于层”→设置最小除料量 0.05mm（小于这个厚度就不切）→刀路如图 5-112 所示→使用 3D 仿真→创建小平面体，以便二次粗加工观察。

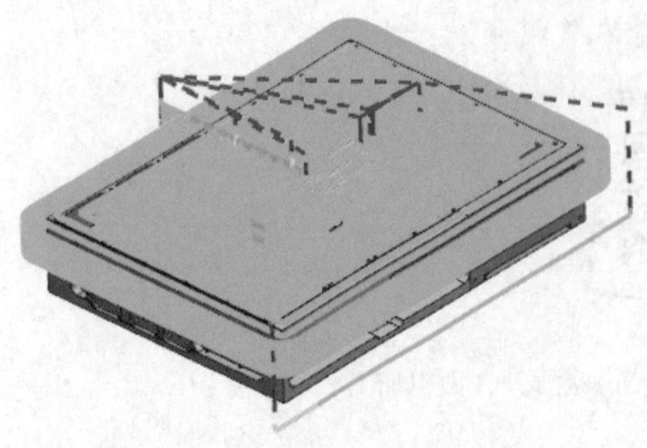

图 5-111　粗铣表面

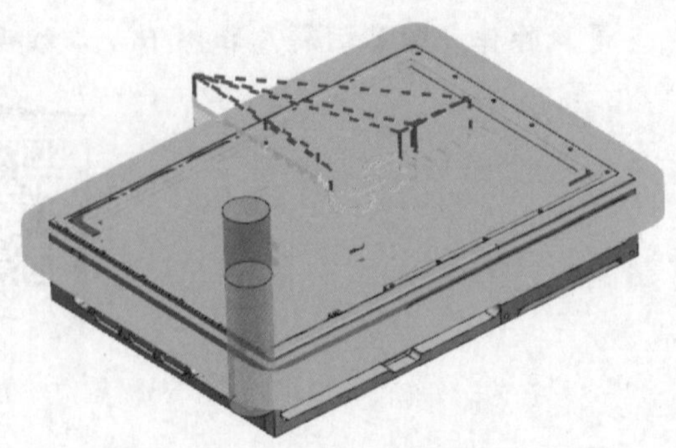

图 5-112　粗铣外形

【**注意**：生成刀路时如果出现报警“有些区域被忽略……”，如图 5-113 所示，说明有大于刀具直径加上余量的槽（16mm+1mm+1mm=18mm）没有被加工，刀路本身没有问题，可以正常加工，但是，后续使用参考刀具进行二次粗加工时易发生危险。如果一定要让 D16 的刀具切进去，可以把非切削移动参数“最小斜坡长度”改小到 10% 或更小，但是按照 5.3.5 节所述，如果刀具状况不满足条件，则不能强制铣下去，这时最好使用“基于层”进行二次粗加工，以防撞刀。】

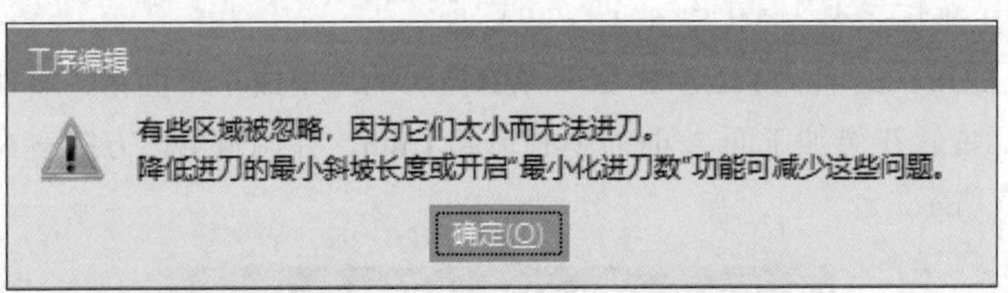

图 5-113　型腔铣粗加工报警

5）修改 D8 型腔铣二次粗加工刀路→切削层改成自动→取消勾选“在延展毛坯下切削”→生成刀路→ 3D 仿真→发现加工不正常，且刀具直接插削下刀，如图 5-114 所示。

修改参考刀具为使用基于层→发现外形上有些无用的刀路，如图 5-115 所示。

图 5-114　参考刀具加工不正常

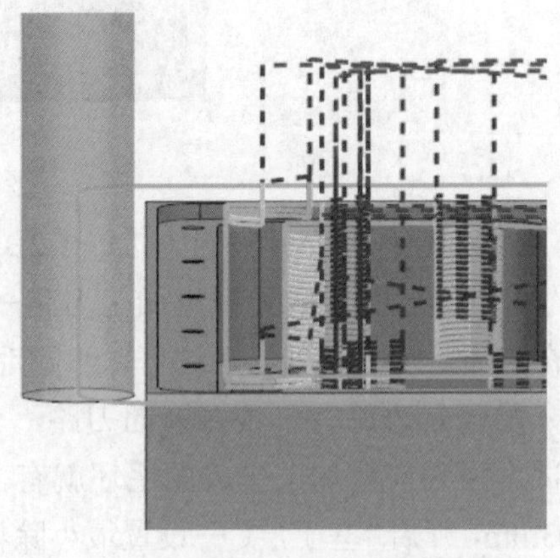

图 5-115　外圈有多余的一圈刀路

把切削层改成 1mm（与粗加工一样）→生成刀路→发现外圈上已经没有多余的刀路，可见问题就出在切削层上→把切削层重新改回 0.5mm →生成刀路→把刀放上去测量一下，发现刀具与零件的斜对角距离为 1mm（这就是加工余量），如图 5-116 所示→根据三角形斜边最长原理，可见，XY 方向和 Z 方向的余量必然小于 1mm，而前一工序留下的 XY 方向和 Z 方向的余量就是 1mm，系统发现有余量要去除，这就是在 0.5mm 这个切削层上产生一条刀路的原因。

利用 3D 仿真可以发现，这条刀路切到材料，并不是空切刀路，如图 5-117 所示。

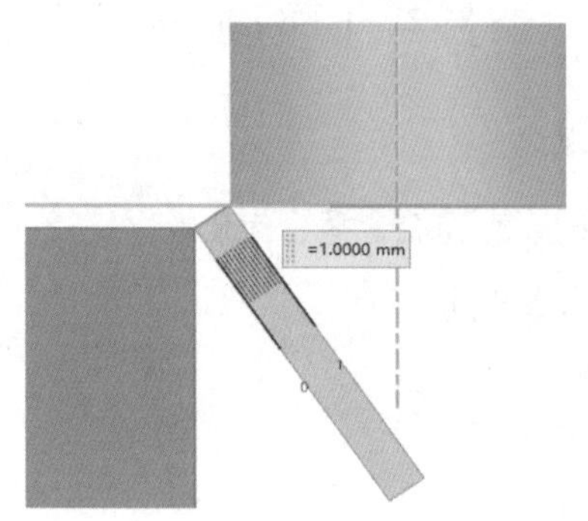

图 5-116　刀具与零件的最小距离是余量

图 5-117　使用 3D 仿真切到边

这条刀路虽然切到一点材料，但实际上是没有必要的。如果是单件生产，这个刀路是可以接受的，浪费的时间也不多，假设是小批量生产，就需要把刀路再进行优化。

进入建模环境→构造 N 边曲面，把三个槽堵起来，如图 5-118 所示。

返回编程环境→修改 D8 型腔铣→把三个面选为检查体→检查余量设置为 1mm（与加工余量一致）→把“基于层”改成“参考刀具”→刀路如图 5-119 所示。

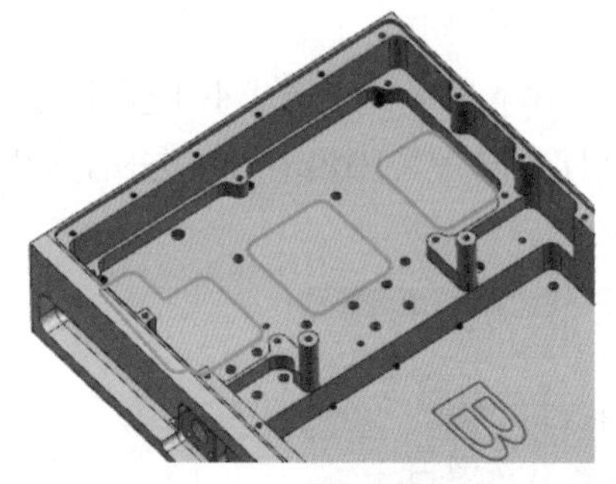

图 5-118　N 边曲面堵槽

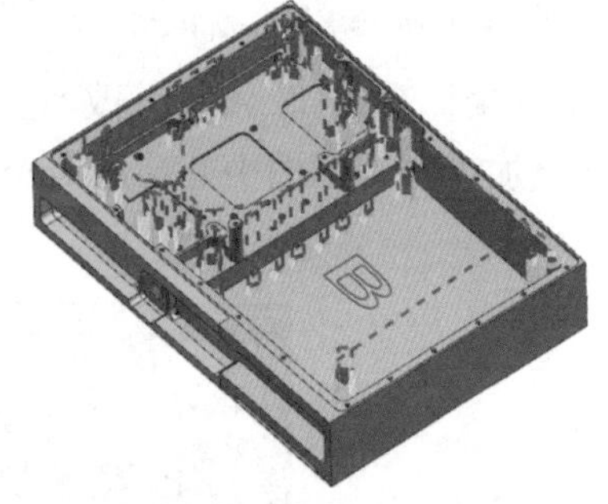

图 5-119　“参考刀具”刀路

6）复制 D8 参考刀具刀路→移除检查体→切削层顶部拾取槽口平面 ZC-15.585，然后手动修改成 ZC-16.585 →指定修剪边界（大致把三个槽框住就行）→修剪外侧→把参考刀具改成使用“基于层”→刀路如图 5-120 所示。

7）使用 3D 仿真→碰撞时暂停→创建小平面体→把两个小平面体移动到 12 号图层，如图 5-121 所示。

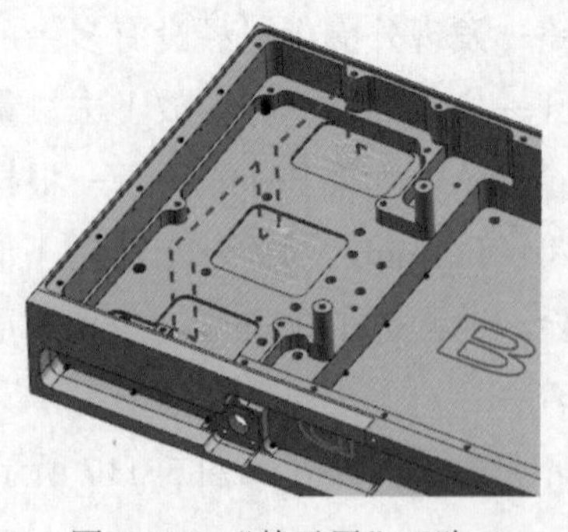

图 5-120 “基于层”刀路

图 5-121　B 面粗加工结果

5.8.4　平面零件—电子产品—盒子—A 面精加工

知识点：拐角光顺、跨空区域运动类型、面上的孔、过滤孔选择、优化最短路径、交叉孔

看我操作并回答问题（扫描下方二维码观看本节视频）：

二维码 65　平面零件—电子产品—盒子—A 面精加工

问 在面上有很多大大小小的孔，如何快速选择指定范围尺寸的孔？

问 为什么钻孔加工时都比较怕遇到半边孔和交叉孔？

跟我操作（根据以下关键词的指引，独立完成相关操作）：

1）复制坐标系 MCS_A_1→改名为 MCS_A_3→WA_3（毛坯换成小平面体）→设置坐标位置在已加工面 A 面的中心抬起 1mm，并调整坐标方向→X 轴沿着长度方向，如图 5-122 所示。

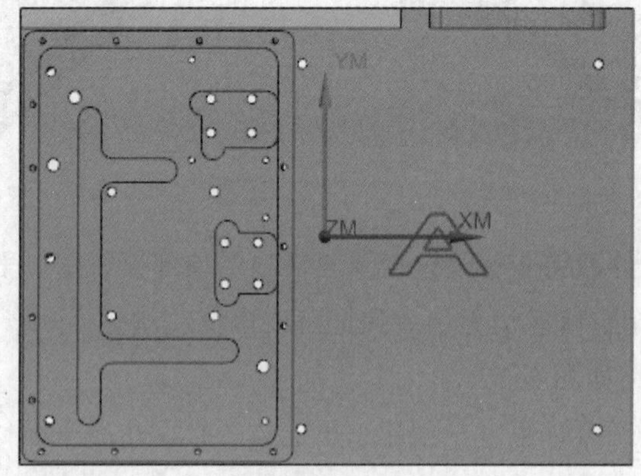

图 5-122　加工面 A 面坐标系位置及方向

2）创建程序文件夹名为 3A →把程序分别整理好。

3）修改 D16 型腔铣粗加工刀路→刀具换成 D8 →层切改成 0.5mm →余量改成 0.3mm →刀路如图 5-123 所示。

4）删除原来的 D8 型腔铣刀路→创建底壁铣 D8 刀具→切削区域为 A 面表面→跟随周边→步距 40% →策略→刀路方向由外向内→连接→跨空区域运动类型→跟随→拐角→光顺所有刀路（最后一个除外）1mm →刀路如图 5-124 所示。

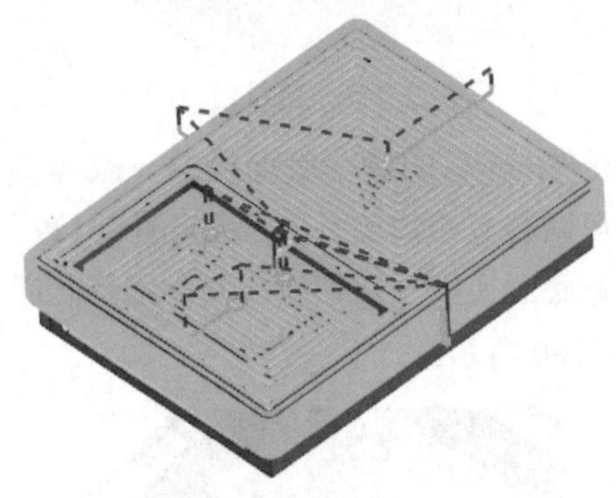

图 5-123　半精铣

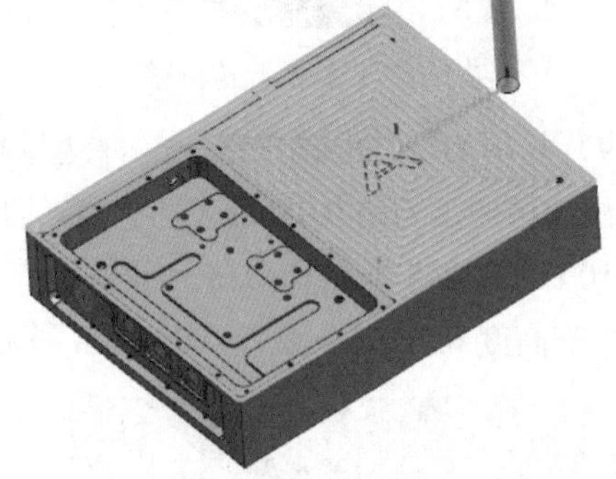

图 5-124　精铣表面

5）创建平面铣 D8 →部件边界为外形→编辑 C 面和 D 面余量为 0.2mm（输入 0.2mm 以后必须按回车键使参数生效）→底面为 A 表面下降 17mm →轮廓走刀→层切 0.3mm →圆弧进退刀 R3 →重叠距离 3mm →从 D 面进退刀→区域内转移前一平面 0 →刀路如图 5-125 所示。

6）复制底壁铣刀路→切削区域换成槽底面→策略→刀路方向由内向外→连接→跨空区域运动类型→切削→部件余量 0.4mm →空间范围→简化形状→最小包围盒→刀路如图 5-126 所示。

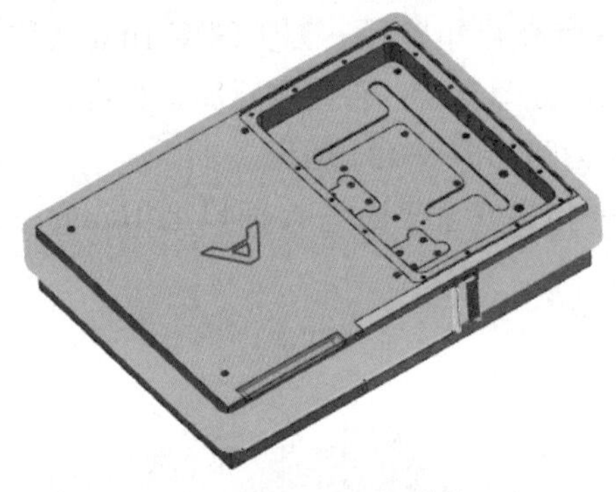

图 5-125　精铣外形

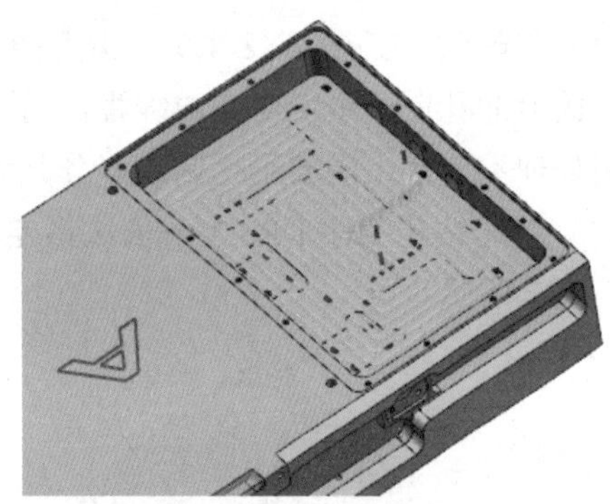

图 5-126　精铣腔底

7）复制 D8 平面铣刀路→部件边界为大槽口曲线→底面为槽底→刀路如图 5-127 所示。

8）复制平面铣刀路→刀具换成 D5（假设最高槽口不允许接刀，所以不用 D8 刀具加工）→层切改成 0 →余量 2mm（只精加工底面部分，不切侧壁）→下刀位置改到 D 面（在薄壁处进退刀容易把薄壁挤凸出去）→生成刀路。

再复制刀路→层切改成 0.1mm（薄壁筋条层切要小，否则容易铣弯）→余量改成 0 →刀路如图 5-128 所示。

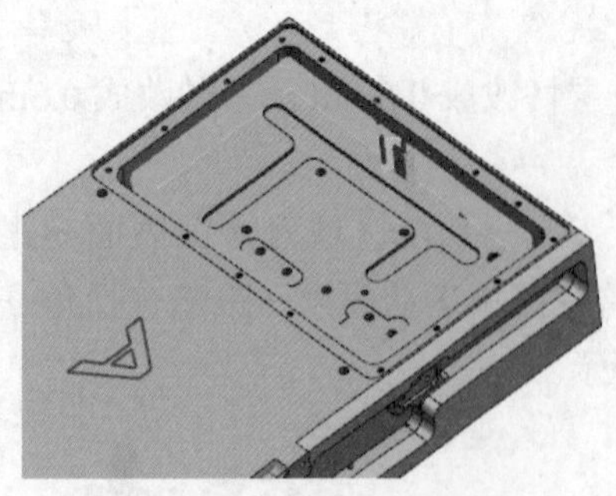

图 5-127 精铣腔槽侧壁

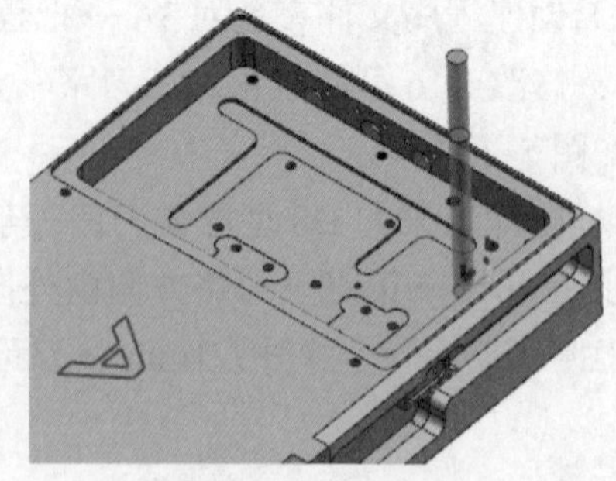

图 5-128 精铣槽口筋条

9）复制 D5 平面铣刀路→部件边界换成两个 0.15mm 深的槽→底面换掉→跟随部件走刀→添加精加工刀路 0.05mm（切少点，切入侧壁时可减轻进刀痕迹）→刀路如图 5-129 所示。

10）复制 D5 平面铣刀路→部件边界换成长槽→底面换掉→层切改成 0→沿形状斜进刀 0.05°→高度 0.2mm→公差 0.001mm→刀路如图 5-130 所示。

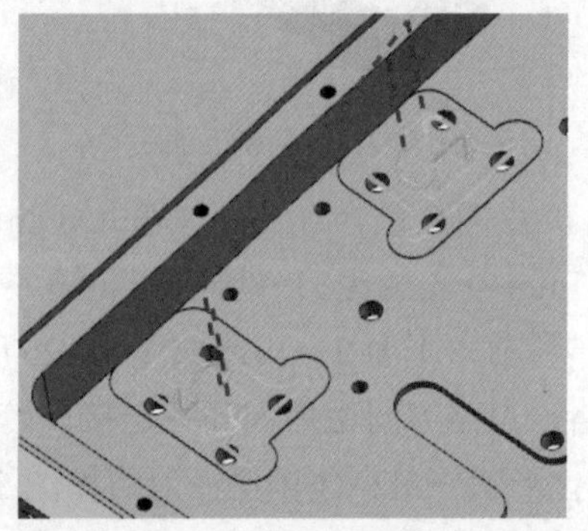

图 5-129 精铣腔底小槽

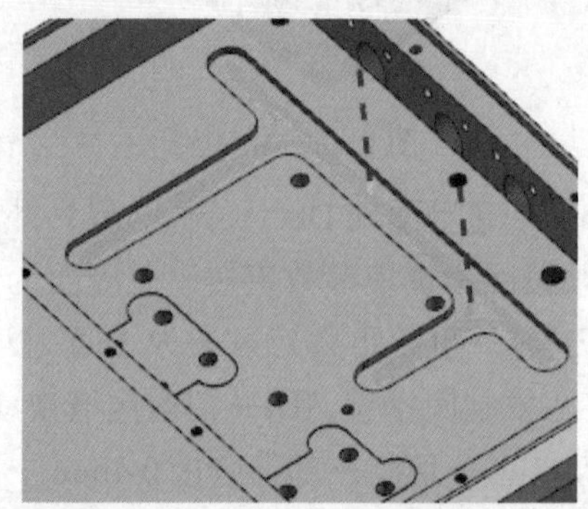

图 5-130 螺旋精铣长槽

11）创建钻孔工序 ZXZ-1.5→指定面上的孔→优化最短路径→刀尖深度 1mm（这种不同台阶面上的孔在一个工序完成编程，需要正确的后处理支持，否则实际加工可能会撞刀，如果后处理不支持，需要用啄钻或者分开编程）→刀路如图 5-131 所示。

12）创建钻孔工序 DR3.3→依次指定 3 个孔→指定安全平面为 A 面以上 10mm→刀路如图 5-132 所示。

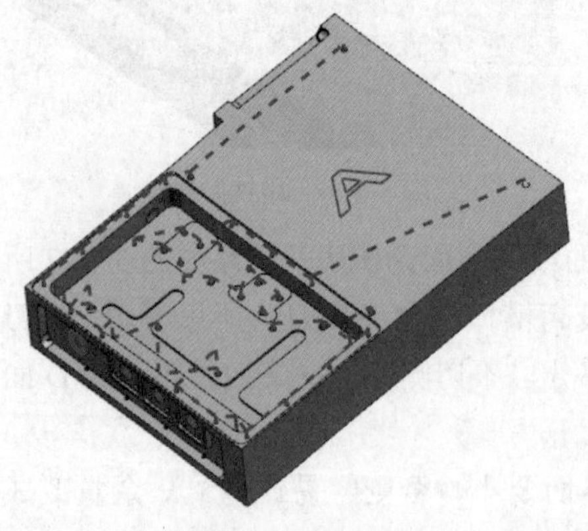

图 5-131 钻中心孔

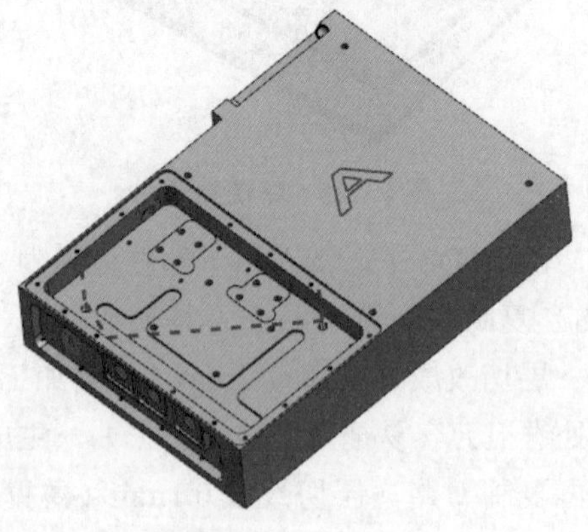

图 5-132 钻直径为 3.3mm 的孔

13）创建钻孔工序 DR2.5 →指定面上的孔→过滤最大直径 2.5mm →最小直径 2.5mm →优化最短路径→刀路如图 5-133 所示。

14）创建钻孔工序 DR1.6 →指定面上的孔→过滤最大直径 1.6mm →最小直径 1.6mm →优化最短路径→刀路如图 5-134 所示。

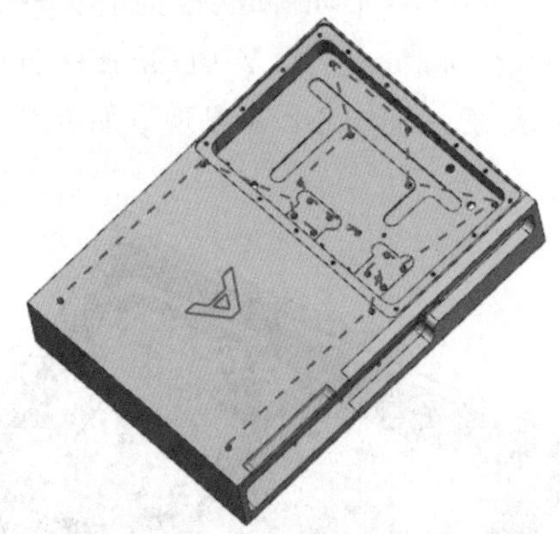

图 5-133　钻直径为 2.5mm 的孔

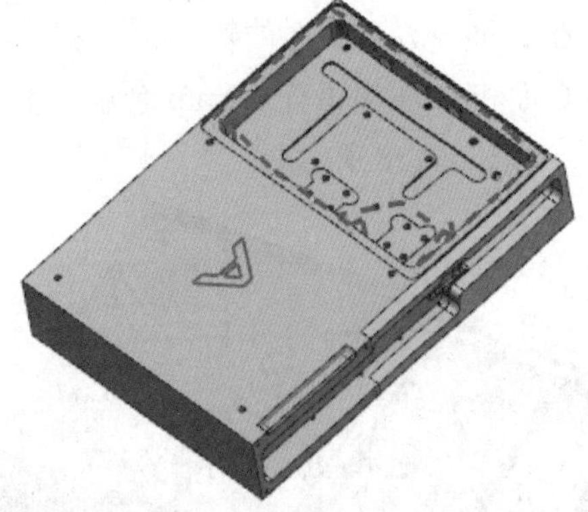

图 5-134　钻直径为 1.6mm 的孔

15）使用 3D 仿真→碰撞暂停→观察 B 面钻孔情况→发现有一个 1.6mm 的孔钻破了，如图 5-135 所示（是加工余量的原因，可能会导致钻头折断）→修改 1.6mm 钻孔工序→把深度偏置通孔安全距离改成 0.8mm →生成刀路→仿真→发现刚破了一点点，不影响加工→创建小平面体，并把小平面体移动到 13 号图层，如图 5-136 所示。

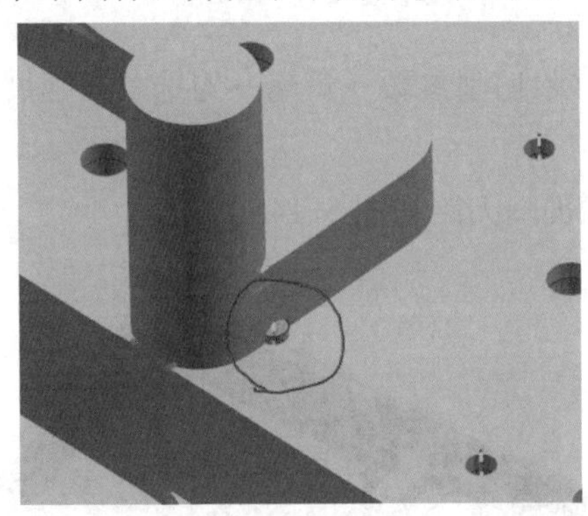

图 5-135　钻出半边孔

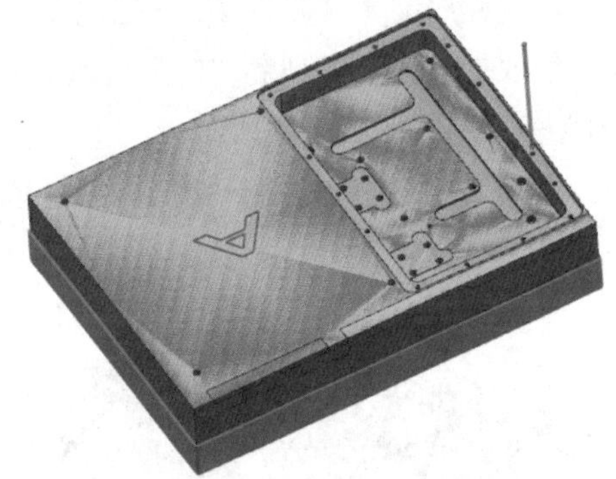

图 5-136　A 面精加工结果

5.8.5　平面零件—电子产品—盒子—B 面精加工

知识点：MCS 坐标设置、参考刀具、钻孔

看我操作（扫描下方二维码观看本节视频）：

二维码 66　平面零件—电子产品—盒子—B 面精加工

跟我操作（根据以下关键词的指引，独立完成相关操作）：

1）在 A 面槽底粘贴抗振条，胶水不能涂太多，应间隔点涂，避免难以取下，如图 5-137 所示。

2）复制坐标系 MCS_A_3 →改名为 MCS_B_4 → WB_4（毛坯换成小平面体）→设置坐标位置在 A 面→从 CD 面的对角点平移 X（160.03mm+0.2mm）/2，Y（115mm+0.2mm）/2（因为 C 面和 D 面都还有 0.2mm 余量，不能直接设置在 A 面中心，不是现场加工对刀分中位置），如图 5-138 所示。

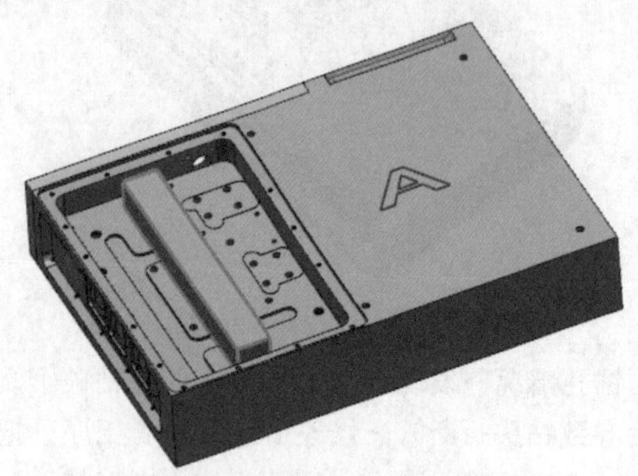

图 5-137　粘贴抗振条

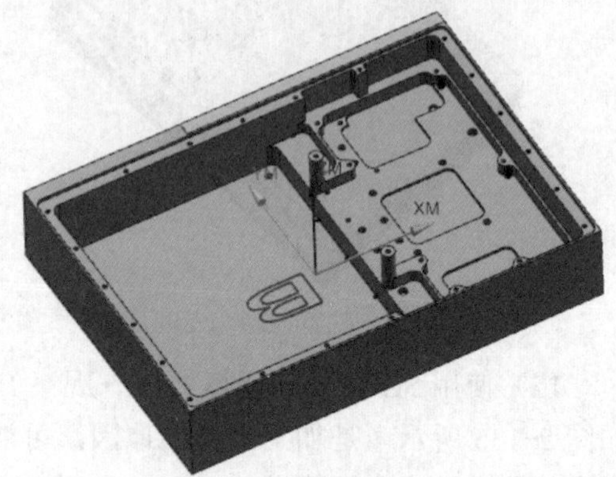

图 5-138　加工 B 面坐标系位置及方向

3）创建程序文件夹名为 4B →把程序分别整理好。

4）修改 D8 型腔铣刀路→切削层改成自动→移除切削参数→策略→勾选“在延展毛坯下切削”→刀路如图 5-139 所示。

5）修改 D8 底壁铣刀路→切削区域换成 B 面表面→刀路如图 5-140 所示。

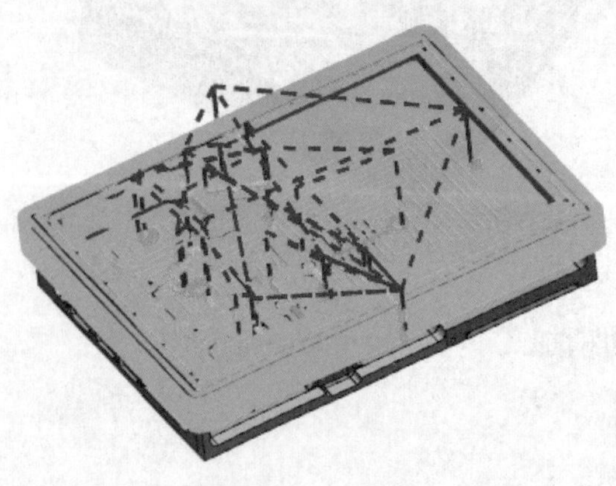

图 5-139　半精铣

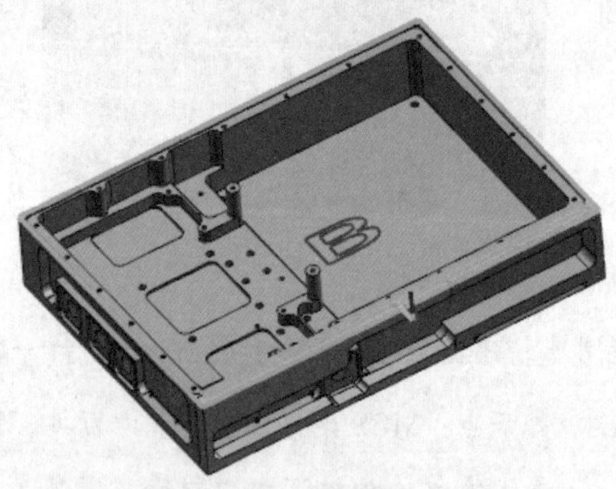

图 5-140　精铣表面

6）修改 D8 平面铣刀路→部件边界修改到 B 面表面→底面改成 –16.5mm（与 A 面加工重叠 0.5mm）→刀路如图 5-141 所示。

7）修改 D8 底壁铣刀路→切削区域换成圆柱顶面和多个槽底面（假设最高槽口不允许接刀，留给 D5 刀具加工；三个方浅槽也不加工，此时底面很薄，需要分两层加工）→底面毛坯厚度 0.3mm →连接→跨空区域运动类型→跟随→空间范围→简化形状→轮廓→刀路如图 5-142 所示。

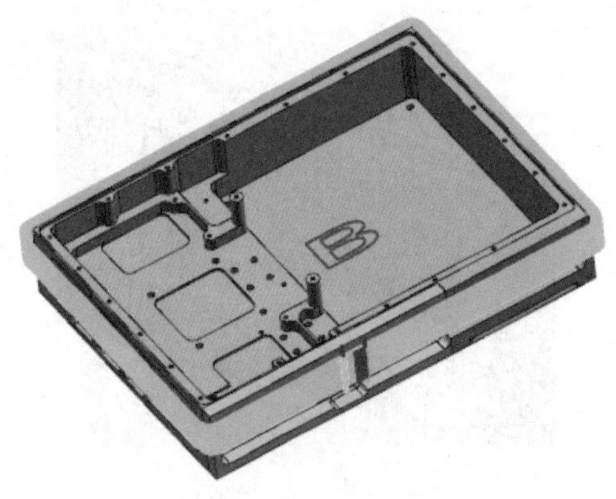

图 5-141　精铣外形

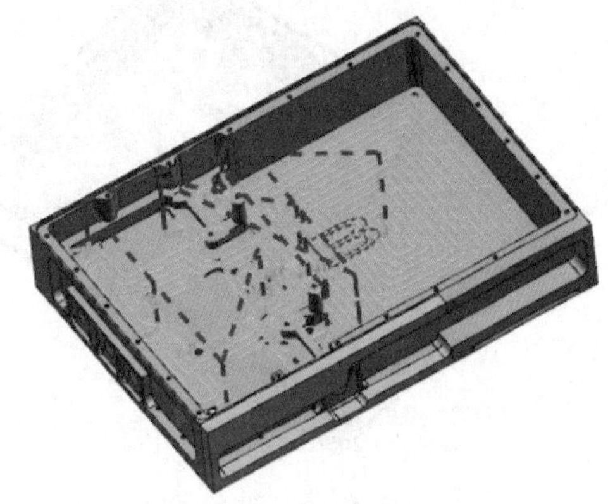

图 5-142　精铣腔底

8）复制 D8 底壁铣刀路→底面改成三个方形浅槽→每刀切削深度改成 0.15mm →刀路如图 5-143 所示。

9）复制 D8 型腔铣刀路→指定修剪边界为槽口曲线→轮廓走刀→层切 0.3mm →切削层改成自动→顶部指定为槽口台阶面→余量改为 0 →深度优先→进刀→封闭区域与开放区域相同→开放区域圆弧进退刀 3mm →最小安全距离 3mm →重叠距离 3mm →区域内转移类型前一平面 3mm（型腔比较复杂，为了安全起见，不再设置为 0）→刀路如图 5-144 所示。

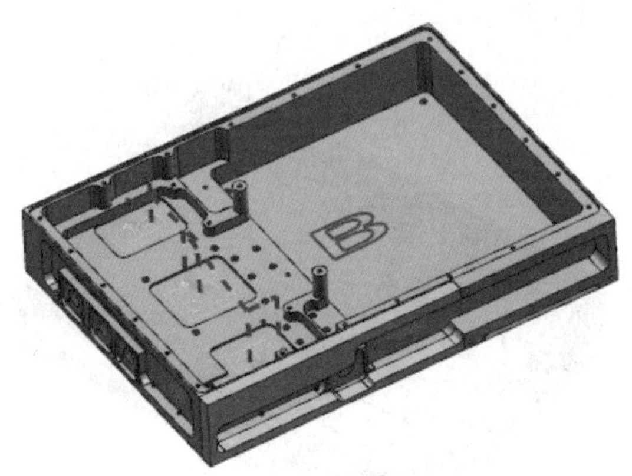

图 5-143　精铣腔底槽

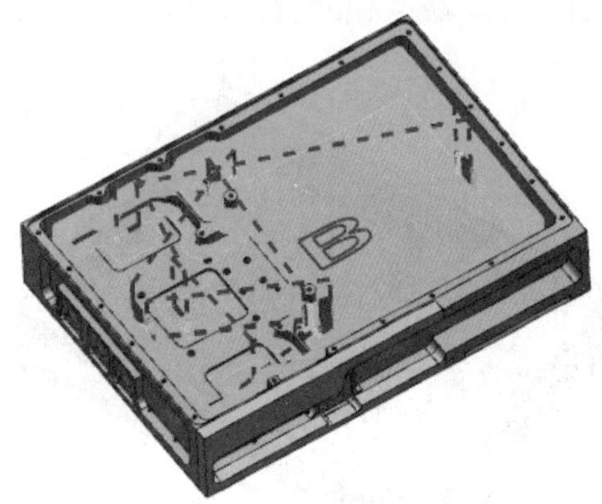

图 5-144　精铣型腔

10）复制 D8 型腔铣刀路→刀具换成 D5 →层切改成 0.2mm →使用参考刀具 D8 →重叠距离 0.5mm →刀路如图 5-145 所示。

11）复制修改 D5 型腔铣刀路→刀具换成 D2 →切削区域指定拐角为 R1 的侧壁及底面→移除修剪边界→层切改成 0.1mm →切削层改成自动→参考刀具改成 D5 →重叠距离 0.3mm →圆弧进退刀改为 1mm →高度 0.5mm →最小安全距离 1mm →区域内转移设为“直接”→刀路如图 5-146 所示。

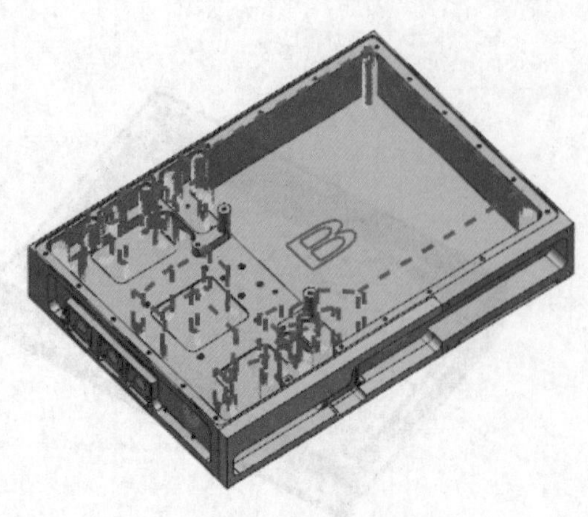
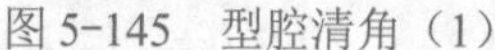

图 5-145　型腔清角（1）

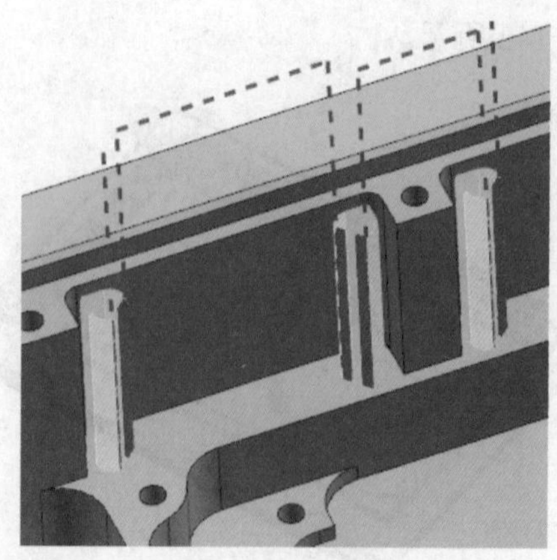

图 5-146　型腔清角（2）

12）删除 D8 平面铣刀路→修改 D5 平面铣刀路→部件边界换成顶面槽口→换掉底面→生成刀路。

再修改下一条 D5 平面铣刀路→替换部件边界和底面→生成刀路→刀路如图 5-147 所示。

13）删除剩余两个 D5 平面铣刀路→修改 ZXZ-1.5 中心钻刀路→用手电筒工具看哪些孔是 A 面已经加工了的→指定面上的孔→优化最短距离（两个圆柱直径都是 5mm，高度 11mm，刚性还不太差，钻头也比较小，力不大，可以直接钻孔；如果圆柱直径小于 3mm，刚性不好，就要先钻孔再精加工）→刀路如图 5-148 所示。

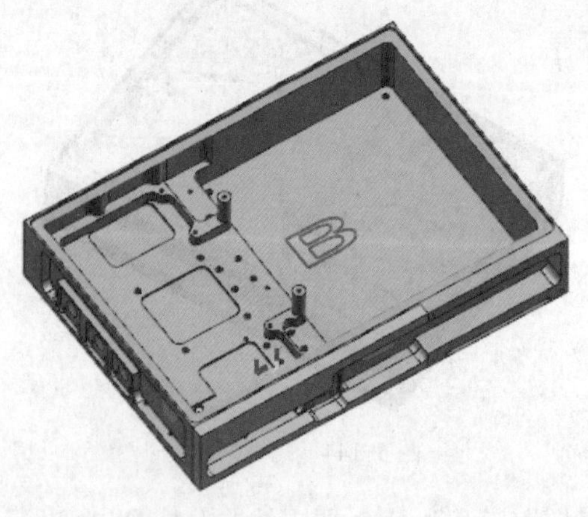

图 5-147　精加工槽口

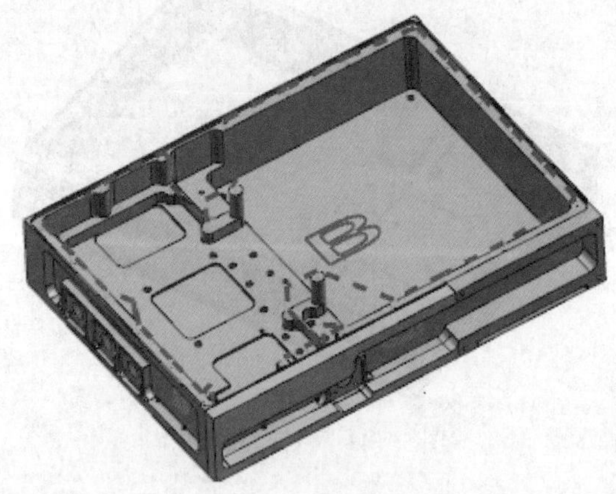

图 5-148　中心钻

14）删除 DR3.3、DR2.5 钻孔刀路→修改 DR1.6 钻孔刀路→指定孔→优化最短距离→刀路如图 5-149 所示。

15）使用 3D 仿真→碰撞暂停→创建小平面体，并把小平面体移动到 14 号图层，如图 5-150 所示。

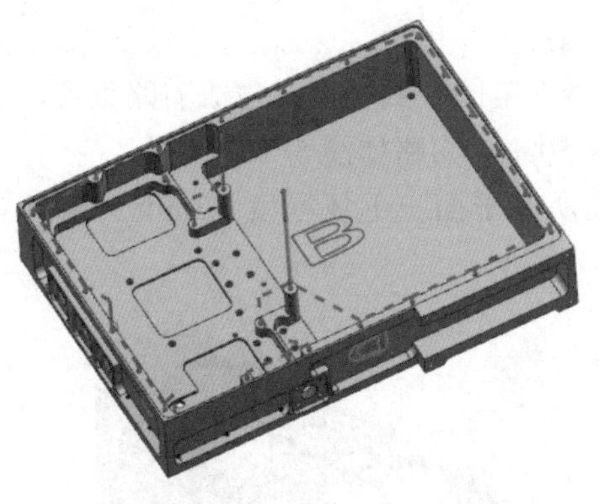

图 5-149　钻直径为 1.6mm 的孔

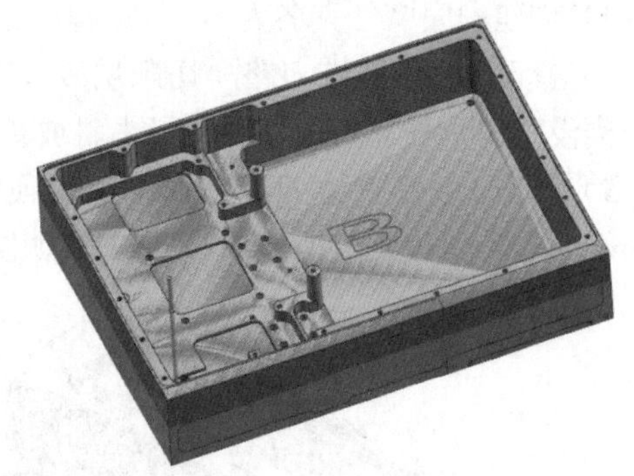

图 5-150　B 面精加工结果

5.8.6　平面零件—电子产品—盒子—C 面粗精加工

知识点：MCS 坐标设置、下刀位置区域起点、小区域忽略、多重变量步距

看我操作（扫描下方二维码观看本节视频）：

二维码 67　平面零件—电子产品—盒子—C 面粗精加工

跟我操作（根据以下关键词的指引，独立完成相关操作）：

1）A、B 两面用夹板夹持，如图 5-151 所示。

2）复制坐标系 MCS_B_4→改名为 MCS_C_5→WC_5（毛坯换成小平面体）→设置坐标位置在已加工面 C 面中心，并调整坐标方向→X 轴沿着长度方向（注意 C 面和 D 面还有 0.2mm 余量，此时长度应该是 115mm+0.2mm，X 轴从右边移动 115.2mm 的一半，Z 轴抬 0.2mm），如图 5-152 所示。

图 5-151　两面用夹板

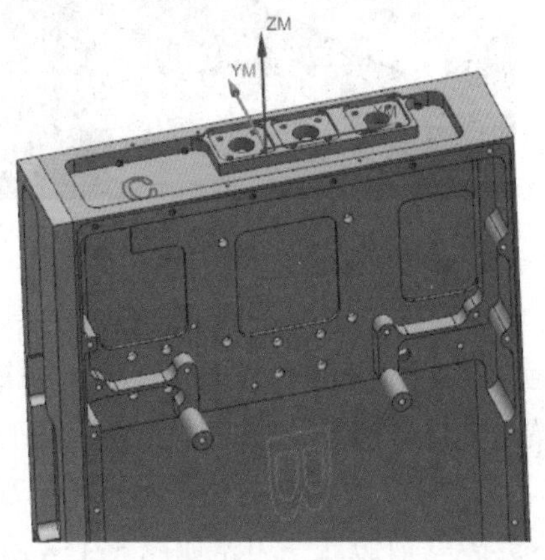

图 5-152　加工 C 面坐标系位置及方向

3）创建程序文件夹名为 5C →把程序分别整理好。

4）修改 D8 型腔铣刀路→切削层改成自动→最低范围改到槽底（生成刀路报警，发现三个槽没有切）→非切削移动→最小斜坡长度改成 50% →刀路如图 5-153 所示。

5）修改 D8 底壁铣刀路→切削区域换成 C 面所有平面→毛坯厚度 0.3mm →部件余量 0.4mm →最小斜坡长度改成 50% →刀路如图 5-154 所示。

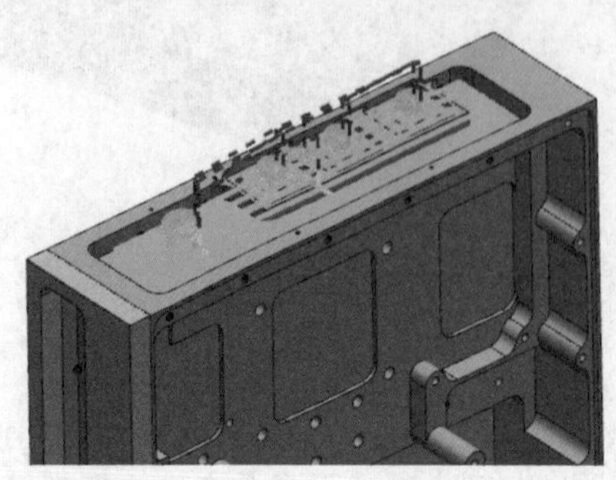

图 5-153　半精铣

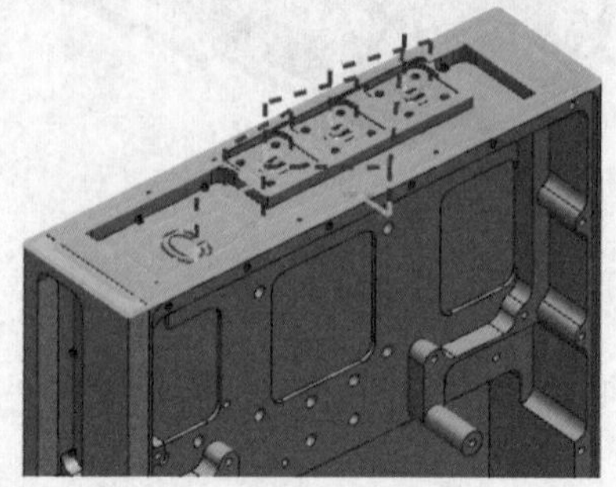

图 5-154　精铣表面

6）删除平面铣刀路和两个底壁铣刀路→修改 D8 型腔铣刀路→修剪边界设置为槽口→切削层自动→最低范围改到槽底→生成刀路，发现进刀不太好。

进退刀和最小安全距离 3mm 改成 1mm →重叠距离改成 1mm →区域起点设置在靠 A 面的侧壁面（设置 4 个点，注意点的位置会影响下刀的位置，中间的小槽区域起点尽量捕捉到中间位置，否则进退刀可能会发生在角落上）→刀路如图 5-155 所示。

7）修改 D5 型腔铣刀路→移除修剪边界→切削层改成自动→最低范围改到槽底→生成刀路，发现进退刀不太好，而且大孔也加工了。

切削参数 - 空间范围→小区域避让→小封闭区域切削改成忽略（可以忽略孔不加工），非切削移动参数进退刀圆弧改成 1mm →刀路如图 5-156 所示。

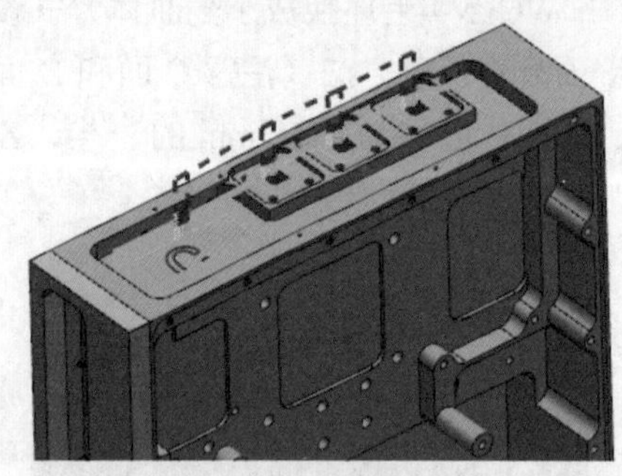

图 5-155　精铣侧壁

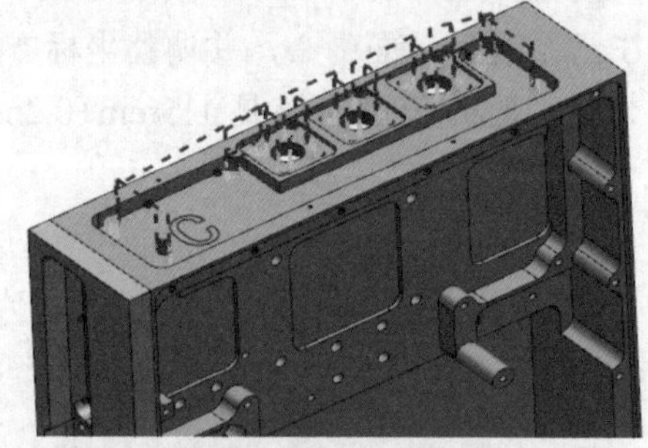

图 5-156　D5 清角加工

8）创建铣孔工序→程序 5C →刀具 D5 →几何体 WC_5 →指定三个直径为 6.3mm 的孔→轴向螺距 0.2mm →径向步距多重变量→ 1 条 0.2mm → 1 条 5mm（粗精加工）→切削参数→策略→延伸路径→顶偏置 0.5mm →底偏置 0 →刀路如图 5-157 所示。

9）修改 D2 型腔铣刀路→换成 D3 刀具→层切 0.15mm →指定切削区域为三个槽侧面及底面→移除修剪边界→刀路如图 5-158 所示。

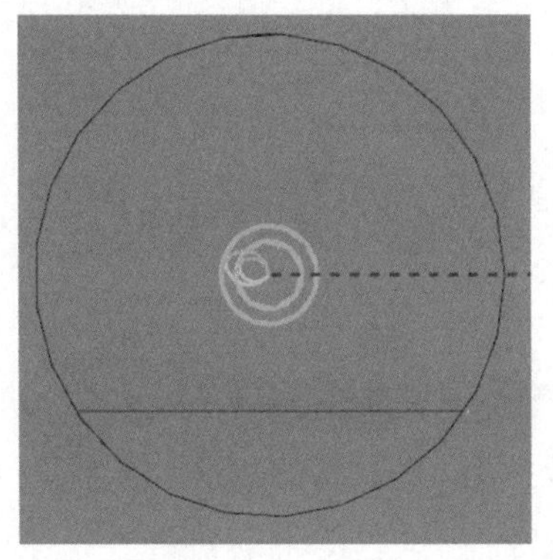

图 5-157　D5 粗精铣孔

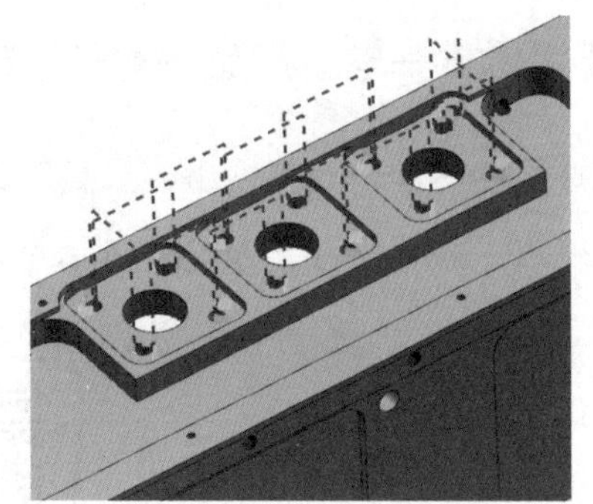

图 5-158　D3 清角加工

10）删除剩余两个 D5 平面铣刀路→修改 ZXZ-1.5 中心钻刀路→指定面上的孔（最大直径 1.6mm）→优化最短距离→深度 0.3mm →刀路如图 5-159 所示。

11）修改 DR1.6 钻孔刀路→指定面上的孔→优化最短距离→刀路如图 5-160 所示。

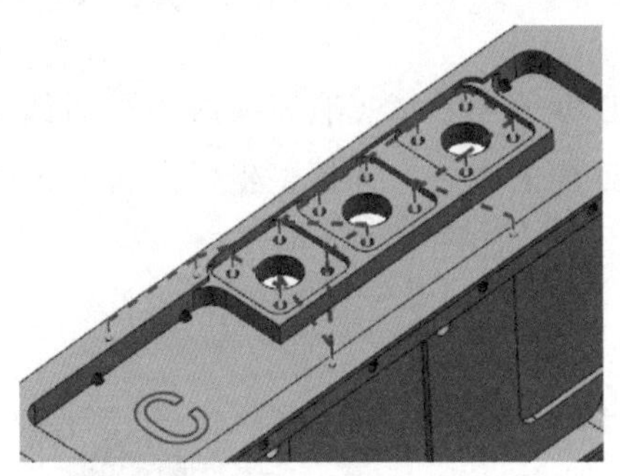

图 5-159　中心钻

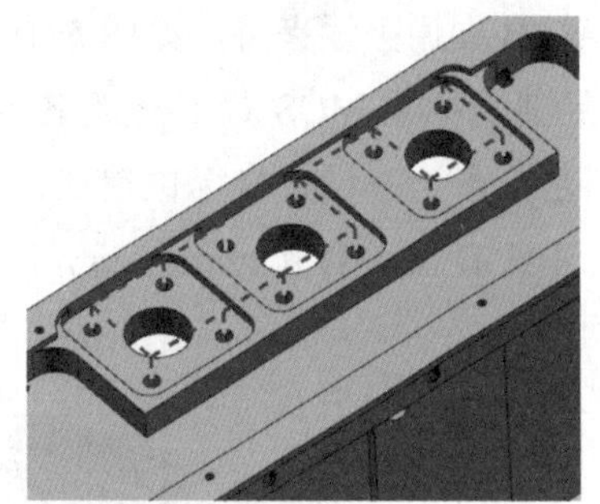

图 5-160　钻直径为 1.6mm 的孔

12）复制 DR1.6 钻孔刀路→换成 DR0.8 刀具→单个指定孔→循环类型改成啄钻→距离 0.1mm →增量 0.3mm →孔口最小安全距离改成 0.5mm（刀具小，钻孔速度变慢，尽量减少空行程）→刀路如图 5-161 所示。

13）使用 3D 仿真→碰撞暂停→创建小平面体，并把小平面体移动到 15 号图层，如图 5-162 所示。

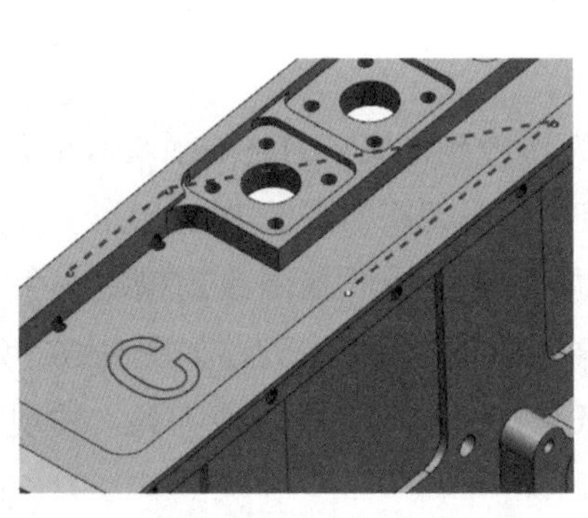

图 5-161　钻直径为 0.8mm 的孔

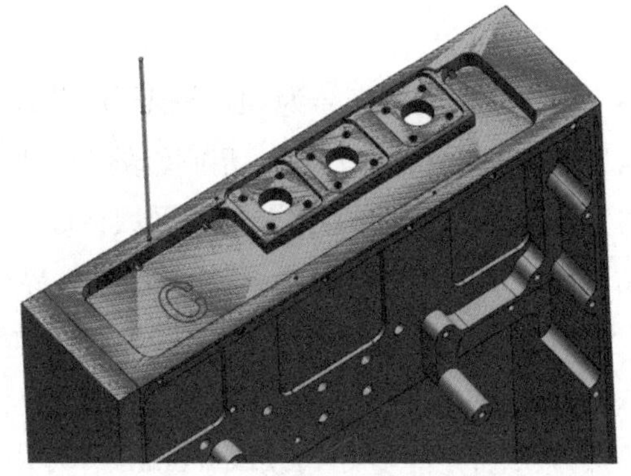

图 5-162　C 面精加工结果

5.8.7　平面零件—电子产品—盒子—D 面粗精加工

知识点：MCS 坐标设置、下刀位置区域起点、重叠距离、铣孔、钻孔

看我操作（扫描下方二维码观看本节视频）：

二维码 68　平面零件—电子产品—盒子—D 面粗精加工

跟我操作（根据以下关键词的指引，独立完成相关操作）：

1）A、B 面用夹板夹持，如图 5-163 所示。

2）复制坐标系 MCS_C_5 → 改名为 MCS_D_6 → WD_6（毛坯换成小平面体，零件移除夹持工艺凸台）→ 设置坐标位置在已加工面 D 面的中心，并调整坐标方向→ X 轴沿着长度方向（注意 D 面还有 0.2mm 余量，Z 抬 0.2mm），如图 5-164 所示。

图 5-163　两面用夹板

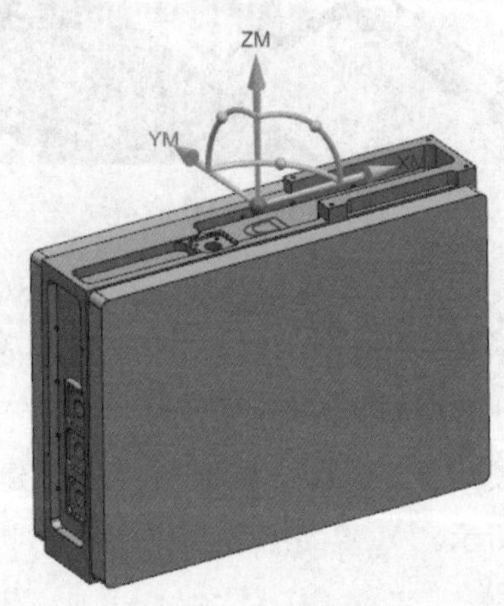

图 5-164　加工 D 面坐标系位置及方向

3）创建程序文件夹名为 6D → 把程序分别整理好。

4）修改 D8 型腔铣刀路→切削层改成自动→最低范围改到槽底→刀路如图 5-165 所示。

5）修改 D8 底壁铣刀路→切削区域换成 D 面所有平面→刀路如图 5-166 所示。

6）修改 D8 型腔铣刀路→移除修剪边界→切削层自动→最低范围改到槽底→生成刀路，发现有一处进退刀不太好→把进退刀位置修改到靠近 B 面的侧壁→刀路如图 5-167 所示。

7）修改 D5 型腔铣刀路→切削层改成自动→最低范围改到槽底→生成刀路，发现有一处刀路稍微断开→重叠距离改成 0.6mm → 刀路如图 5-168 所示。

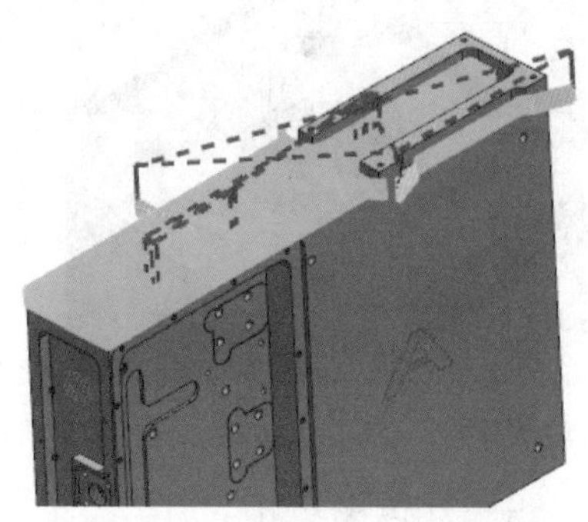

图 5-165　半精铣

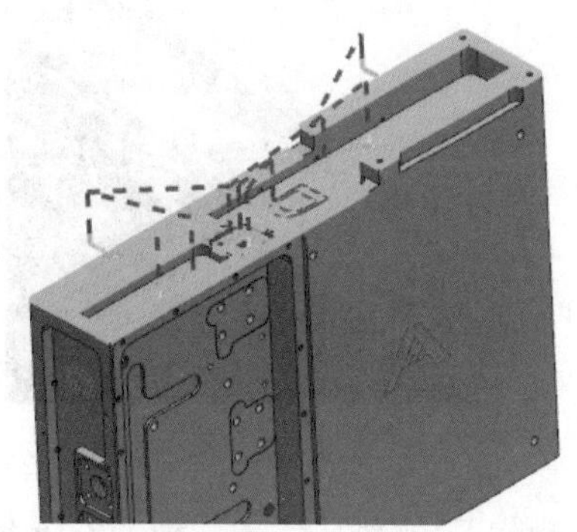

图 5-166　精铣表面

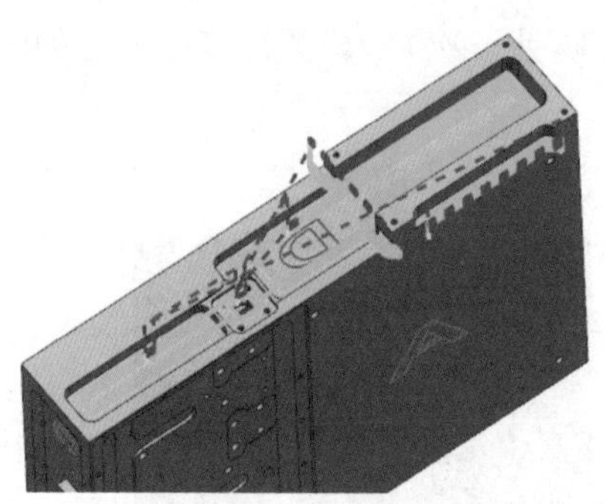

图 5-167　精铣侧壁

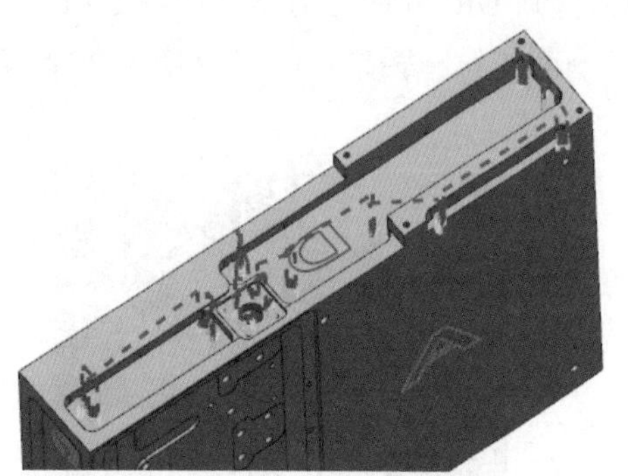

图 5-168　D5 清角加工

8）修改 D5 铣孔刀路→指定特征几何体为 D 面 6.3mm 孔→刀路如图 5-169 所示。

9）修改 D3 型腔铣刀路→指定切削区域为小槽侧面及底面→刀路如图 5-170 所示。

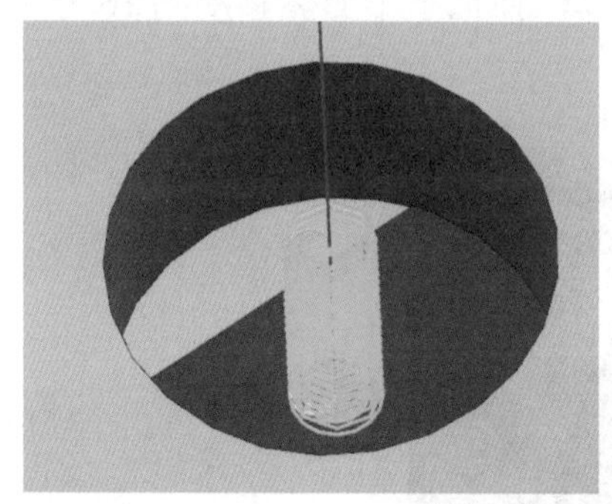

图 5-169　D5 粗精铣孔

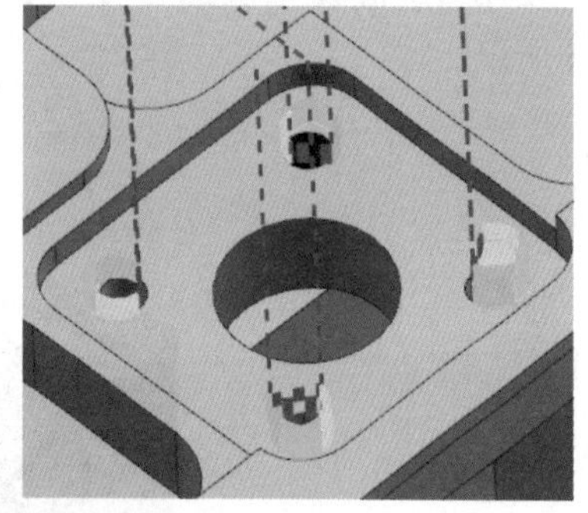

图 5-170　清角加工

10）修改 ZXZ-1.5 中心钻刀路→指定面上的孔→优化最短距离→刀路如图 5-171 所示。

11）修改 DR1.6 钻孔刀路→指定面上的孔→优化最短刀轨→忽略红色半边孔，如图 5-172 所示。

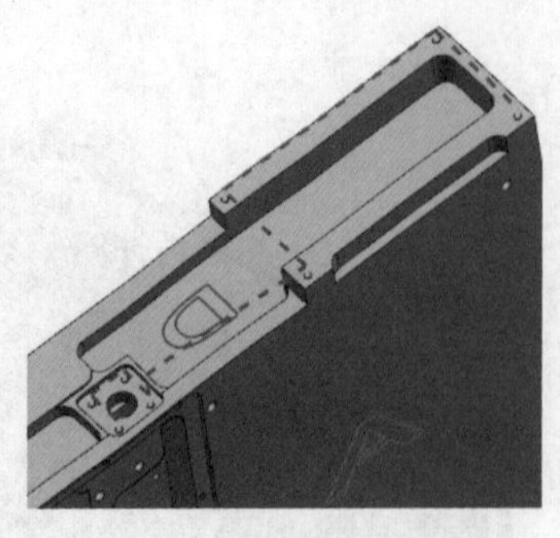

图 5-171　中心钻

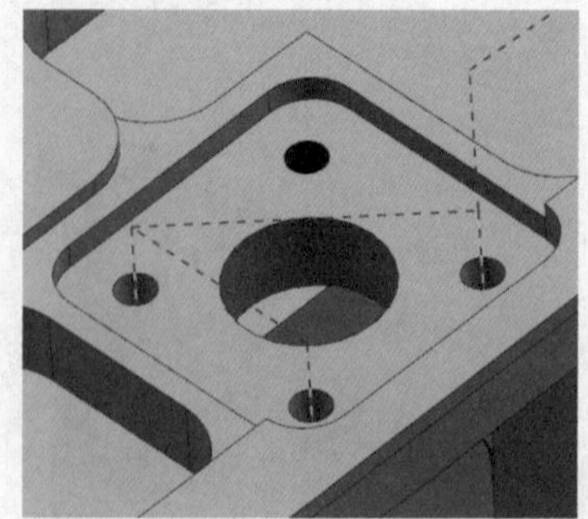

图 5-172　钻直径为 1.6mm 的孔

12）删除 DR0.8 刀路→复制 DR1.6 钻孔刀路→指定红色半边孔，刀尖深度 3.2mm，刀路如图 5-173 所示。

13）复制 DR1.6 钻孔刀路→换成 D1.6 刀具→指定顶面为孔口 –2.5mm 的平面（剖开观察动作）→断屑钻→距离 0.1mm→增量 0.1mm（平刀啄钻一次）→模型深度→刀路如图 5-174 所示。

图 5-173　钻直径为 1.6mm 的孔

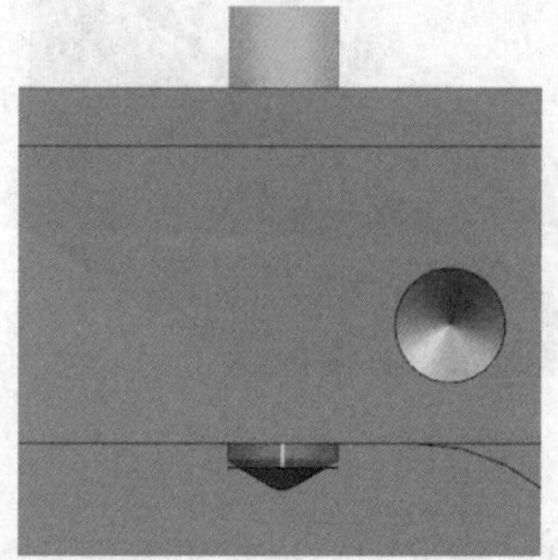

图 5-174　平刀啄钻直径为 1.6mm 的孔

14）使用 3D 仿真→碰撞暂停→创建小平面体，并把小平面体移动到 16 号图层，如图 5-175 所示。

图 5-175　D 面精加工结果

15）在程序顺序视图中选择 NC_PROGRAM →确认刀轨→ 3D 仿真→分析。

5.9　平面零件编程总结

知识点：型腔铣、底壁铣、平面铣

看我操作（扫描下方二维码观看本节视频）：

二维码 69　平面零件编程总结

跟我操作（根据以下关键词的指引，独立完成相关操作）：

1）（打开练习文件）打开模型文件“5-14 平面零件多面加工自主练习件 .prt”，如图 5-176 所示。

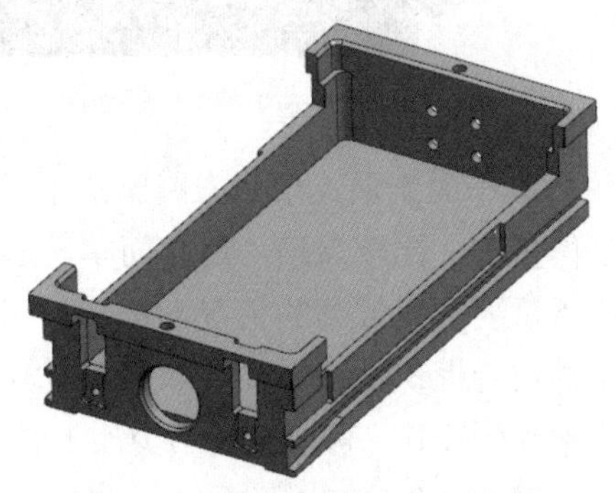

图 5-176　某基座腔体零件模型

2）平面零件一般的加工思路是：①型腔铣粗加工。②型腔铣参考刀具或基于层二次粗加工和清角。③底壁铣精加工底面，留部件余量。④平面铣精加工侧面。

但是也不局限于这个思路，无论哪种操作类型，只要能正确加工零件即可。只不过每种操作都有自己的特点，有它最适合的加工对象，使用好了可以事半功倍，使用不好就会事倍功半。

3）总的来说，三种操作类型都可以用于粗加工和精加工，它们各自的特点是：

① 型腔铣最简单，有零件有毛坯就能生成刀路，但是往往空切刀路比较多，通过控制走刀模式，指定切削区域、修剪边界、检查体等参数可以在一定程度上优化加工刀路，如果不追求加工效率，可以使用型腔铣完成全部粗精加工。

例如：创建 D10 型腔铣→跟随周边→切削层最低范围指定到平台面→生成刀路，如图 5-177 所示（在凸台外边界多绕了一圈，出现多余的空切刀路）→改成跟随部件走刀，切削参数“连接”→开放刀路变化切削方向→生成刀路，如图 5-178 所示（优化掉了空切刀路）。

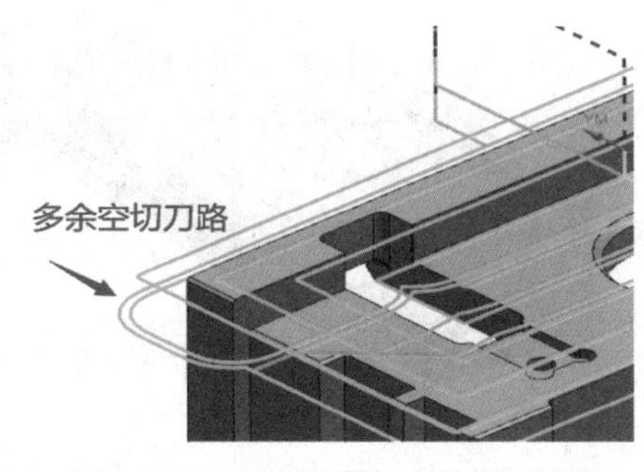

图 5-177　跟随周边有一圈空切刀路

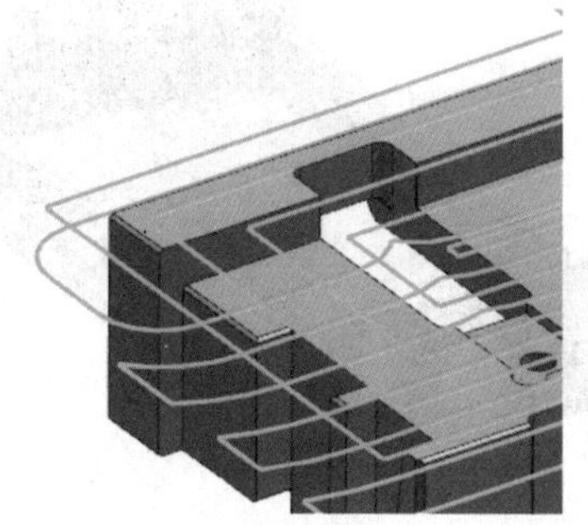

图 5-178　跟随部件无空切刀路

②底壁铣最适合加工底面，直接选面就能生成程序，简单方便，而且应对不同的底面状况，提供有不同的参数来控制和优化加工刀路。

例如：创建 D4 底壁铣→切削区域指定平台面→往复走刀→生成刀路，如图 5-179 所示（整个面全切）→修改切削参数“连接”→跨空区域→运动类型“跟随”→生成刀路，如图 5-180 所示（孔和槽口不加工，可节约加工时间）。

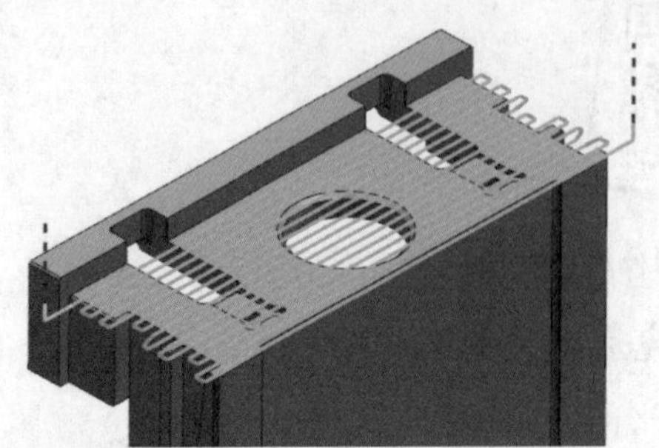
图 5-179 整个面全切

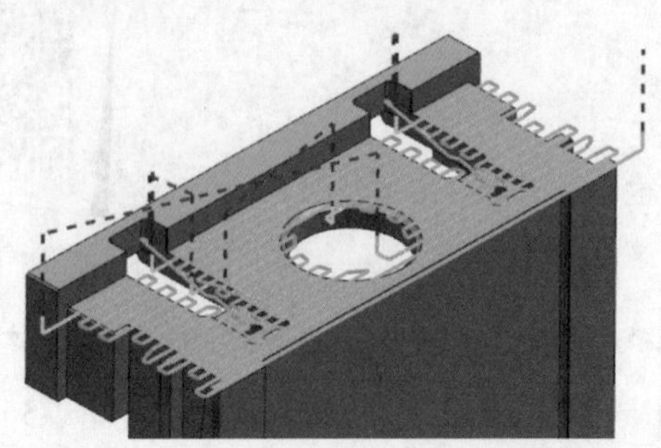
图 5-180 空的地方不切

③平面铣最灵活，刀路整洁干净，但编程手动单击工作量大，比较烦琐，适合简单轮廓零件。也用于对刀路质量要求比较高的情况，例如加工精度要求比较高的轮廓或者批量生产零件要求刀路优化到极致时（平面铣刀路优化较好，可以节省不少加工时间）。

例如：创建 D4 平面铣→部件边界选择半边槽口→底面为平台面→层切 1mm→切削参数“策略”→切削方向“混合”→刀路如图 5-181 所示（往复切，提高效率）。

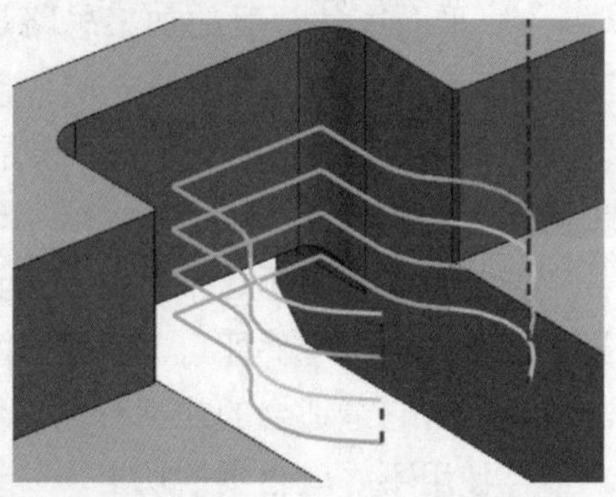
图 5-181 往复切槽

5.10 相关练习

打开模型文件“5-14 平面零件多面加工自主练习件 .prt”，自行假定加工条件，完成加工程序的编制，如图 5-182 和图 5-183 所示。

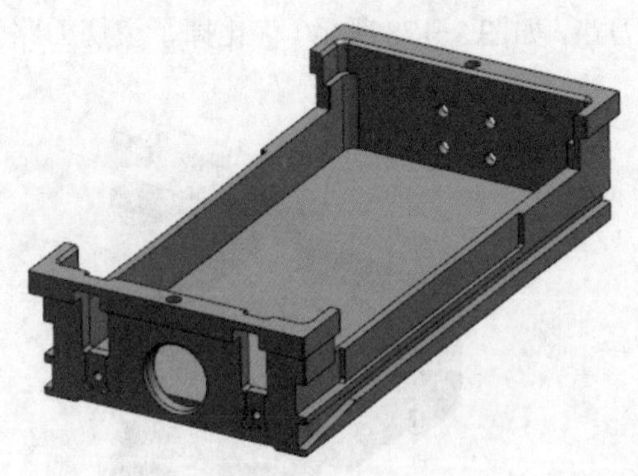
图 5-182 A 面

图 5-183 B 面

第 6 章　曲面零件加工编程

6.0　课程思政之国产数控装备的崛起

知识点：精密制造、严丝合缝

本章学习曲面零件加工编程，在开始学习编程之前，我们先来看看曲面零件加工的极限挑战：严丝合缝配合件。

两个或多个完全独立加工的曲面零件，可以进行任意方向任意两件的相互装配，配合面都可以达到严丝合缝的状态，肉眼几乎看不见装配分型线。这就是北京精雕的精密制造。

具有完全自主知识产权（机床硬件、系统、CAM 软件全部国产）的北京精雕高速机床已经具备了“0.1μm 进给、1μm 切削、纳米级表面效果”的能力，可胜任微米级精度的加工需求。

先进制造、精密制造一直以来都受到国外技术的制约，高端精密机床长期依赖进口。

当前我国国产设备已经在某些方面赶上了国际水平，但总体上我们与国际水平还有差距。建设制造强国，需要我们继续努力。

观看精密制造演示（扫描下方二维码观看本节视频）：

二维码 70　曲面配合严丝合缝

6.1　曲面零件编程—凸模

知识点：型腔铣、拐角粗加工、深度轮廓铣、参考刀具清根、区域轮廓铣

看我操作并回答问题（扫描下方二维码观看本节视频）：

二维码 71　曲面零件编程—凸模—粗加工

二维码 72　曲面零件编程—凸模—二次粗加工

二维码 73　曲面零件编程—凸模—半精加工

二维码 74　曲面零件编程—凸模—粗清角

二维码 75　曲面零件编程—凸模—精加工

二维码 76　曲面零件编程—凸模—精清角

二维码 77　曲面零件编程—凸模—尖角清边

二维码 78　曲面零件编程—凸模—平底拐角补刀

问 使用清根加工工序 FLOWCUT_REF_TOOL 时，为什么在陡峭区域切削要采用往复上升横切方式？如果刀具直接插下去有什么后果？

问 深度轮廓铣 ZLEVEL_PROFILE 刀路的特点是什么？适用于加工什么样的曲面？

问 深度轮廓铣为什么在平缓的曲面处刀路会比较稀疏？

问 深度轮廓铣哪个参数可以改善平缓曲面刀路稀疏的情况？

问 区域轮廓铣 CONTOUR_AREA 刀路的特点是什么？适用于加工什么样的曲面？

问 区域轮廓铣步距应用在平面上和应用在部件上有什么区别？

问 区域轮廓铣划分陡峭区域和非陡峭区域有什么好处？

问 区域轮廓铣在哪里控制进刀点的位置？

跟我操作（根据以下关键词的指引，独立完成相关操作）：

1）（打开练习文件）打开模型文件“6-1 曲面零件编程—凸模 .prt”，如图 6-1 所示。

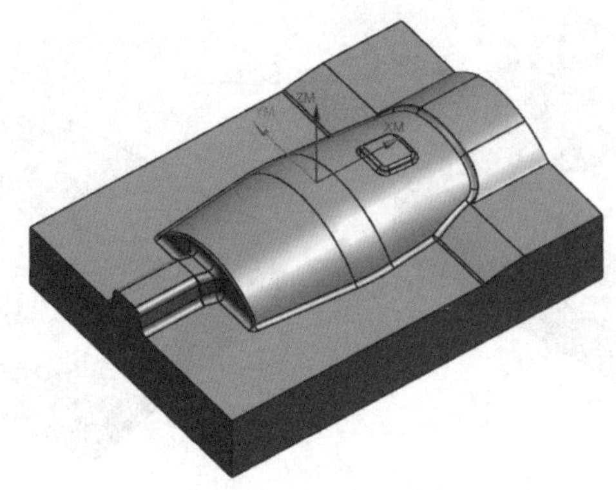

图 6-1　曲面零件编程—凸模

2）分析零件结构：创建刀具（D16R2、B10、B6、B3、D10）→创建毛坯（包容块 0 余量）→设置坐标系（毛坯中心上表面）（假设材料是 45 钢）。

3）粗加工：创建型腔铣（D16R2 刀具→ WORKPIECE）→跟随周边→余量 0.3mm →层切 1mm →螺旋下刀斜坡角度 5° →高度 1.5mm →转速 2500r/min →进给率 2000mm/min →生成刀路，如图 6-2 所示→用 3D 仿真生成小平面体，以便二次粗加工时观察。

4）精铣底平面：复制 D16R2 型腔铣操作→切削区域选择四个大平面→切削参数→开启“基于层”→取消勾选“使底面余量与侧面余量一致”→底面部件侧面余量 0.35mm →底面余量 0 →“在边上延伸”1mm →生成刀路，如图 6-3 所示（也可用底壁铣加工）。

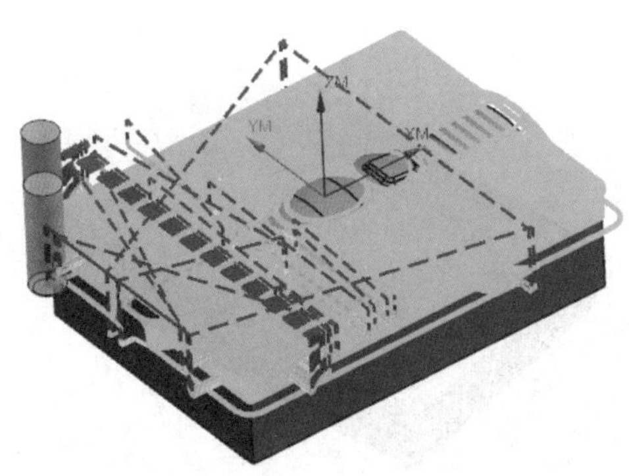

图 6-2　型腔铣粗加工刀路

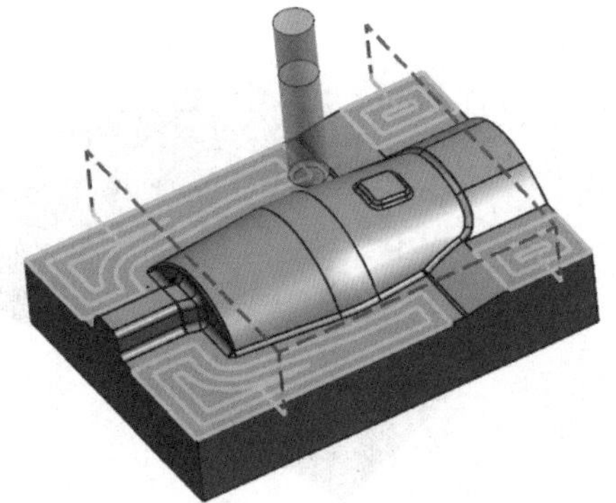

图 6-3　精铣底平面

5）二次粗加工：创建拐角粗加工程序 CORNER_ROUGH（D10 刀具）→参考刀具 D16R2→陡峭空间范围改成“无”→步距改成 50%→层切 0.5mm→切削参数→余量 0.35mm→空间范围→最小除料量 0.5mm→螺旋下刀斜坡角度 5°→高度 1.5mm→开放区域高度 1.5mm→转速 3500r/min→进给率 2000mm/min→生成刀路，如图 6-4 所示。

6）半精加工：创建深度轮廓铣 ZLEVEL_PROFILE（B10 刀具）→切削区域框选四个平台以外的面→层切 0.5mm→切削参数→策略→切削方向混合→连接→直接对部件进刀→勾选“层间切削”选项→余量 0.15mm→转速 3500r/min→进给率 2000mm/min→生成刀路，如图 6-5 所示。

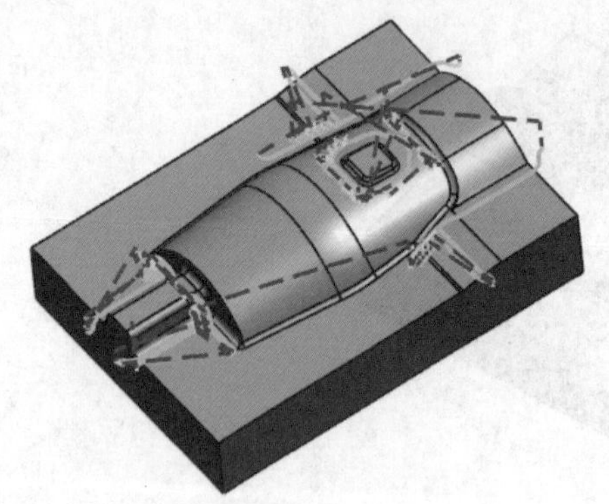

图 6-4　拐角二次粗加工

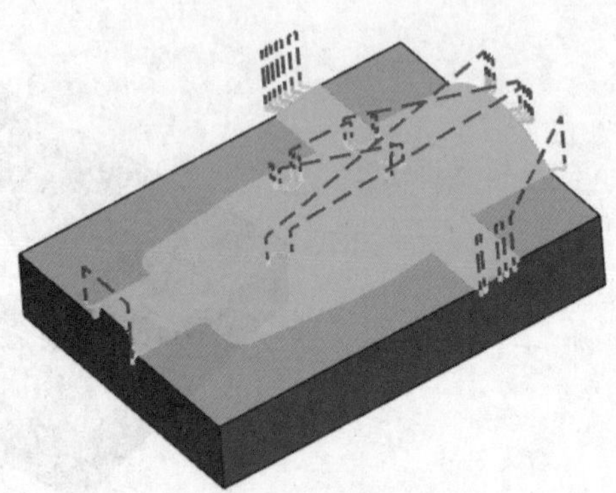

图 6-5　半精加工

7）粗清角：创建参考刀具清角操作 FLOWCUT_REF_TOOL（B6 刀具）→编辑驱动方法→非陡峭区域切削“往复上升走刀”→步距 0.3mm→先陡→陡峭区域切削“往复上升横切”→从高到低 0.3mm→参考刀具 B10→重叠 1mm→余量 0.15mm→转速 8000r/min→进给率 2000mm/min→生成刀路，如图 6-6 所示。

8）精加工：创建区域轮廓铣 CONTOUR_AREA（B10 刀具）→切削区域框选平台以上的面（四个大平面除外）→编辑驱动方法→划分陡峭和非陡峭区域“65”→非陡峭切削“往复上升”→步距 0.3mm→切削角 45°→陡峭切削“往复上升深度加工”→恒定 0.3mm→切削参数→公差 0.01mm→非切削移动→勾选“光顺”→转速 4500r/min→进给率 1500mm/min→生成刀路，如图 6-7 所示。

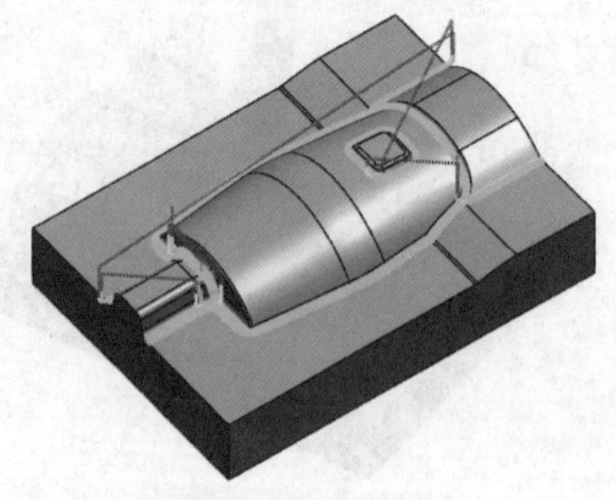

图 6-6　B6 刀具粗清角

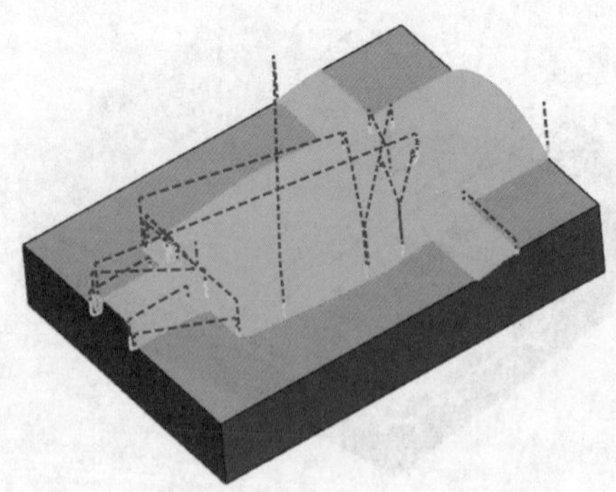

图 6-7　B10 刀具精加工

9）精清角 B6：复制粗清角刀路（B6 刀具）→余量改成 0 →公差 0.01mm →步距改成 0.2mm →转速 8000r/min →进给率 1500mm/min →生成刀路，如图 6-8 所示。

10）精清角 B3：复制清角刀路→刀具换成 B3 →切削区域框选中间的小凸台→步距改成 0.15mm →参考刀具改成 B6 →重叠距离 0.3mm →转速 8000r/min →进给率 1200mm/min →生成刀路，如图 6-9 所示。

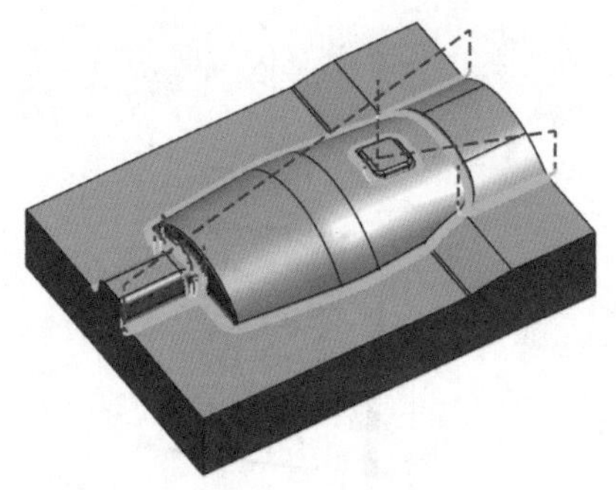

图 6-8　B6 刀具精清角

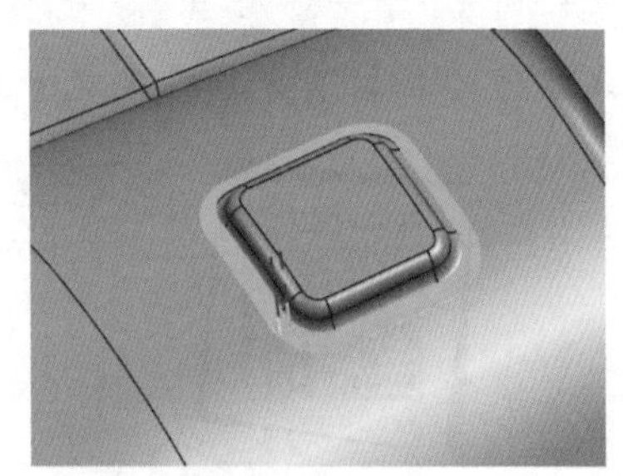

图 6-9　B3 刀具精清角

11）尖角清边：进入建模环境→复制一个体→把零件隐藏起来→对复制体的尖角底部进行倒圆角 R3（用于后期判断深度轮廓铣的加工起点）。

返回加工环境→复制深度轮廓铣操作（B10）→重新选择加工区域为形成尖角底面的两个圆弧面→刀具改成 D10 →层切 0.05mm →切削层起点设置到刚才倒圆角 R3 的高度位置→切削参数→“在边上延伸”0.5mm →移除层间切削选项→余量改为 0 →公差 0.01mm →生成刀路，如图 6-10 所示。

12）平底拐角补刀：复制精铣底面的型腔铣→切削区域更换为两个大平面→刀具换为 B6 球刀→切削模式改成跟随部件→步距 0.15mm →切削参数→连接开放刀路设置成变换切削方向→侧面余量改为 0.05mm →基于层改成参考刀具 D18 →生成刀路，如图 6-11 所示。

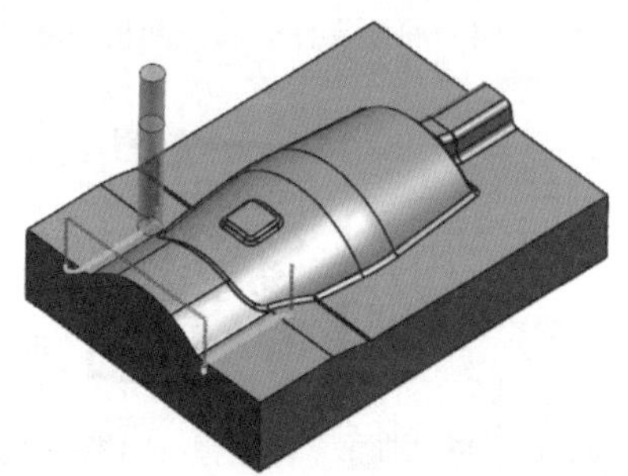

图 6-10　D10 尖角清边

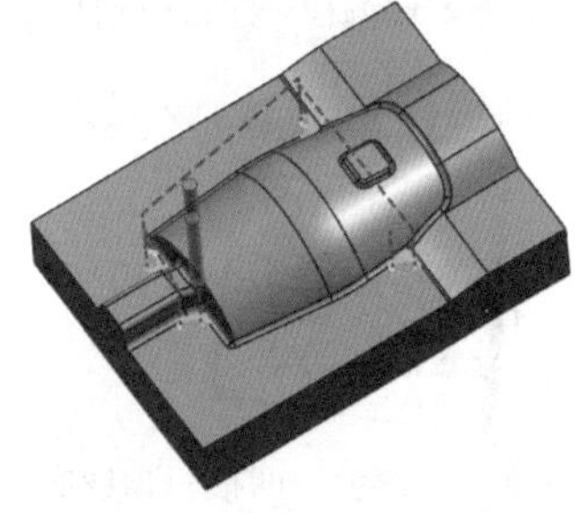

图 6-11　B6 平底拐角补刀

【**注意**：半精加工时采用深度轮廓铣，而不采用区域轮廓铣，这是因为深度轮廓铣可以严格地从高往低铣，可以有效避免某些地方余量比较多而导致的刀具折断，而区域轮廓铣的第一刀切削量就可能会比较大，可能会导致刀具折断。】

【先粗清角、再精加工的好处是：避免刀具加工到拐角处时切削量大产生振动（刀具与零件的同时接触面积大引起的），导致拐角处产生振纹。】

6.2 曲面零件编程—凹模

知识点：型腔铣、拐角粗加工、深度轮廓铣、参考刀具清根、区域轮廓铣

看我操作（扫描下方二维码观看本节视频）：

二维码 79 曲面零件编程—凹模—粗加工

二维码 80 曲面零件编程—凹模—二次粗加工

二维码 81 曲面零件编程—凹模—半精加工

二维码 82 曲面零件编程—凹模—粗清角

二维码 83 曲面零件编程—凹模—精加工

二维码 84 曲面零件编程—凹模—精清角

二维码 85 曲面零件编程—凹模—精铣底平面

二维码 86 曲面零件编程—凹模—流道槽

跟我操作（根据以下关键词的指引，独立完成相关操作）：

1）（打开练习文件）打开模型文件“6-2 曲面零件编程—凹模 .prt”，如图 6-12 所示。

2）分析零件结构：创建刀具（D16R2、D10R2、B10、B6、B4、B2）→创建毛坯（包容块 0 余量）→设置坐标系（毛坯中心上表面）（假设材料是 45 钢）。

3）粗加工：创建型腔铣（D16R2 刀具、WORKPIECE）→跟随周边→切削参数→策略→刀路方向向内→岛清根→壁清理“自动”→余量 0.3mm →层切 1mm →螺旋下刀斜坡角度 5° →高度 1.5mm →转速 2500r/min →进给率 2000mm/min →框选切削区域（有时候指定切削区域能够极大地优化加工刀路，但是要注意，指定切削区域时，必须保证区域边界与毛坯边界一样大，否则可能会造成撞刀）→生成刀路，如图 6-13 所示→用 3D 仿真生成小平面体，以便二次开粗时观察。

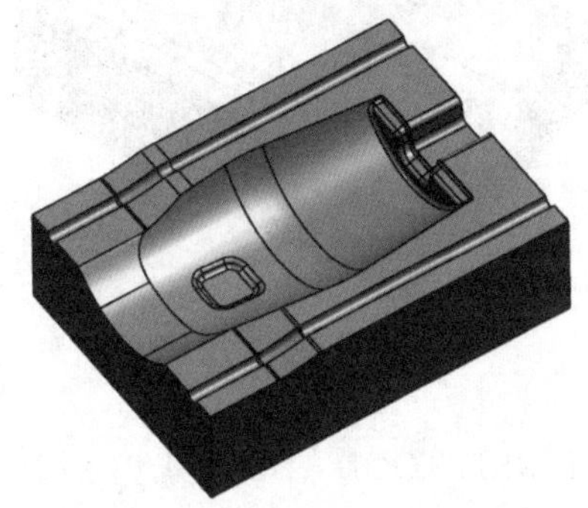

图 6-12　曲面零件编程—凹模模型

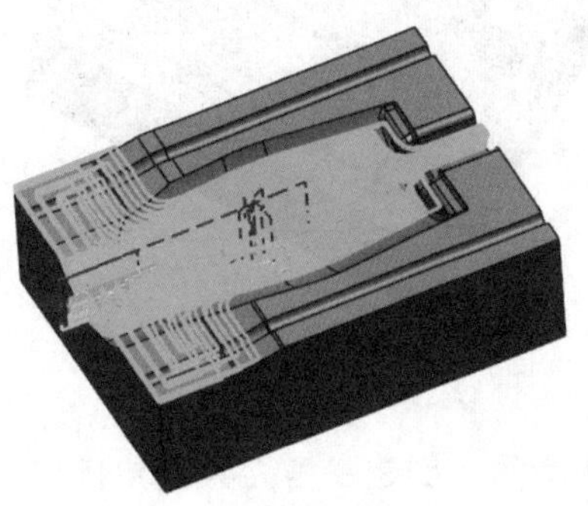

图 6-13　型腔铣粗加工刀路

【**注意**：粗加工出现报警“在刀轨生成期间出现警告……”，后期不可使用参考刀具二次粗加工，否则很可能会撞刀，如图 6-14 所示。】

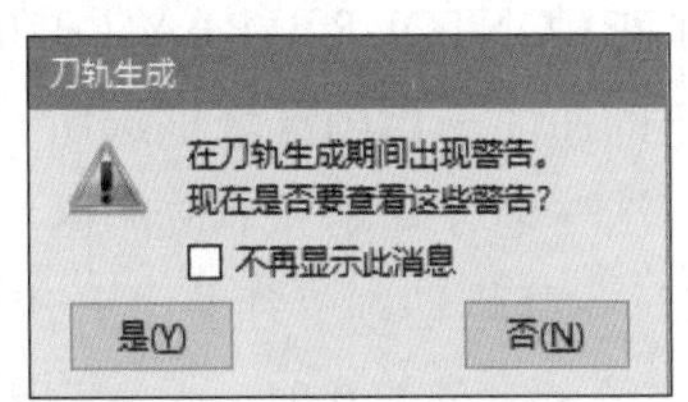

图 6-14　型腔铣生成刀路报警

4）二次粗加工：创建拐角粗加工程序 CORNER_ROUGH（D10R2 刀具）→指定切削区域为凹槽曲面→步距改成 50% →层切 0.5mm →切削参数→余量 0.35mm →空间范围→使用基于层→最小除料量 1mm →螺旋下刀斜坡角度 5° →高度 1.5mm →最小斜坡长度 30% →开放区域高度 1.5mm →转速 3500r/min →进给率 2000mm/min →生成刀路，如图 6-15 所示。

5）半精加工：创建深度轮廓铣 ZLEVEL_PROFILE（B10 刀具）→切削区域框选所有加工面（平面、流道除外），层切 0.5mm →切削参数→策略—切削方向混合→连接→直接对部件进刀→勾选“层间切削”选项→余量 0.15mm →转速 3500r/min →进给率 2000mm/min →生成刀路→观察槽口位置的刀路，发现第一刀切得有点深，如果材料比较硬、刀具又比较小，可能会造成断刀或弹刀，导致零件精加工余量不够。

更改切削区域，把平面也都选上→陡峭空间范围改为“仅陡峭的 0.1° ”→生成刀路→观察槽口位置的刀路，已经不会切下很深，但是流道槽位置刀路断开了，效果不好。

进入建模环境→利用“通过曲线组曲面”功能（保留形状→对齐：参数）在两个流道的槽口制作两个曲面。

返回编程环境→几何体更改为 MCS，指定部件为零件和通过曲线组制作的曲面→切削区域框选所有加工面（包括曲面 158 个对象）→生成刀路，如图 6-16 所示。

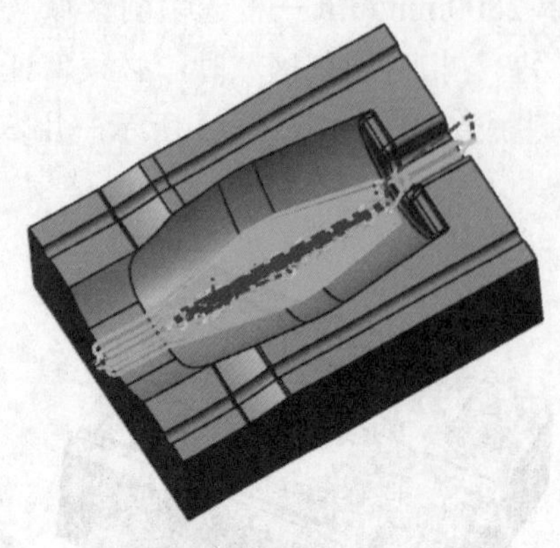

图 6-15　拐角二次粗加工

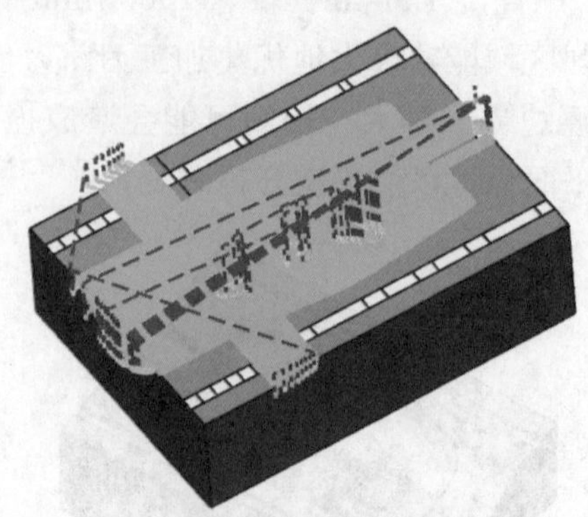

图 6-16　半精加工

6）粗清角：创建参考刀具清角操作 FLOWCUT_REF_TOOL（B6 刀具）→切削区域指定为凹槽曲面→编辑驱动方法→非陡峭区域切削“往复上升走刀”→步距 0.3mm →先陡→陡峭区域切削“往复上升横切”→从高到低→ 0.3mm →参考刀具 B10 →重叠 1mm →余量 0.15mm →转速 8000r/min →进给率 2000mm/min →生成刀路，如图 6-17 所示。

7）精加工：创建区域轮廓铣 CONTOUR_AREA（B10 刀具）→几何体为 MCS →指定部件为零件和通过曲线组制作的曲面→切削区域框选所有加工面（包含斜坡处的曲面，平面、流道除外）→编辑驱动方法→划分陡峭和非陡峭区域“65”→非陡峭切削“往复上升”→步距 0.3mm →切削角 45° →陡峭切削“往复上升深度加工”→恒定 0.3mm →切削参数→策略→“在边上延伸”0.5mm →公差 0.01mm →非切削移动→勾选“光顺”→转速 4500r/min →进给率 1500mm/min →生成刀路，如图 6-18 所示。

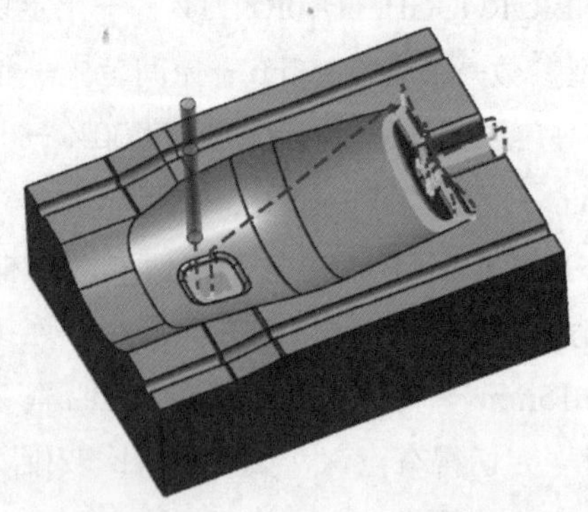

图 6-17　B6 参考刀具粗清角

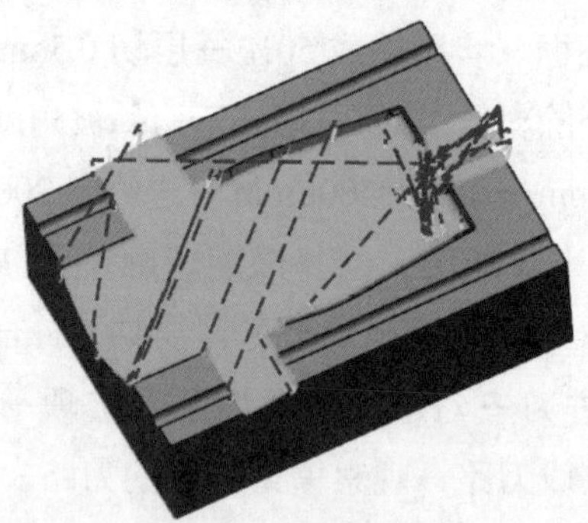

图 6-18　精加工

8）精清角 B6：复制粗清角刀路（B6 刀具）→余量改成 0 →公差 0.01mm →步距改成 0.2mm →转速 8000r/min →进给率 1500mm/min →生成刀路，如图 6-19 所示。

9）精清角 B4：复制清角刀路→刀具换成 B4 →指定相关切削区域→步距改成 0.15mm →

参考刀具改成B6→重叠距离0→转速8000r/min→进给率1500mm/min→生成刀路，如图6-20所示。

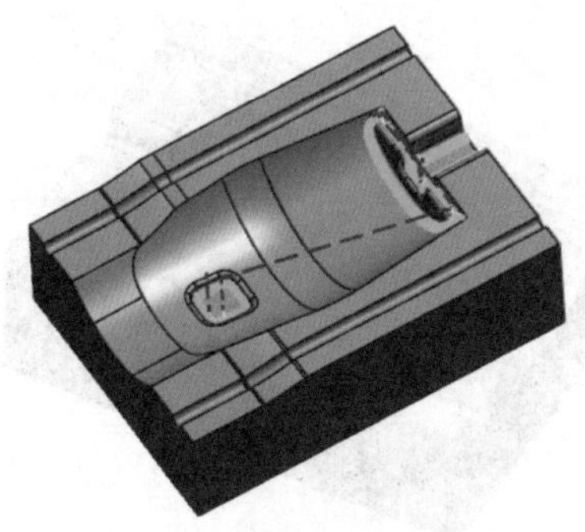

图 6-19　B6 参考刀具精清角

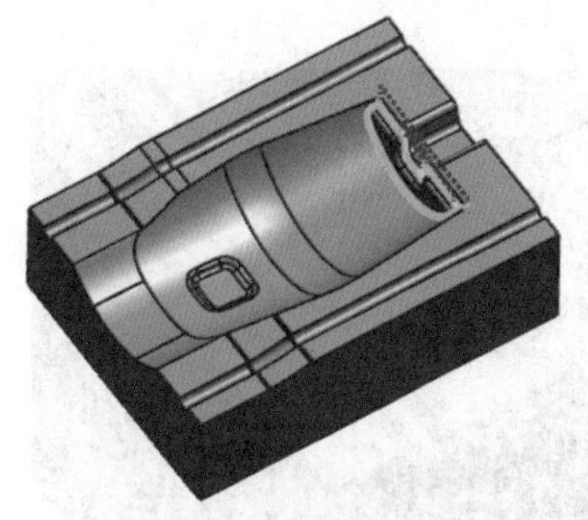
图 6-20　B4 参考刀具精清角

10）精清角 B2：复制清角刀路→刀具换成 B2→步距改成 0.1mm→参考刀具改成 B4→重叠距离 0→转速 8000r/min→进给率 1200mm/min→生成刀路→发现 R2.01 区域也生成刀路。

修改切削区域→仅选择 R1 相关的面→生成刀路，如图 6-21 所示。

11）精铣底平面：创建底壁铣操作（D10R2）→切削区域选择水平面（顶面除外）→往复走刀→切削参数→空间范围→精确定位→转速 4500r/min→进给率 1500mm/min→生成刀路，如图 6-22 所示。

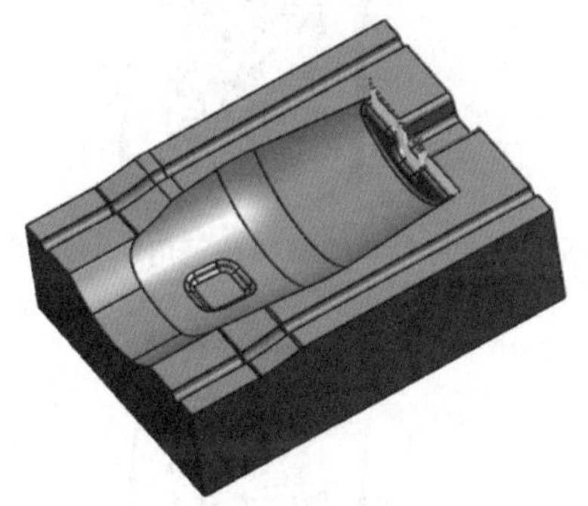
图 6-21　B2 参考刀具精清角

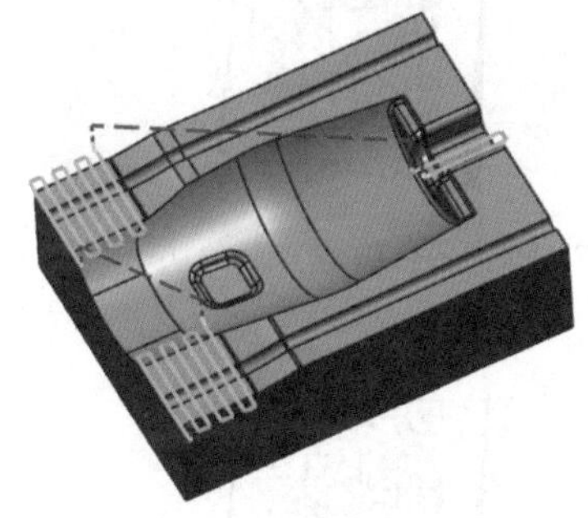
图 6-22　精铣底平面

12）流道加工：进入建模环境→利用草图构建流道中心线（偏置曲线 3mm，端盖选项→延伸端盖）→利用投影曲线将草图线投影到流道槽内，如图 6-23 所示。

返回编程环境→创建固定轴轮廓铣 FIXED_CONTOUR（B6 刀具）→几何体为 MCS→驱动方法切换为曲线点→拾取投影曲线（发现曲线断开了，是模型的问题）。

利用桥接曲线将断开的部位连接起来→重新拾取曲线（注意：选完一边的曲线以后，必须添加新集再去拾取另外一边的曲线，拾取时，都点选较低的一端，让刀具从低处向高处切削）。

展开驱动设置→切削步长改为公差 0.01mm→生成刀路（此时刀具会过切斜坡）→指定

部件为投影曲线→切削参数→多刀路→部件余量偏置 3mm →多重深度切削→增量 0.5mm →转速 8000r/min →进给率 1500mm/min →生成刀路，如图 6-24 所示。

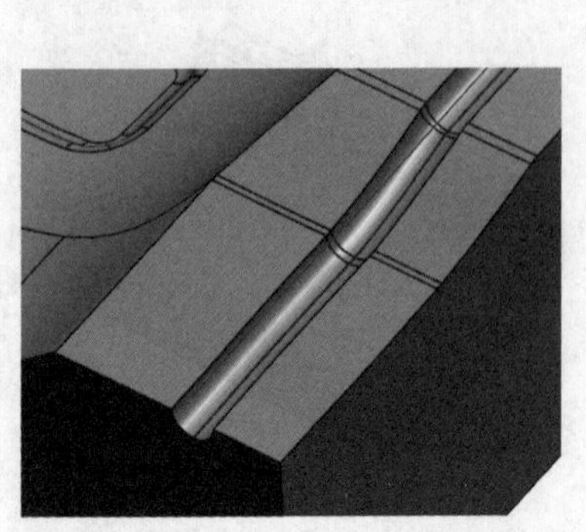

图 6-23　流道槽中心曲线

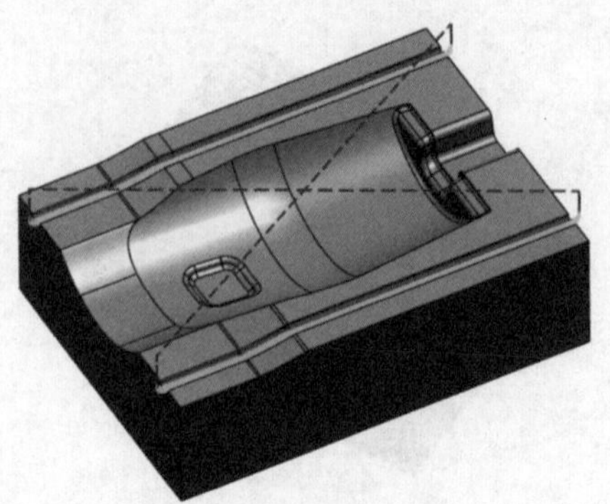

图 6-24　流道加工

6.3　曲面零件编程—三角块

知识点：型腔铣、深度轮廓铣、参考刀具清根、区域轮廓铣、曲面区域轮廓铣

看我操作并回答问题（扫描下方二维码观看本节视频）：

二维码 87　曲面零件编程—三角块—粗加工

二维码 88　曲面零件编程—三角块—半精加工

二维码 89　曲面零件编程—三角块—精铣底平面

二维码 90　曲面零件编程—三角块—粗挖槽

二维码 91　曲面零件编程—三角块—精铣大面和槽底

二维码 92　曲面零件编程—三角块—精铣倒圆角

二维码 93　曲面零件编程—三角块—精铣侧面

二维码 94　曲面零件编程—三角块—半精铣槽侧面

二维码 95　曲面零件编程—三角块—精铣槽底面

二维码 96　曲面零件编程—三角块—清根

问 曲面区域铣削中连续选面时，出现报警“不能构建栅格线……”可能是什么原因？如果两个面本身就是曲率连续边界对齐仍发生报警，设置哪个参数以后就可以正常选取？如果有四个面（两个一行），如何操作才能正确选取？

问 曲面区域铣削中，单击切削方向后会有八个箭头，表示什么意思？

问 材料反向是什么意思？如何判断材料侧是否正确？

问 曲面区域轮廓铣加工出来的弧面呈现多边形的形状，与实际轮廓误差很大，是什么原因？如何解决？

问 曲面区域轮廓铣为什么一般不用指定部件几何体？如果指定了部件几何体以后刀路变得怪异，是什么原因？如何设置投影矢量可以解决？如果没有指定部件几何体，切削参数里面的部件余量有效吗？该如何正确设置余量？

问 曲面区域轮廓铣如何延伸或缩短加工曲面范围？

跟我操作（根据以下关键词的指引，独立完成相关操作）：

1）（打开练习文件）打开模型文件“6-3 曲面零件编程—三角块 .prt”，如图 6-25 所示。

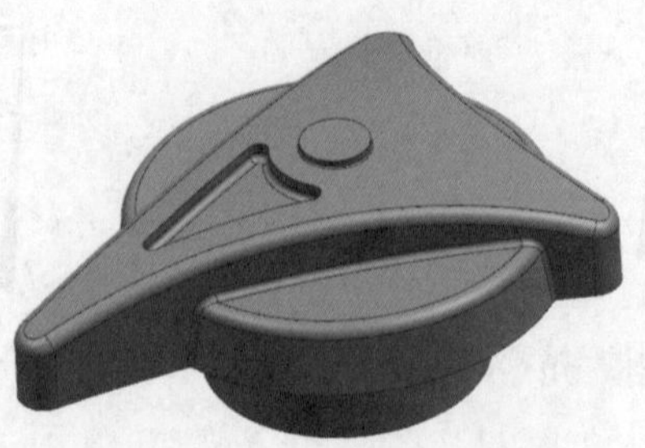

图 6-25　曲面零件编程—三角块模型

2）分析零件结构→创建刀具（D16R2、B8、B4）（假设零件材料为 6061 铝合金）。（可以继续按照凸模和凹模的方式来编程，本例学习一些新的加工思路。）

3）粗加工：创建型腔铣（D16R2 刀具、WORKPIECE）→跟随周边→切削参数→策略→刀路方向向内→岛清根→壁清理“自动”→余量 0.2mm →层切 2mm →切削层最底层设置到三角形底面穿透 1mm →螺旋下刀斜坡角度 8° →高度 3mm →转速 4500r/min →进给率 3000mm/min →生成刀路，如图 6-26 所示。

4）半精加工：进入建模环境→创建 N 边曲面（修剪到边界）→把槽口封起来。

返回加工环境→创建区域轮廓铣 CONTOUR_AREA（D16R2 刀具）→选择几何体为 MCS →指定部件为零件和 N 边曲面→切削区域为大曲面和 N 边曲面→编辑驱动方法→非陡峭切削“往复上升”→步距 2mm →切削角 45° →切削参数→余量 0.2mm →非切削移动→勾选“光顺”→转速 4500r/min →进给率 3000mm/min →生成刀路，如图 6-27 所示。

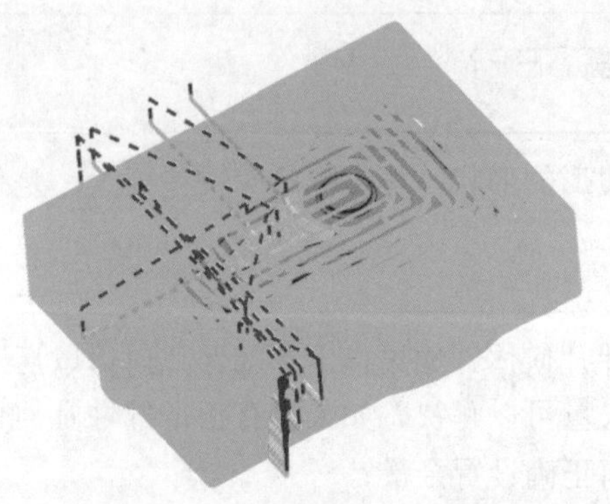

图 6-26　型腔铣粗加工刀路

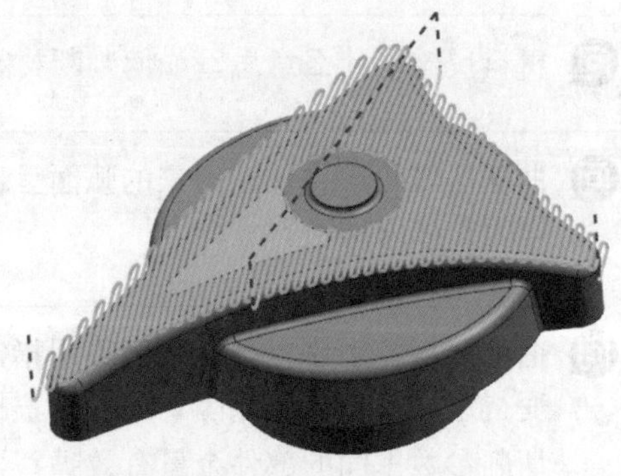

图 6-27　区域轮廓铣半精加工

5）精铣底平面：创建底壁铣操作（D16R2）→切削区域选择水平面（4 个面）→跟随部件走刀→切削参数→连接→变化切削方向→空间范围→精确定位→刀具延展量 80% →部件余量 0.25mm →转速 4500r/min →进给率 1500mm/min →生成刀路，如图 6-28 所示（顶面圆凸台单独编程，用往复走刀比较好）。

6）粗挖槽：复制区域轮廓铣刀路→重新选择零件→切削区域重新选择为槽底面→刀具更换为 B8 →编辑驱动方法→非陡峭切削改成跟随周边→向外→步距 3mm →切削参

数→多刀路→部件余量偏置 5mm →增量 1mm →余量 0.2mm →转速 6500r/min →进给率 2000mm/min →生成刀路，如图 6-29 所示。

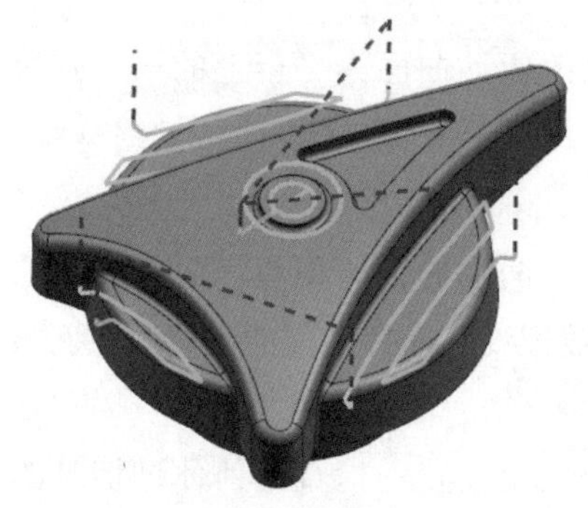

图 6-28　精铣底平面

图 6-29　粗挖槽

7）精加工大斜面：复制区域轮廓铣刀路→重新选择零件→切削区域重新选择为大斜面→编辑驱动方法→非陡峭切削改成往复上升→步距 0.3mm →切削参数→策略→“在边上延伸”0.3mm →关闭切削参数多刀路→余量 0 →公差 0.01mm →生成刀路→零件到达圆凸台的边缘时会往复碰撞圆凸台侧壁，会导致圆凸台的侧壁表面质量变差，因此需要用曲面进行保护。

进入建模环境→利用偏置曲面功能将圆凸台侧壁偏置一个 0.25mm 的曲面出来→由于槽的加工会出现同样的问题，同时把槽的侧壁也偏置一个曲面出来。

返回编程环境→指定部件→将圆凸台边的偏置曲面加入到部件中→生成刀路→观察刀路→此时刀具已经不会再碰撞到圆凸台侧壁，如图 6-30 所示。

8）精加工槽底：复制区域轮廓铣刀路→指定部件→将槽的偏置曲面加入到部件中→切削区域替换为小槽底面→生成刀路→观察刀路，在步进的地方光顺效果不好→编辑驱动方法→走刀模式改成往复，如图 6-31 所示。

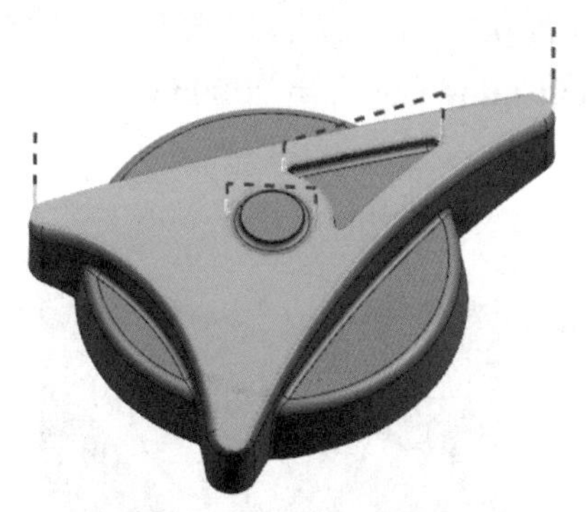

图 6-30　精加工大斜面

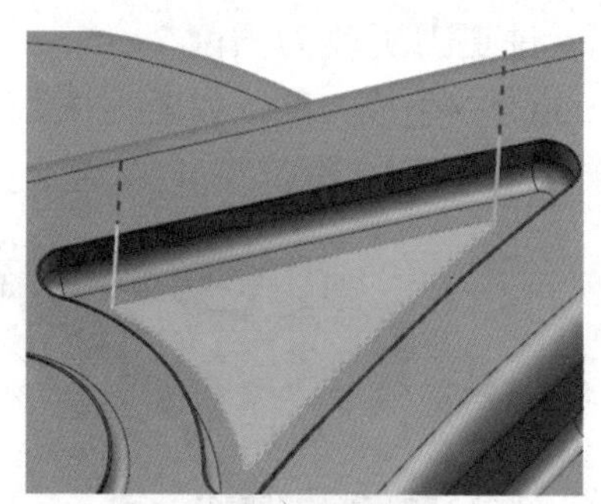

图 6-31　精加工槽底

9）精加工倒圆角：创建曲面区域轮廓铣 CONTOUR_SURFACE_AREA（B8 刀具）→几何体选 MCS →编辑驱动方法→依次连续选择倒圆角面→确认材料方向（点材料反向，观察箭头，确保朝向加工一面）→指定切削方向→螺旋→步距为残余高度→竖直和水平限制都设置为 0.3mm →更多→切削步长改为公差 0.01mm →转速 6500r/min →进给率 2000mm/min →生成刀路，如图 6-32 所示。

10）精铣倒圆角：复制曲面区域轮廓铣→修改驱动曲面为平台上的一个圆角（曲面区域轮廓铣选择曲面时，只能是连续面）→指定切削方向→往复走刀→生成刀路→观察两端（刀具已经撞入零件内部）。

指定部件为零件，生成刀路→观察刀路，发现两端的刀路爬起，而且底部的刀路也变得高低不平（这是因为驱动刀路通过投影矢量参数把没有部件之前的刀路，重新投射到零件上的结果）。

移除部件→指定检查为侧壁面→切削参数→安全设置→检查几何体过切时改成跳过→安全距离 0.25mm →转速 6500r/min →进给率 2000mm/min →生成刀路，如图 6-33 所示。

使用相同的方法，完成其他两个圆角的编程。

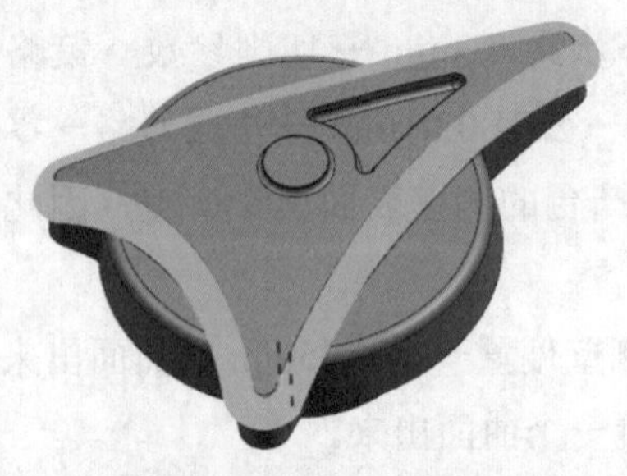

图 6-32　精加工倒圆角

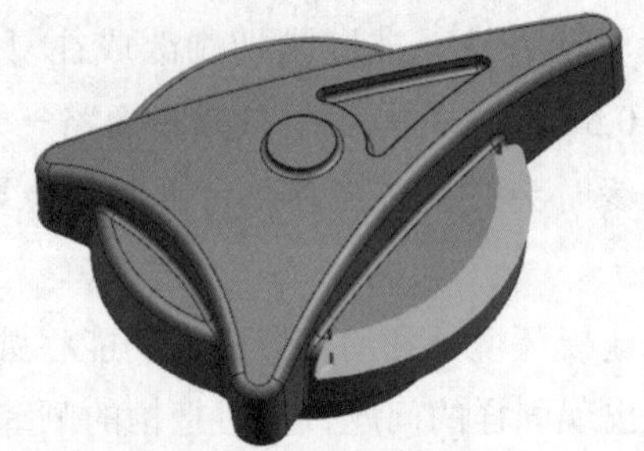

图 6-33　精铣倒圆角

11）精铣侧面：复制精铣大斜面的区域轮廓铣→切削区域替换为侧面→编辑驱动方法→划分陡峭和非陡峭→陡峭切削改为往复上升深度加工→步距 0.3mm →生成刀路，如图 6-34 所示。

12）半精铣槽侧壁：复制螺旋精铣倒圆角操作→刀具更换成 B4 →曲面更换成槽侧壁面→确认材料方向→指定切削方向→曲面偏置 0.2mm →曲面 % 起始步长 -50 →结束步长 90 →进退刀更改为插削 2mm →转速 8000r/min →进给率 2000mm/min（下刀速度 100mm/min）→生成刀路，如图 6-35 所示。

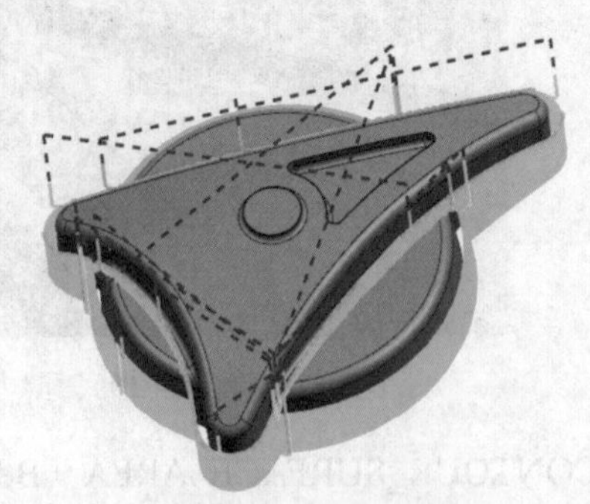

图 6-34　精铣侧面

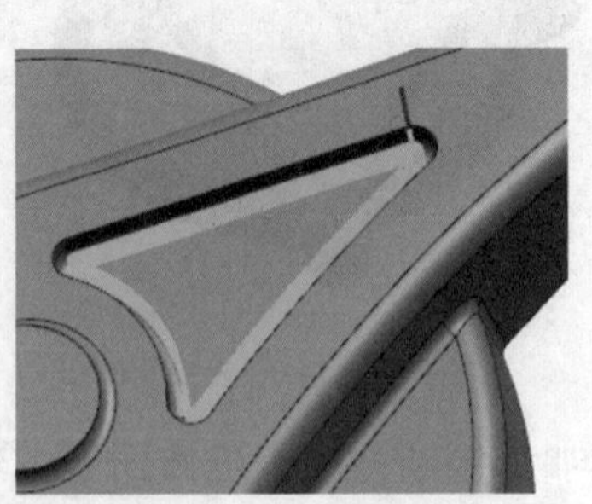

图 6-35　半精铣槽侧壁

13）精铣槽侧面：复制半精铣槽侧面操作→曲面偏置改为 0→曲面 % 恢复为 0 ～ 100→生成刀路，如图 6-36 所示。

14）槽底清角：利用面上偏置曲线功能在槽口偏置一组曲线 4.5mm（B8 半径加 0.5mm），如图 6-37 所示。

图 6-36　精铣槽侧面

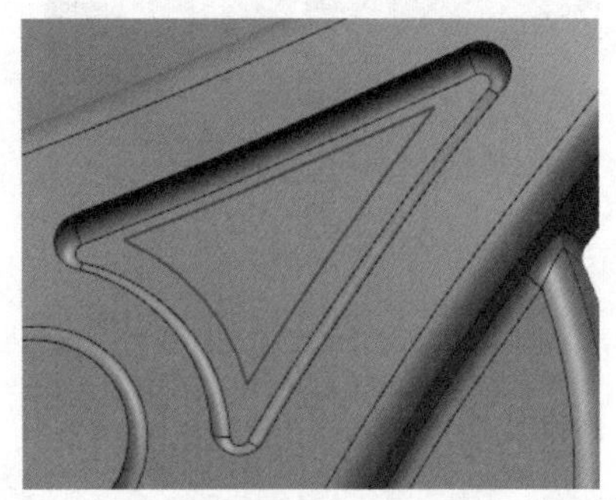

图 6-37　面上偏置曲线

用俯视图观察偏置的曲线，发现已经进入 B8 精加工槽底的刀路内部，如图 6-38 所示。

图 6-38　面上偏置曲线与 B8 刀路轨迹线

创建固定轮廓铣 FIXED_CONTOUR（B4 刀具）→编辑边界驱动方法→指定边界 1 为槽口相切曲线→材料侧外侧→创建下一个边界 2 为偏置曲线→材料侧内侧→公差 0.01mm→边界偏置 0.05mm（侧壁余量）→步距恒定 0.2mm→切削角度 45°→设置更多→壁清理在终点→生成刀路→观察刀路，外侧边界刀路合适，但是内侧边界让出了一个刀具半径，切不干净底面（偏置曲线时多偏一个刀具半径就可以了，或者选择边界曲线 2 时采用对中的方式）。

编辑边界→按小箭头切换边界→当内边界线变成红色时（红色表示当前选中边界）→单击定制边界数据→余量 -2mm→转速 8000r/min→进给率 2000mm/min→生成刀路→观察刀路（发现没有必要进行壁清理）→关闭壁清理→生成刀路，如图 6-39 所示。

15）清根：创建参考刀具清角操作 FLOWCUT_REF_TOOL（B4 刀具）→切削区域指定为槽以外的相切曲面→编辑驱动方法→非陡峭区域切削“往复上升走刀”→步距 5%→先陡→陡峭区域切削“往复上升横切”→从高到低，5%→参考刀具 B8→重叠 0.5mm→公差 0.01mm→转速 8000r/min→进给率 2000mm/min→生成刀路，如图 6-40 所示。

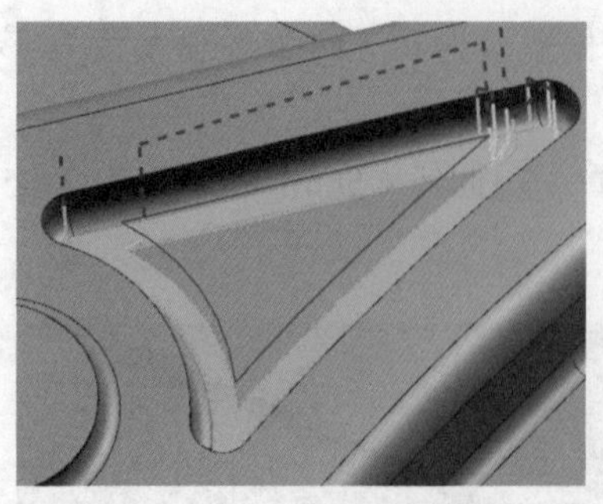

图 6-39　槽底清角

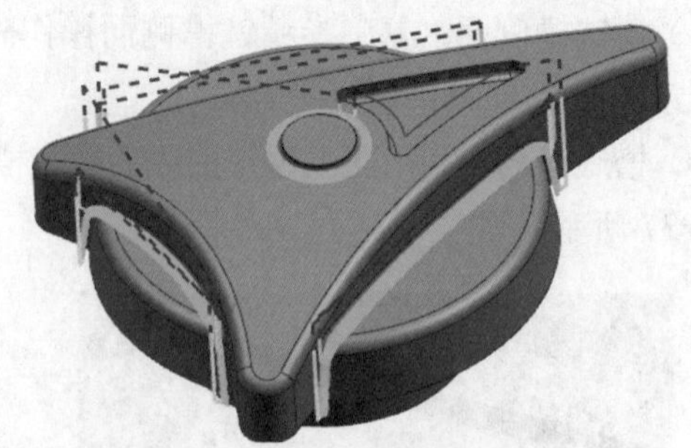

图 6-40　清根

6.4　曲面零件编程—精优表面质量控制

知识点：精优加工表面质量控制

看我操作（扫描下方二维码观看本节视频）：

二维码 97　曲面零件编程—精优表面质量控制

了解什么是精优表面：

1）侧壁光滑，无异常振纹。

图 6-41 中，左图有振纹，表面质量差。

图 6-41　侧壁和根部圆角加工表面质量比较

原因分析：精加工底面区域时，没有让出侧壁余量，刀具切到根部圆角处时包容角突然变大，切削力变大，刀具开始振动，而此时刀具已经贴着侧壁，刀具的振动造成了侧壁的振纹。另一方面，机床在往复走刀加工底面区域时也存在着定位误差和反向间隙，理论上，每次刀具切到侧壁时都刚好贴着侧壁，但实际上很可能会有时多切进去一点，有时少切进去一点（几微米甚至更多），这样也会导致侧壁出现竖直条纹线，看上去就像是振纹。

解决办法：改变编程方式，先顺着圆角粗清根，再精铣底面并留出侧壁余量，然后再顺着根部圆角精清根。右图正是采用了这种方式。

2）根部圆角光滑，无异常凹坑。

图 6-42 和图 6-43（斜坡底面）中，根部出现凹坑的位置，刚好与刀路折返的位置相同。

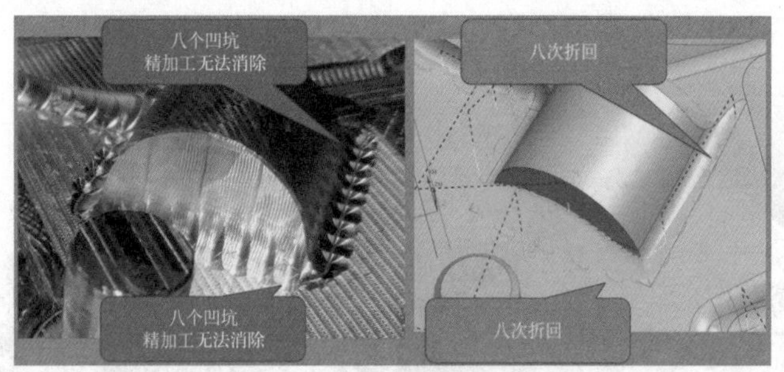

图 6-42　根部圆角加工表面质量比较（1）

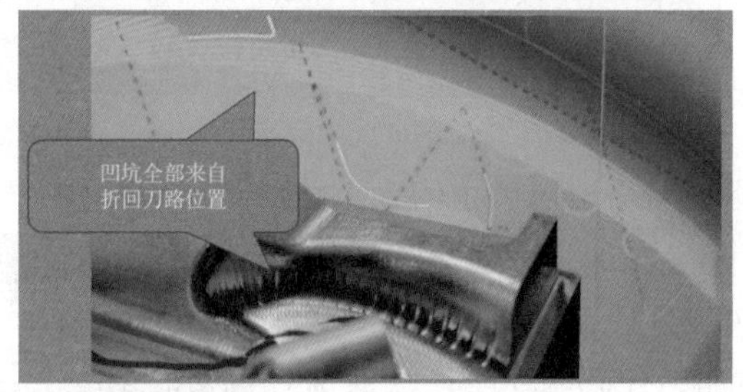

图 6-43　根部圆角加工表面质量比较（2）

原因分析：与第一条原理相同，根部余量大，刀具切削到根部圆角时刀具包容面大，切削力突然变大，刀具发生振动、弹刀，导致过切圆角。

图 6-44（底面是水平的）中，刀路方向顺着底部圆角，毛坯状态和切削参数相同，却没有凹坑，因为这样的走刀路线不会出现切削力突变的情况。

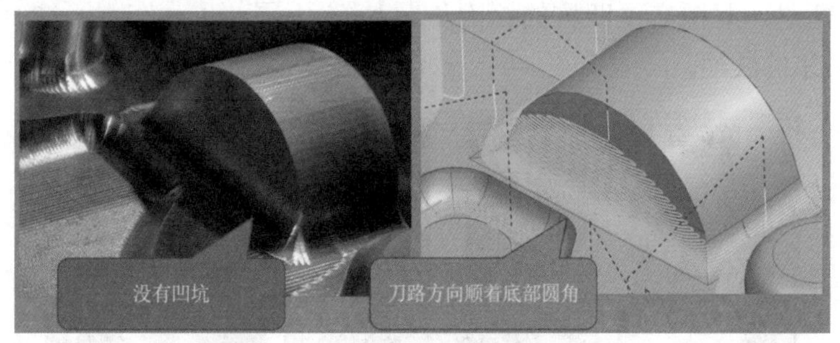

图 6-44　根部圆角加工表面质量比较（3）

解决办法：

① 改变编程方式，使走刀路线与根部圆角方向一致（对于斜坡底面不容易实现）。

② 先顺着圆角粗清根，再精加工侧壁并留出底面余量（减小根部切削量，减轻振动），

然后再顺着根部圆角精清根。

3）水平面圆角光滑，无异常凹坑。

图 6-45 中，左图根部圆角偶尔会出现一道凹痕。

原因分析：查看加工代码，发现在出现凹坑的位置 Z 坐标有几微米的上下波动（这是一个水平面，Z 坐标应该是不变的，如图 6-46 所示，模型问题导致单路清根计算出来的刀路有波动），机床在这里快速抬刀又快速下切时，由于机床定位精度不好、反向间隙的存在，或机床的加速度、加加速度处理得不好，会发生窜动，从而造成凹坑。

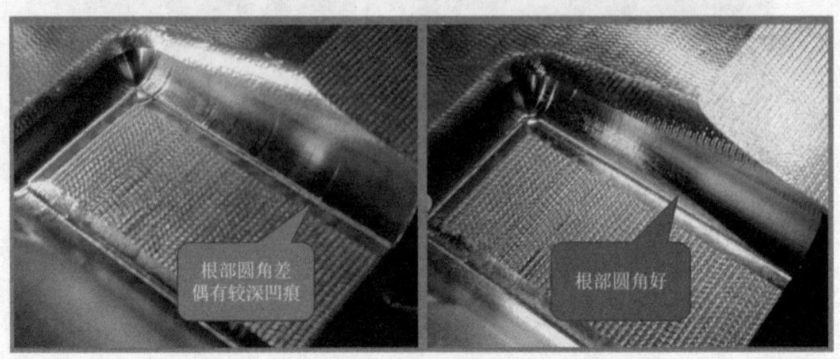

图 6-45　根部圆角加工表面质量比较（4）

解决办法：

① 改变编程方式，避免刀路出现微小的上下波动。

② HEIDENHAIN 系统：在加工代码程序头添加高速高精控制指令 CYCLE32。

③ Siemens 系统：在加工代码程序头添加前馈控制指令 FFWON，压缩器功能指令 COMPCAD，连续路径模式指令 G642，突变限制指令 SOFT，或高速高精控制指令 CYCLE832。

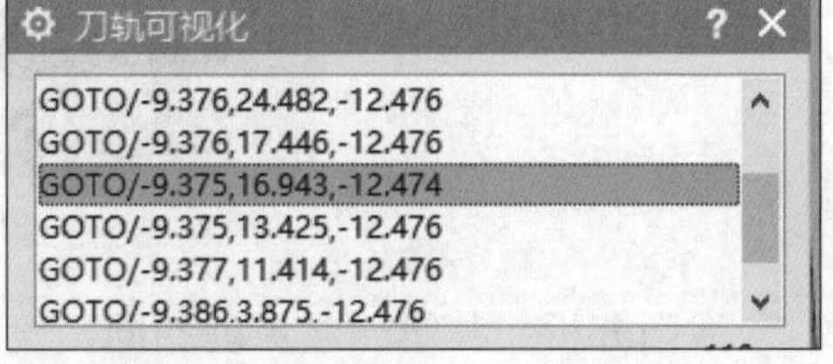

图 6-46　水平刀路有几微米的波动

④ FANUC 系统：在加工代码程序头添加高速高精控制指令 G5.1Q1。

4）曲面表面光滑，无异常凹坑。

如图 6-47 所示，此图产生凹坑的原因与图 6-45 不同，也是在水平往复走刀时，刀路突然出现几个微米的波动。

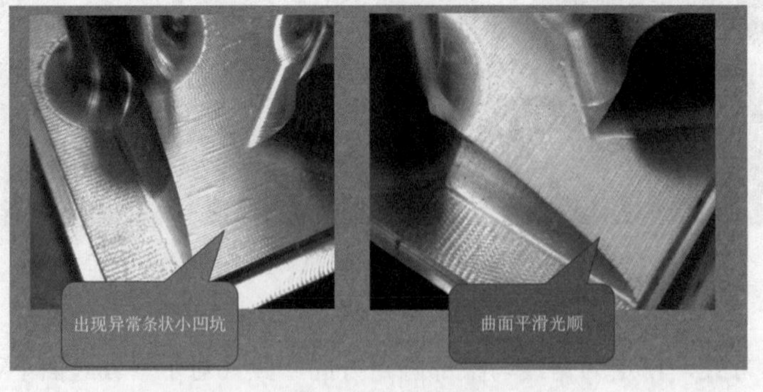

图 6-47　曲面加工表面质量比较（1）

解决办法：

① 改变走刀方向，采用 45° 方向走刀（严格意义上说，应该是使刀路沿着 Z 轴变化大的方向走刀），编程公差设置为 ±0.003mm，避免刀路本身高低不平，点位不均。

② 采用高精度机床加工，添加高速高精代码。图 6-47 中，左右两图刀路相同，左图是一般的机床加工的，有凹坑；右图是在 GF 机床 HEIDENHAIN 系统，使用 CYCLE32 代码后加工的，没有凹坑。

5）曲面表面光滑，无异常凹坑。

图 6-48 所示的曲面出现异常凹坑，造成此现象的原因是刀路光顺公差太大，导致此处过切。

解决办法：设置好光顺公差。

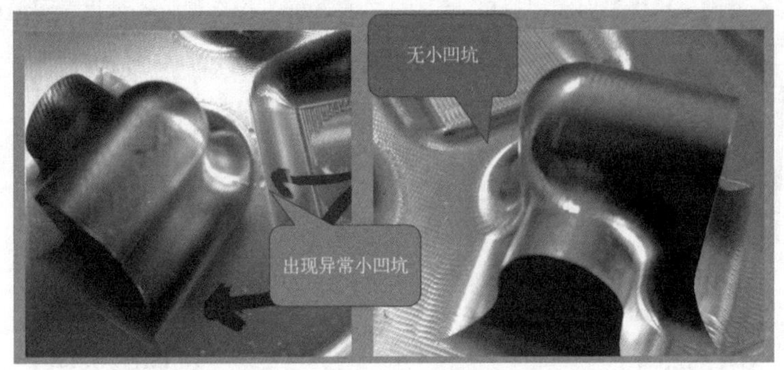

图 6-48　曲面加工表面质量比较（2）

6）拐角光滑，无振纹。

如图 6-49 所示，在加工拐角时，要想获得很高的表面质量，刀具半径最好小于零件拐角半径，让刀具绕铣出拐角，而不是直接成形拐角。因为当刀具半径与拐角半径相同时，刀具切到拐角处，整个 1/4 的面积同时与零件接触，切削力突然急剧上升，引起刀具振动，导致出现严重振纹。

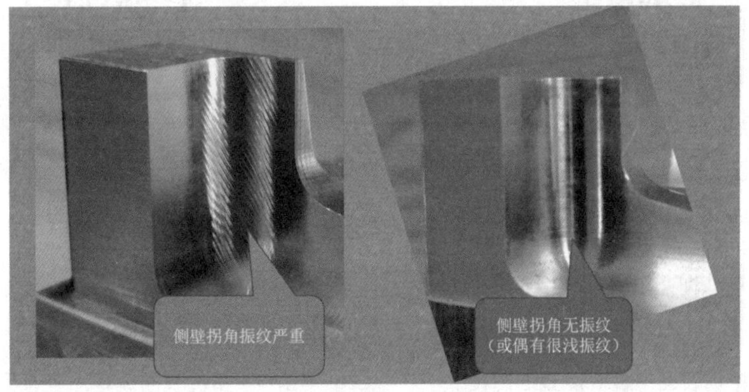

图 6-49　拐角加工表面质量比较

解决办法：

① 采用小于拐角半径的刀具编程加工。

② 如果零件很高，为了获得最大的刀具刚性，仍然使用等半径的刀具来加工时，必须先分层精加工拐角（0.2mm 一层，甚至更小），再精加工整个侧壁。

③ 与客户沟通是否能将拐角半径由 0.3mm 加大至 0.5mm（放大拐角公差）。

6.5　曲面零件—综合型腔—精优表面编程

知识点：斜率分析、复制体、等参数曲线、分割面

看我操作（扫描下方二维码观看本节视频）：

二维码 98　综合型腔—精优表面编程—粗加工

二维码 99　综合型腔—精优表面编程—半精加工

二维码 100　精优表面编程—粗清根

二维码 101　精优表面编程—加工策略

二维码 102　精优表面编程—整体精加工

二维码 103　精优表面编程—局部精加工（1）

二维码 104　精优表面编程—局部精加工（2）

二维码 105　精优表面编程—局部精加工（3）

二维码 106　精优表面编程—竖直面清根

二维码 107　精优表面编程—竖直面精铣（1）

二维码 108　精优表面编程—竖直面精铣（2）

二维码 109　精优表面编程—清根（1）

二维码 110　精优表面编程—清根（2）

二维码 111　精优表面编程—仿真检查调整

跟我操作（根据以下关键词的指引，独立完成相关操作）：

1）打开模型文件“6-4 曲面零件—综合型腔—精优表面编程 .prt”，如图 6-50 所示。

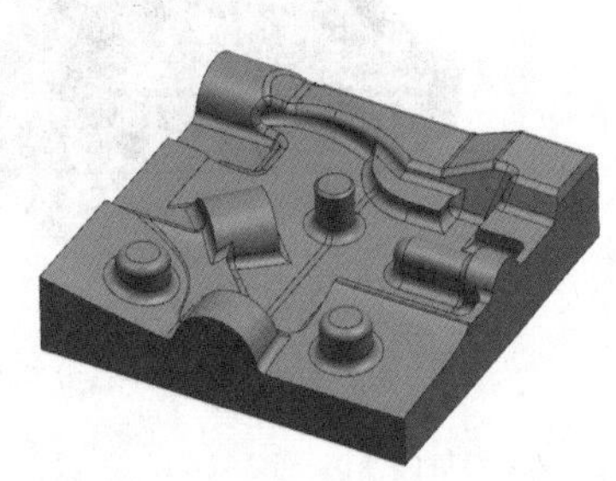

图 6-50　曲面零件—综合型腔—精优表面编程

2）分析零件结构→创建刀具（D10R2、B8、B6）（材料为铝合金 6061）。

3）（粗加工）创建型腔铣（D10R2 刀具、WORKPIECE）→跟随周边→切削参数→策略→刀路方向→自动→余量 0.2mm →层切 2mm →螺旋下刀斜坡角度 8°→最小斜坡长度 10% →高度 3mm →转速 6500r/min →进给率 2000mm/min →生成刀路，如图 6-51 所示→创建小平面体以便后续观察。

4）（半精铣）创建深度轮廓铣 ZLEVEL_PROFILE（B8 刀具）→切削区域框选全部加工面→陡峭空间范围→仅陡峭的 1°→层切 0.5mm →切削参数→策略→切削方向→混合→切削顺序→始终深度优先→连接→直接对部件进刀→勾选“层间切削”→勾选“短距离移动时的进给”→余量 0.2mm →非切削移动参数→沿形状斜进刀 30°→最小斜坡长度 10% →开放区域与封闭区域相同（粗加工台阶太大，为了安全，强制斜进刀）→转速 8000r/min →进给率 2000mm/min →生成刀路，如图 6-52 所示。

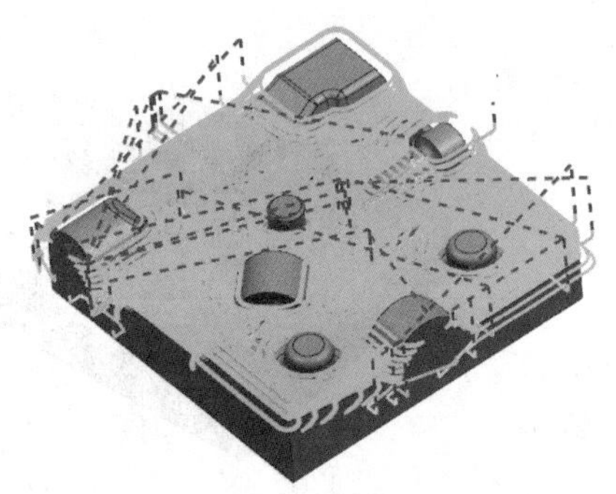

图 6-51　型腔铣粗加工刀路

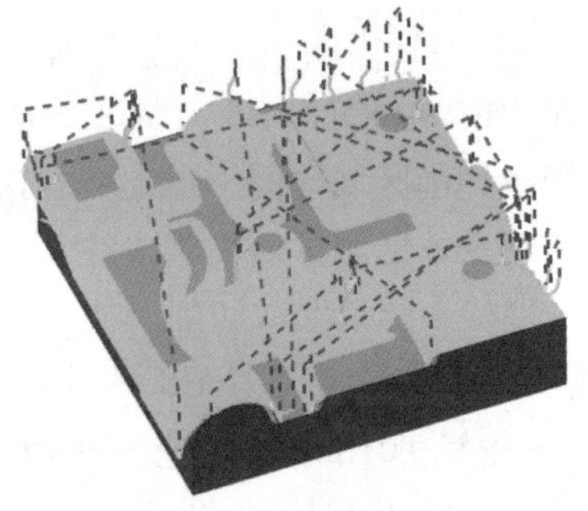

图 6-52　半精铣刀路

使用斜率分析（菜单→分析→形状→斜率）→分析显示→模态→轮廓线→数量 3 →最小值 -90°→最大值 90°（点一下重置数据范围即可）→颜色图例→尖锐→颜色数 3 →显示分辨率→精细→应用（通过颜色可以判断哪些面是水平面（红色），哪些面是竖直面（绿色）），如图 6-53 所示。

在工作区空白处按住右键不放→在弹出的窗口中选择“带边着色”→关闭分析效果。

编辑操作→修改切削区域→移除绿色面（因为绿色面没有多余的台阶余量，不需要半精加工）→生成刀路→发现在上部凹槽处粗加工残余的部分没加工到，如图 6-54 所示，而且在此处的刀路是直接垂直扎下去的，刀路不合理。

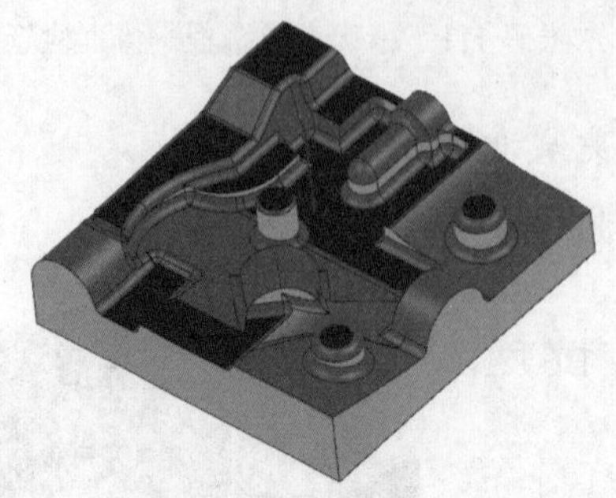
图 6-53　斜率分析效果

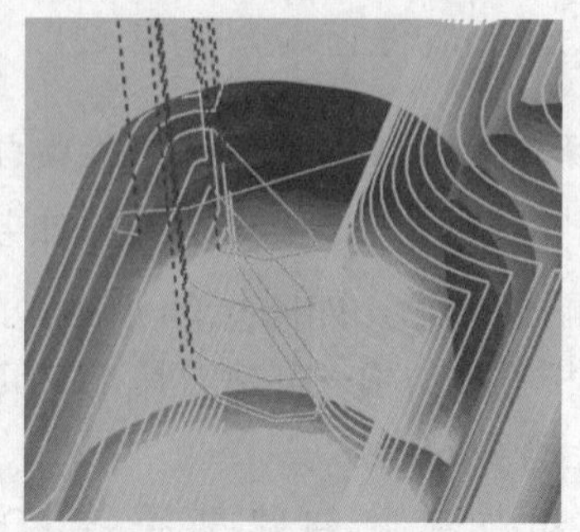
图 6-54　半精铣刀路

修改切削区域，把这里相邻的绿色面都选上（不选择半圆柱凸台的下面）→指定修剪边界，把多余的地方修剪掉，如图 6-55 所示→生成刀路如图 6-56 所示。

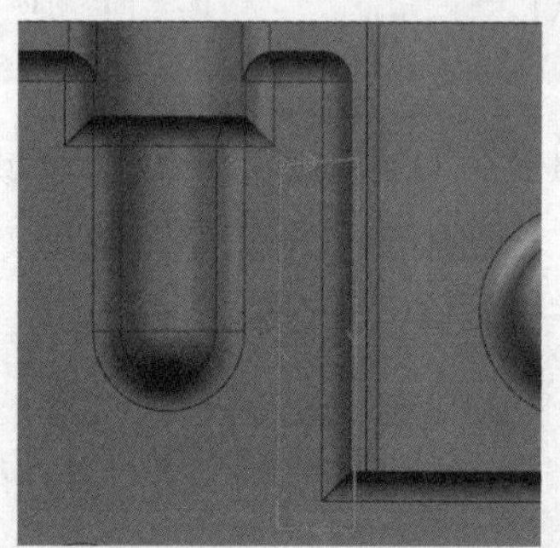
图 6-55　修剪边界

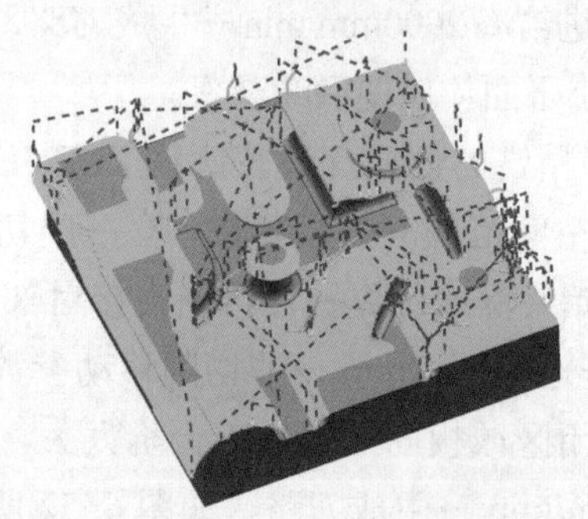
图 6-56　半精铣刀路

5）（参考刀具粗清根）创建参考刀具清角操作 FLOWCUT_REF_TOOL（B6 刀具）→切削区域不用指定（不指定切削区域等同于指定所有切削区域）→编辑驱动方法→非陡峭区域切削“往复上升走刀”→步距 5% →先陡→陡峭区域切削“往复上升横切”→从高到低→ 5% →参考刀具 B8 →重叠 0.5mm →余量 0.2mm →公差 0.01mm →转速 8000r/min →进给率 2000mm/min →生成刀路，如图 6-57 所示。

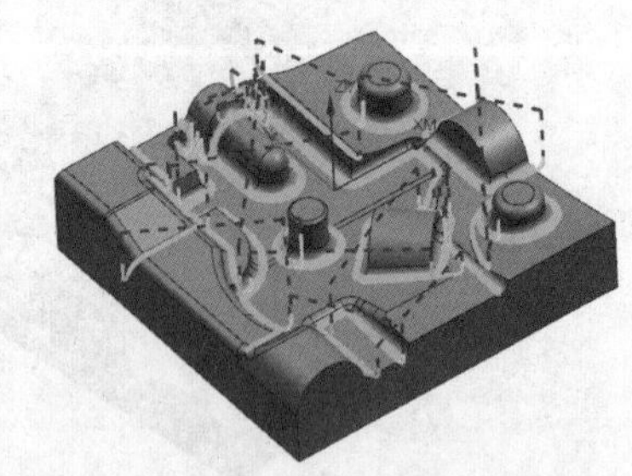
图 6-57　粗清根

6）（加工策略分析）在工作区空白处按住右键不放，在弹出的窗口中选择“面分析”→查看水平面和竖直面，对于红色水平面，如果想提高加工效率，可采用平底刀或圆鼻刀精加工，但有时底面会出现少量刮花现象，如图 6-58 所示，如果想要刀纹一致、美观，可以全部用球头刀加工，如图 6-59 所示。本例计划采用球刀行切的方式进行水平面精加工。

图 6-58　水平面平刀加工效果

图 6-59　水平面球刀加工效果

对于绿色竖直面，如果想要高光侧刃加工效果，可采用侧刃一刀切，如图 6-60 所示。如果没有特别要求，则可直接分层行切（表面质量稍差），如图 6-61 所示（这里仅以一般零件产品表面为例，精加工步距一般为刀具直径的 5% 左右，而精密零件表面另当别论，行切步距一般只有 0.05mm，行切后表面质量也不错）。本例计划采用侧刃一刀切的方式精加工竖直面。

图 6-60　竖直面侧刃加工效果

图 6-61　竖直面行切加工效果

7）（精加工）创建区域轮廓铣 CONTOUR_AREA（B8 刀具）→框选切削区域为全部所需加工曲面→编辑驱动方法→划分陡峭和非陡峭→非陡峭切削模式“往复”→步距 0.3mm →切削角 45° →陡峭区域“往复深度加工”→步距 0.3mm →切削参数→策略→“在边上延伸”0.3mm →公差 0.003mm →转速 8000r/min →进给率 2000mm/min →生成刀路，如图 6-62 所示。

放大观察刀路，如图 6-63 所示→按照 6.4 节所分析的产生振纹的影响因素，这种刀路很可能会在圆柱的侧壁（直壁面）和根部圆角产生振纹，这取决于刀具的刚性和机床的精度。本例已经对根部用小刀进行了粗清根，可能不会产生振纹，但侧壁面仍然可能会产生振纹。

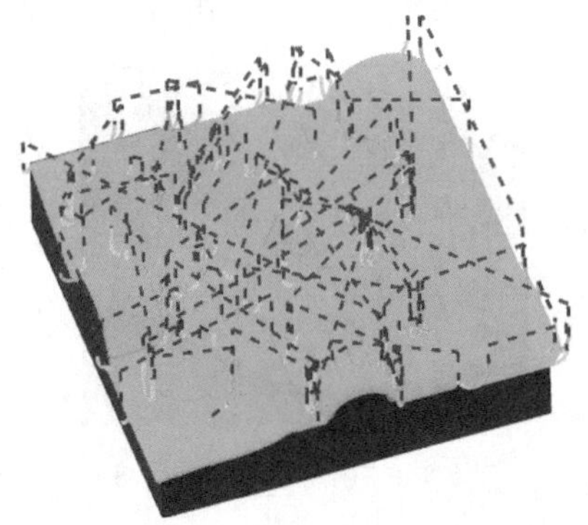
图 6-62　生成刀路

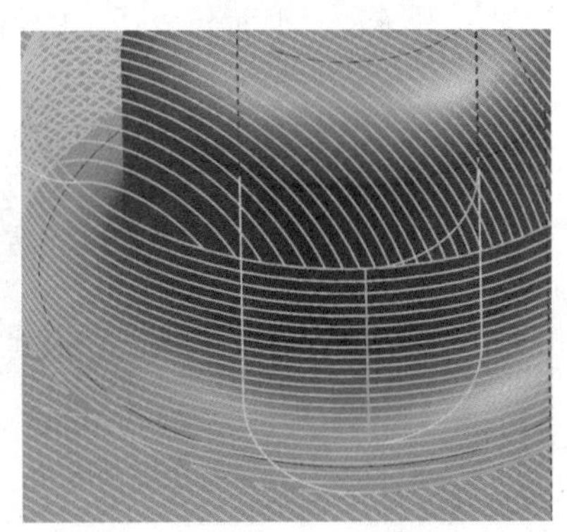
图 6-63　整体精加工效果

8）（重做精加工）进入建模环境→按 Ctrl+T 复制一个体到 2 号图层用于编程辅助→隐藏原始模型→在复制模型的一个面上绘制等参数曲线（绿色线），如图 6-64 所示→利用分割面功能，将此面在此分割（方便后面分区域进行精加工）→利用偏置曲面功能把需要保护的面偏置 0.25mm，如图 6-65 所示（黄色面）。

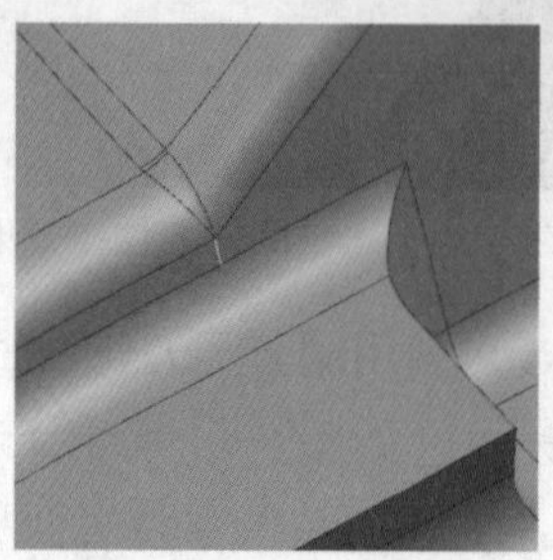

图 6-64　等参数曲线

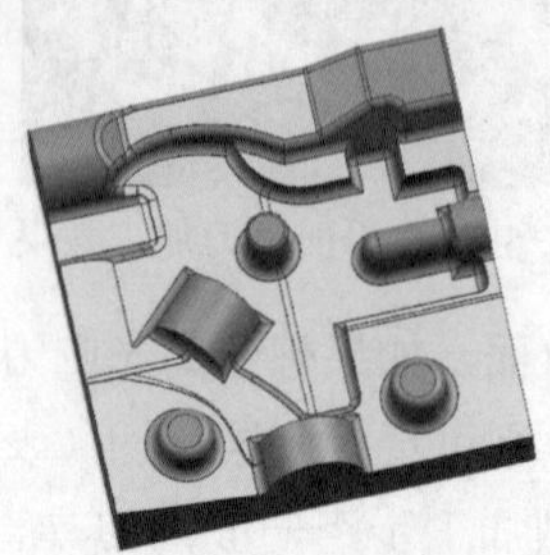

图 6-65　偏置曲面

返回加工环境→修改精加工操作→几何体继承到 MCS 下→指定部件为复制的体和偏置曲面→加工区域选择黄色面以外的非直壁面，如图 6-66 所示（蓝色面）→生成刀路，如图 6-67 所示→隐藏黄色面→把刀具放上去观察，可见刀具已经离开底面一段距离，避免了切削根部及弹刀问题。

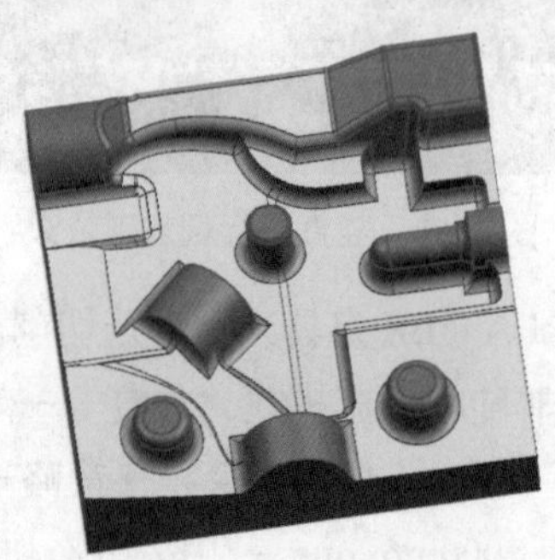

图 6-66　部分切削区域

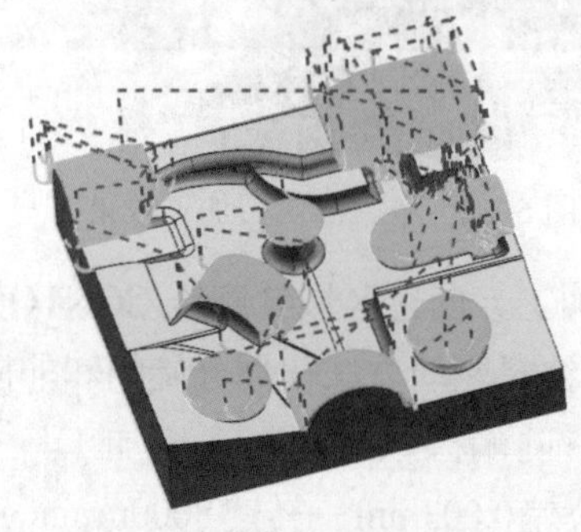

图 6-67　精铣部分曲面（1）

9）同理，复制操作→修改部件→修改切削区域→补加工长平台区域，如图 6-68 所示→再补加工小平台区域，如图 6-69 所示（不同台阶面因为有黄色面要避让，所以无法一起加工，加工平面时，平面开放边上的偏置曲面不要指定到部件中，否则容易出错）。

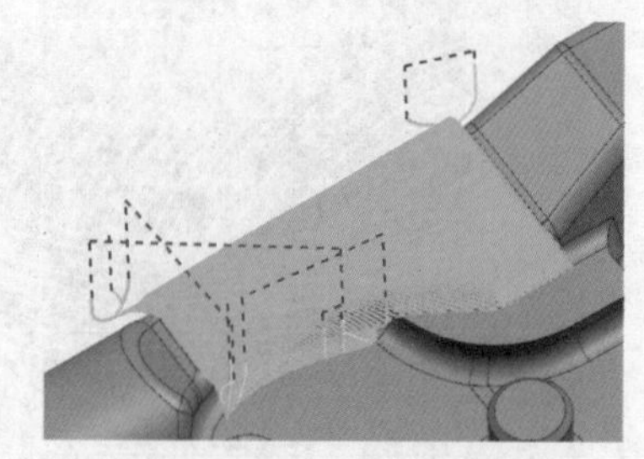

图 6-68　精铣部分曲面（2）

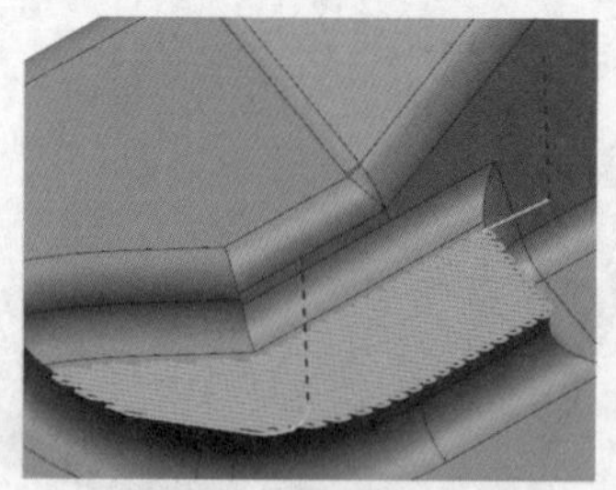

图 6-69　精铣部分曲面（3）

同理，制作侧壁保护面→复制操作→修改部件→修改切削区域→生成刀路，如图 6-70 所示。

再复制操作→修改部件→修改切削区域→生成刀路，如图 6-71 所示。

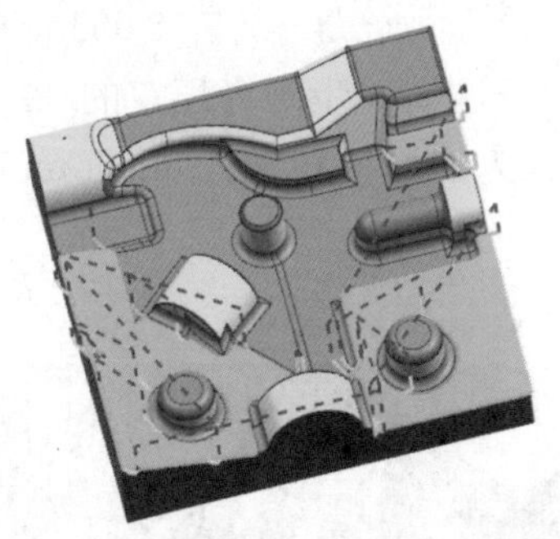

图 6-70　精铣部分曲面（4）

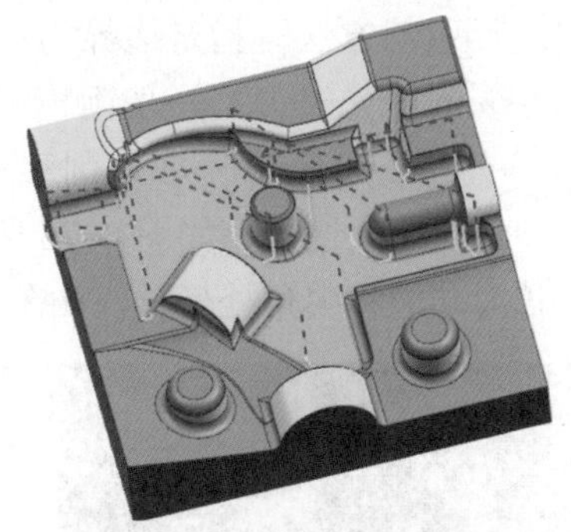
图 6-71　精铣部分曲面（5）

10）（精清根竖直面）由于使用等半径刀具进行清角清根加工，首先要对竖直侧壁的拐角进行分层加工，利用面分析功能可以看到，只有 6 个拐角需要清角。

复制半精加工深度轮廓铣操作→刀具改为 B6 →切削区域改为需要清角的相关面→移除修剪边界→陡峭空间范围改为“无”→最小切削长度改为 0 →层切改为 0.2mm →切削参数→切削方向改为顺铣→切削顺序始终深度优先→连接→使用传递方法→取消勾选“层之间切削”→空间范围→参考刀具 B8 →重叠距离 0 →余量改为 0 →公差 0.003mm →非切削移动参数→勾选“光顺”→生成刀路，如图 6-72 所示。发现除了拐角，根部也出现了刀路，这是多余的。

参考刀具改成 D7 →生成刀路，还是有一条多余的刀路，如图 6-73 所示。

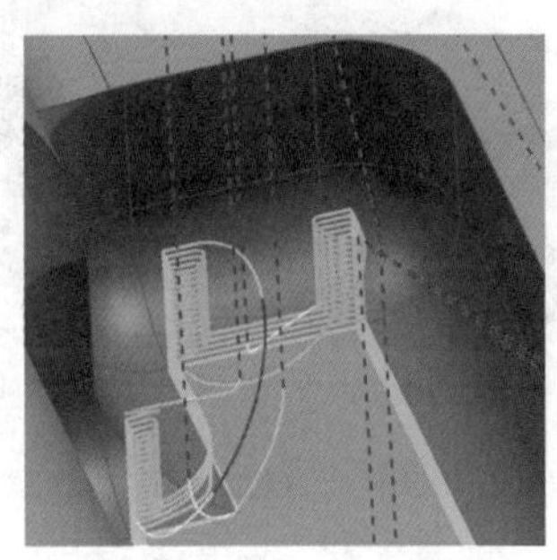
图 6-72　分层清角（1）

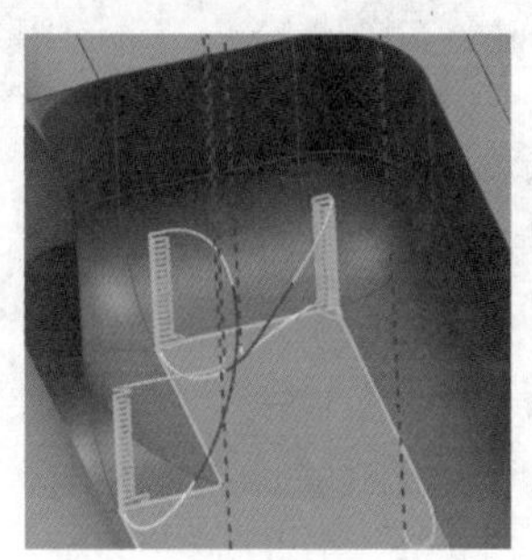
图 6-73　分层清角（2）

复制一个体到 3 号图层→隐藏其他体→利用同步建模的删除面功能删除根部拐角，如图 6-74 所示→替换部件为复制体→替换切削区域→生成刀路，如图 6-75 所示。

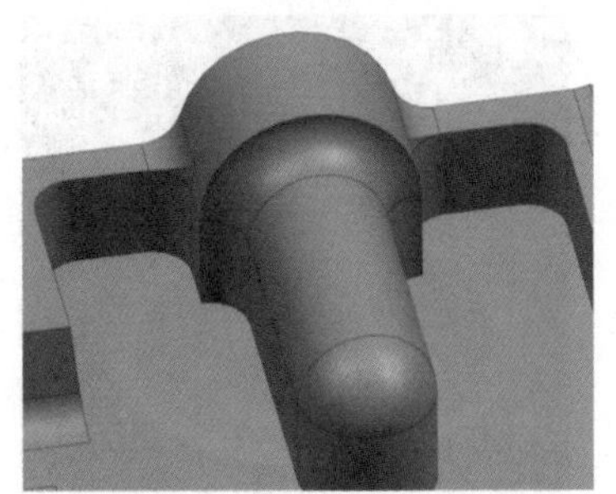
图 6-74　分层清角（3）

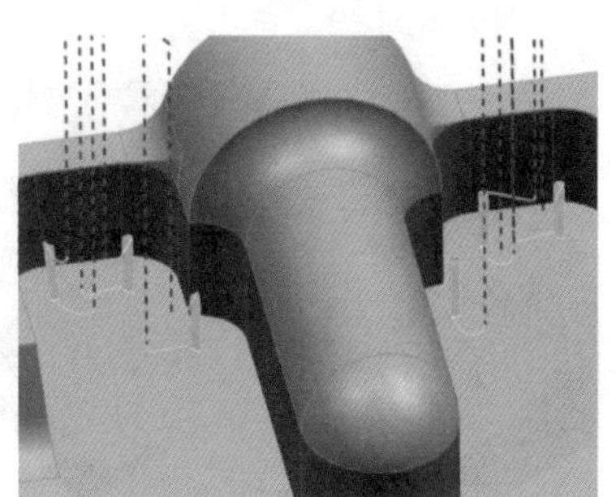
图 6-75　分层清角（4）

11）（精铣竖直面）创建固定轮廓铣 FIXED_CONTOUR（B6，MCS）→部件指定为槽底面→编辑边界驱动方法→指定边界为槽的侧壁绿色面一圈→公差 0.003mm→边界偏置 0.05mm（留 0.05mm 精光一刀）→切削模式→轮廓→顺铣→步距为恒定的 0.2mm→附加 6 刀→切削参数→公差 0.003mm→非切削移动参数改为插削→转速为 8000r/min→F1500 生成刀路，发现尖角拐弯处过切，如图 6-76 所示。

利用曲线长度功能将尖角处延长，如图 6-77 所示。

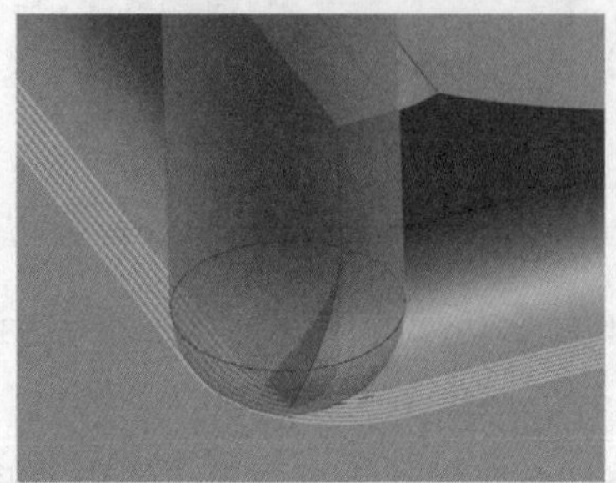
图 6-76　分层清角（5）

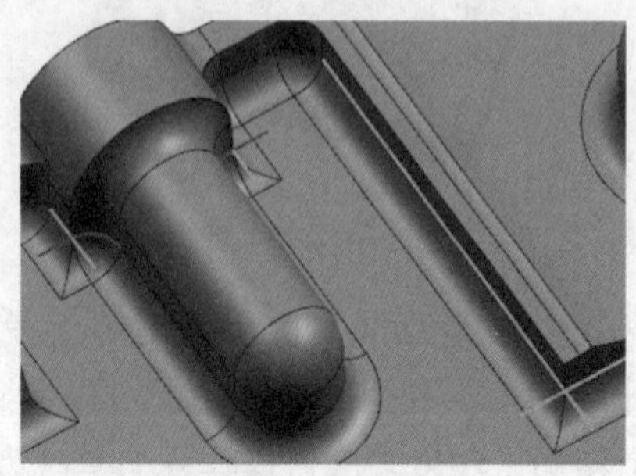
图 6-77　分层清角（6）

修改边界为延长线和边构成的四个部分→生成刀路，发现不正常，只有一小部分，如图 6-78 所示→修改切削模式为标准驱动（可加工自相交轮廓）→生成刀路，如图 6-79 所示。

复制刀路→把边界偏置修改为 0→附加刀路修改为 0→切削参数降低为 S4500F400→生成精光刀路。

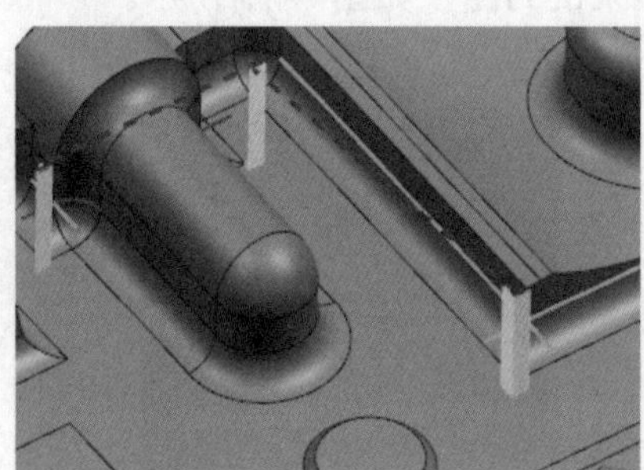
图 6-78　不正常边界刀路

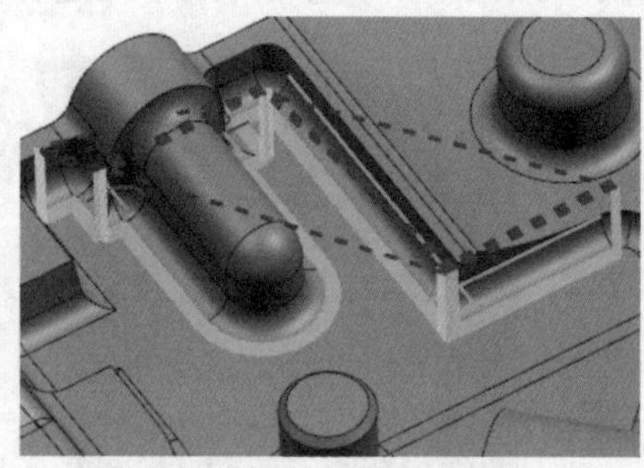
图 6-79　正常边界刀路

同理，加工所有绿色侧壁，如图 6-80 所示。注意圆柱面侧面的进退刀为：圆弧→垂直于刀轴→斜坡角度 30°，如图 6-81 所示（如果刀路出现异常，请用户自定义边界平面，设置到圆柱顶面即可）。

图 6-80　全部竖直面侧壁精铣

图 6-81　圆柱侧面圆弧进退刀

12）（精清根其他位置）复制粗清根操作→指定切削区域为需要清根的相邻面（一次少选一点，避免死机）→编辑驱动方法→步距改为 3% →重叠距离 0.3mm →切削参数→“在边上延伸”0.5mm →余量改为 0 →公差 0.003mm → F1500 →生成刀路，发现直壁拐角又切下去了。

单击操作主页面的切削区域按钮，创建区域列表→拾取需要分割的路径→点分割→用鼠标拾取需要分割的点的位置，如图 6-82 所示→单击“确定”。

依次将需要分割的区域进行分割，然后删除不要的区域→单击“确定”生成刀路，如图 6-83 所示（伸长下去的部分被截掉了）。

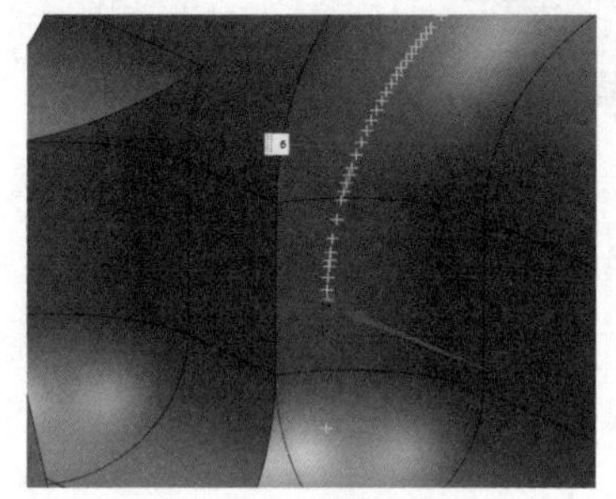

图 6-82　区域分割点（1）

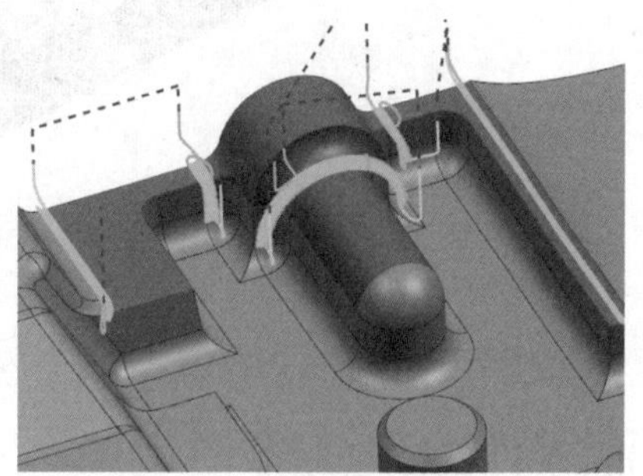

图 6-83　部分区域清根（1）

同理，精加工其他区域清根，如图 6-84、图 6-85 所示。

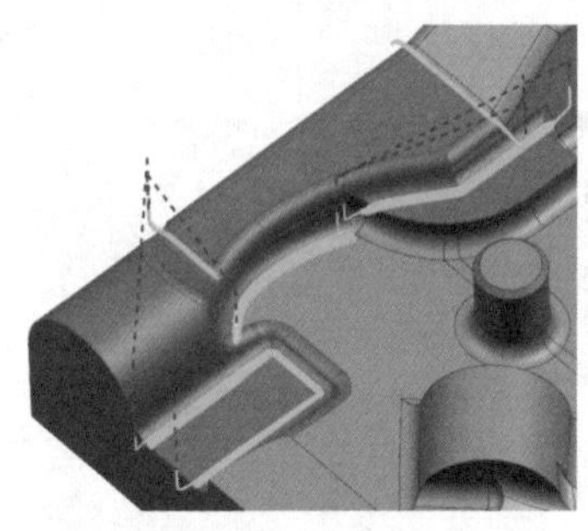

图 6-84　区域分割点（2）

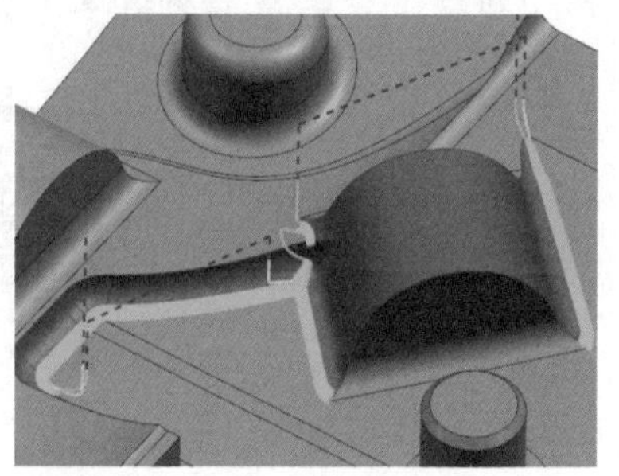

图 6-85　部分区域清根（2）

同理，精加工其他区域清根，如图 6-86 所示→按住 Shift 键全选已经清根的刀路，观察还有没有未清根的位置，如果有就再补加工，如图 6-87 所示。

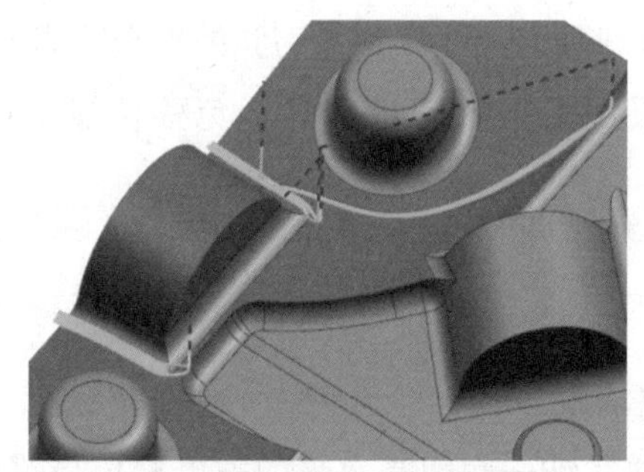

图 6-86　区域分割点（3）

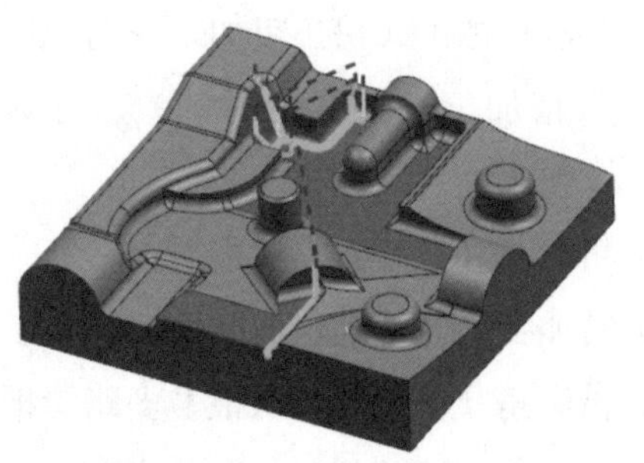

图 6-87　部分区域清根（3）

13）全部进行 3D 仿真→观察加工结果，如图 6-88 所示。

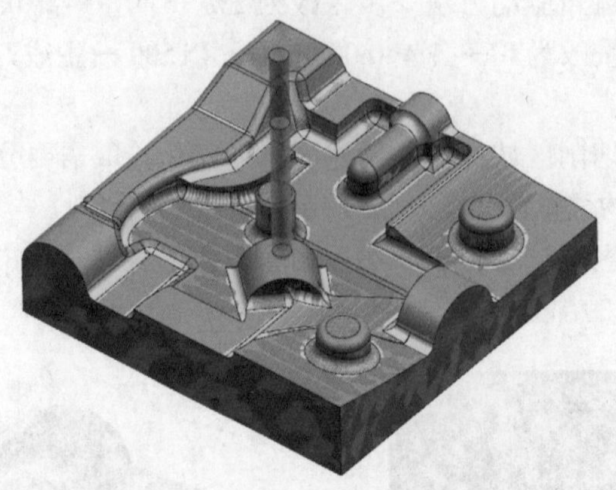

图 6-88　3D 加工仿真结果

6.6　曲面零件编程总结

知识点：曲面编程总结

看我操作（扫描下方二维码观看本节视频）：

二维码 112　曲面零件编程总结

曲面零件加工一般步骤（高效动态铣、不开粗直接精铣等其他先进技术例外）：

1）分析零件尺寸大小、侧壁拐角、根部圆角大小，选择加工刀具。

2）粗加工（型腔铣）。

3）二次粗加工（拐角粗加工→基于层或参考刀具）（注意参考刀具的安全隐患）。

4）半精加工（深度轮廓铣）（建议强制采用沿形状斜进刀，避免残留过大的地方扎刀）。

5）粗清角（参考刀具清根）。

6）精加工（区域铣、曲面铣）。

7）精清角（参考刀具清根、多路清根、单路清根）。

8）精优清根（边界铣→侧壁是竖直的）（曲线铣→底面是水平的→可避免单路清根 Z 坐标波动问题）。

第 7 章　整体结构件加工编程

7.0　课程思政之中国的五轴机床检测 S 形试件成为国际标准

知识点：五轴机床检测 S 形试件、国际标准

这里说的整体结构件，主要是指飞机整体结构件，而说到飞机整体结构件，就不得不说 S 形试件。

S 形试件是航空工业成都飞机工业（集团）有限责任公司（简称“成飞”）研发的，用于验收五轴机床联动加工精度的国际标准。

20 世纪 90 年代，成飞在采用五轴联动机床加工飞机整体结构件时，频繁发生零件精度超差现象。而那时的机床都是进口机床，经过严格验收，验收标准也是行业公认的国际标准。

时任成飞数控厂厂长汤立民认为这个国际标准肯定有一定的瑕疵，于是带领团队开始用自己的标准验收机床，即 S 形试件。

S 形试件提出以后，多次被外国专家质疑，但是成飞用理论分析和实践数据证明：通过 S 形试件试切合格的机床，加工出来的飞机结构件就不会有问题；通不过 S 形试件试切的机床，加工出来的飞机结构件就会有问题。

2020 年 1 月 29 日，S 形试件正式作为国际标准对外发布，我国实现了在这一领域国际标准零的突破。

中国工程院院士卢秉恒说：“这标志着我们国家在高档数控机床领域有了话语权，有了标准的制定和参与权，对于我们建设制造强国，对于建设科技强国，有非常重要的意义。”

自主创新，是大国崛起的必然选择，是攀登世界科技高峰的必由之路。S 形试件以其多方面的技术创新，突破了原有的国际标准对五轴联动加工精度测评的局限，推动了五轴联动数控机床的国产化替代，实现了“要不来，买不来，讨不来”关键技术的重大突破。

7.1　整体结构件加工工艺

知识点：工艺凸台形式、装夹方式、凸台连接结构、凸台去除、减小振动、减小变形

看我操作并回答问题（扫描下方二维码观看本节视频）：

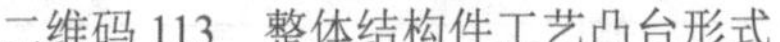

二维码 113　整体结构件工艺凸台形式

二维码 114　整体结构件装夹方式

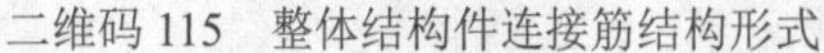

二维码 115　整体结构件连接筋结构形式

二维码 116　整体结构件工艺凸台去除

二维码 117　整体结构件减小振动的方法

二维码 118　整体结构件减小变形的方法

问 整体结构件有什么特点？

问 为什么要设置工艺凸台？不同形式的工艺凸台有没有本质上的区别？

问 工艺凸台设置在零件刚性好的位置还是刚性差的位置？为什么？

问 采用代木做假工艺凸台工艺，加工完零件以后，如何清理垫板上的胶水和残留代木？

问 请描述各种装夹方式的特点。

问 工艺凸台连接筋一般可以设置在哪些位置？有什么本质的区别吗？原则是什么？

问 C 形框搭接结构有什么特点？

问 工艺凸台连接筋是在精加工完之后铣薄还是粗加工时就铣薄，为什么？

问 为什么加工薄壁薄板零件时会振动？

问 减小振动的核心思想是什么？

问 上述各种减小振动的方法各有什么特点？

问 除了这些方法，你还知道有什么其他方法可以减小加工振动吗？

问 零件发生变形的原因是什么？

问 减小变形的核心思想是什么？

问 宽高比 <20 与宽高比 <30 时的分层切削方式有什么不同？各有什么优缺点？（注：一个序号既可以表示切一刀，也可以表示一个切削范围。）

问 采用预拉伸板料，在加工之前去应力的工艺方案有什么好处？

阅读以下内容，了解整体结构件加工工艺：

1）整体结构件工艺凸台形式如图 7-1 ～图 7-5 所示。

两端工艺凸台

四角工艺凸台

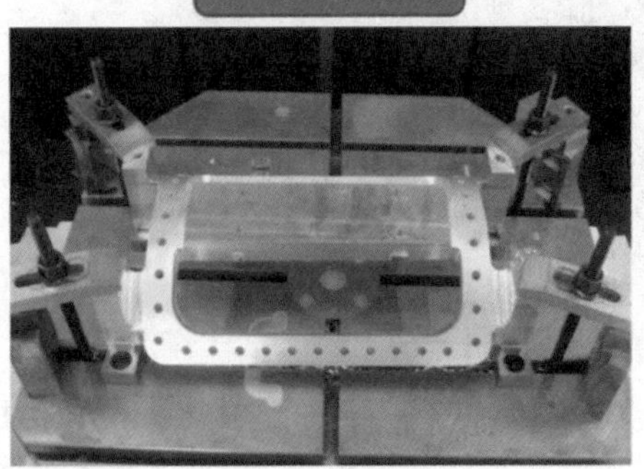

图 7-1　整体结构件工艺凸台形式（1）

内外工艺凸台

包围盒工艺凸台
（增强整体刚性）

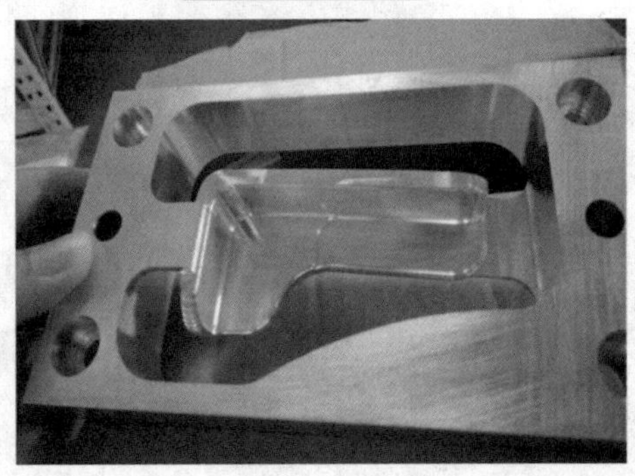

图 7-2　整体结构件工艺凸台形式（2）

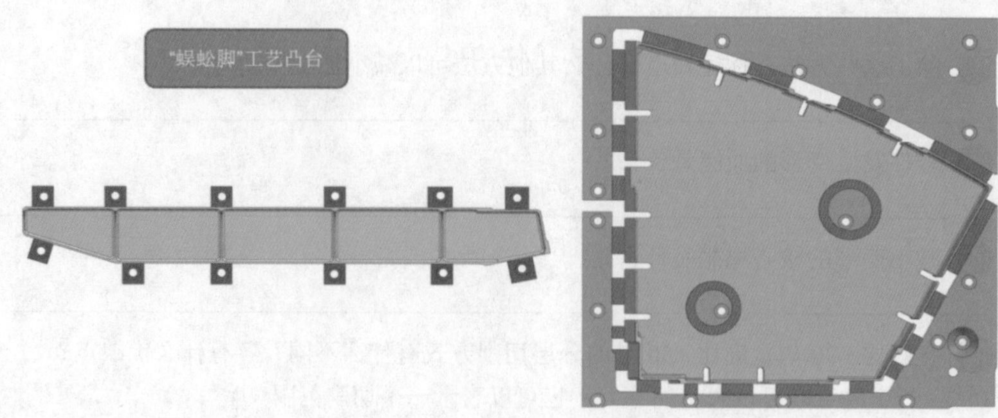

图 7-3　整体结构件工艺凸台形式（3）

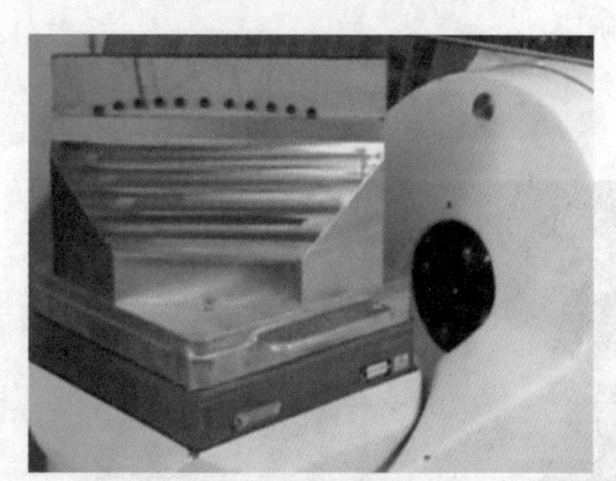

图 7-4　整体结构件工艺凸台形式（4）

图 7-5　整体结构件工艺凸台形式（5）

2）整体结构件装夹形式如图 7-6 ～图 7-8 所示。

压板装夹
螺纹孔+T形槽垫板

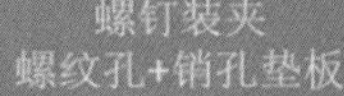

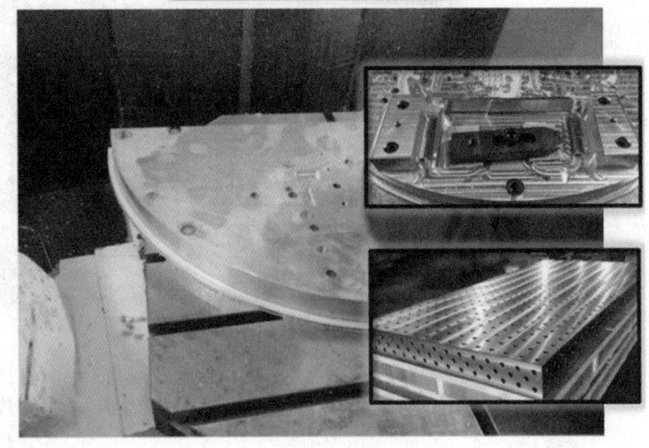

图 7-6　整体结构件装夹形式（1）

真空夹具

图 7-7　整体结构件装夹形式（2）

专用夹具

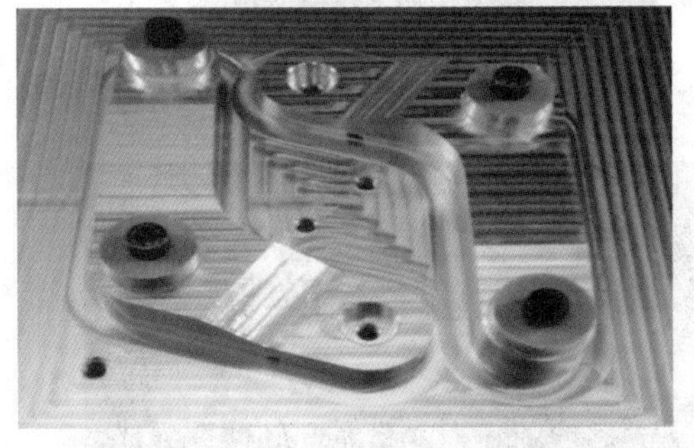

图 7-8　整体结构件装夹形式（3）

3）整体结构件工艺凸台连接结构形式如图 7-9 所示。

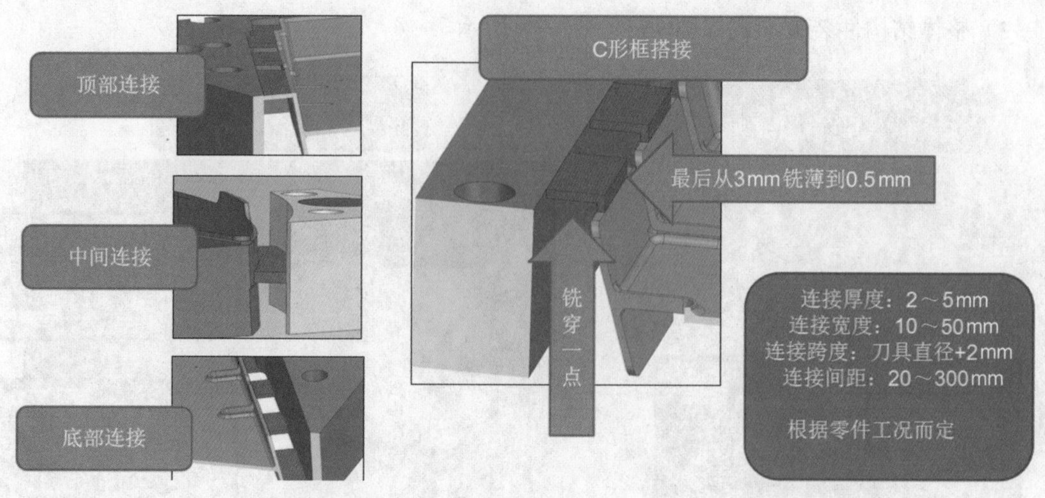

图 7-9　整体结构件工艺凸台连接结构形式

4）整体结构件工艺凸台的去除方法如图 7-10 所示。

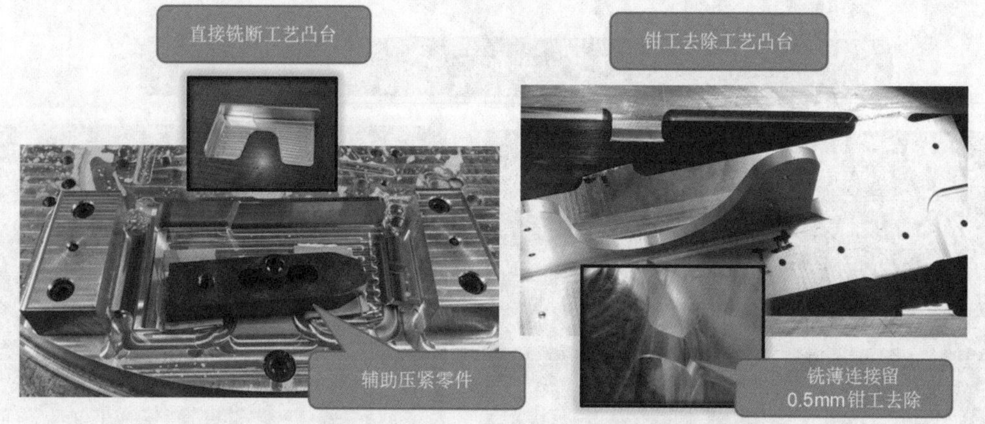

图 7-10　整体结构件工艺凸台的去除方法

5）整体结构件减小加工振动的方法如图 7-11、图 7-12 所示。

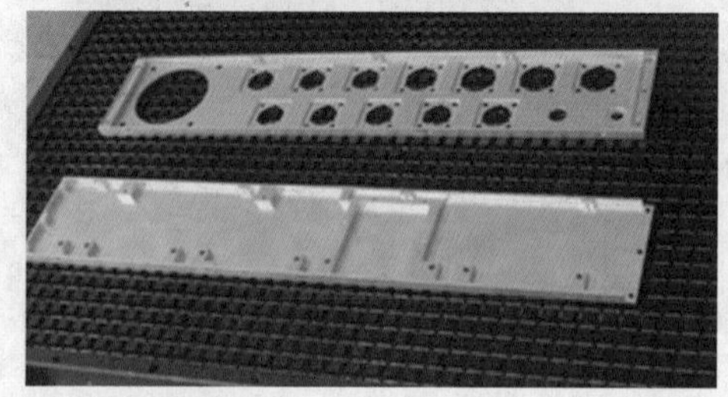

图 7-11　整体结构件减小加工振动的方法（1）

AB胶水
局部粘接支撑

填充：热熔胶、易熔金属、定制芯体、
石膏、石蜡、橡皮泥、发泡剂

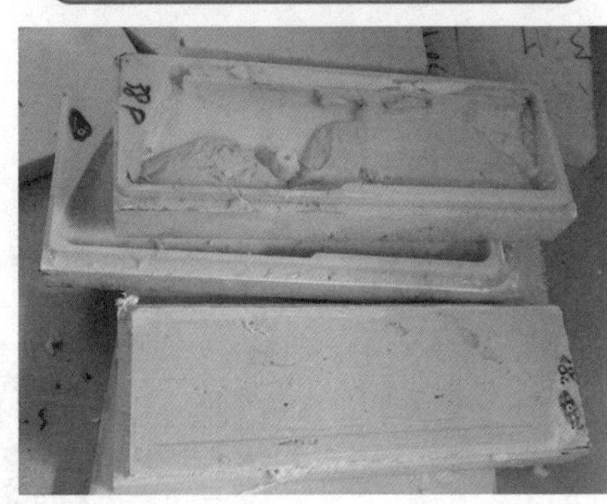

图 7-12　整体结构件减小加工振动的方法（2）

6）整体结构件减小加工变形的方法如图 7-13、图 7-14 所示。

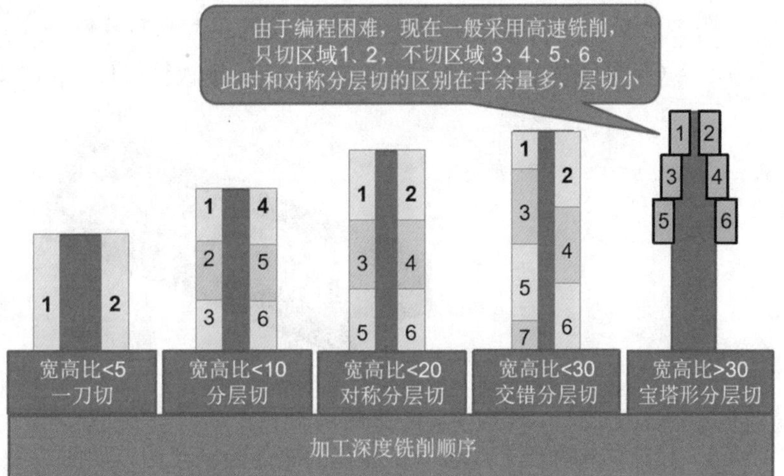

图 7-13　整体结构件减小加工变形的方法（1）

反复翻面
对称去余量

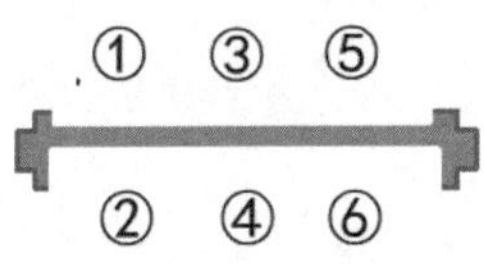

型腔底面：由内向外切削

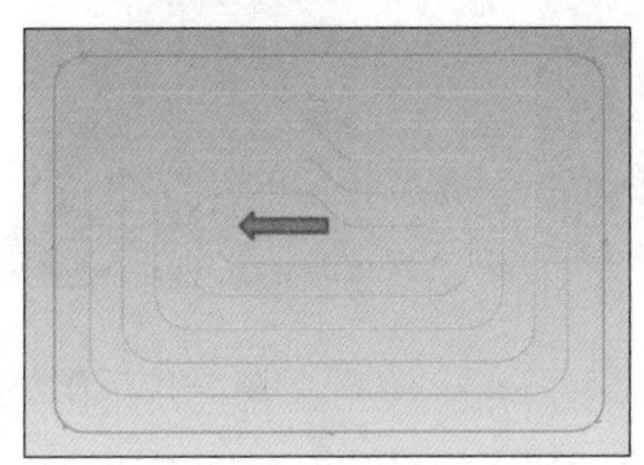

去应力
自然时效、振动、热处理、深冷处理

加工之前去应力预拉伸板料

粗加工之后去应力

半精加工之后去应力

图 7-14　整体结构件减小加工变形的方法（2）

7.2　筋板结构件 1

7.2.1　工艺凸台设计

知识点：工艺凸台设计

看我操作（扫描下方二维码观看本节视频）：

二维码 119　工艺凸台设计

跟我操作（根据以下关键词的指引，独立完成相关操作）：

1）（打开练习文件）打开模型文件“7-1 筋板结构件 1.prt”，如图 7-15 所示。

图 7-15　筋板结构件模型

2）设计结构件工艺凸台→在腔体的底面绘制草图，如图 7-16、图 7-17 所示。

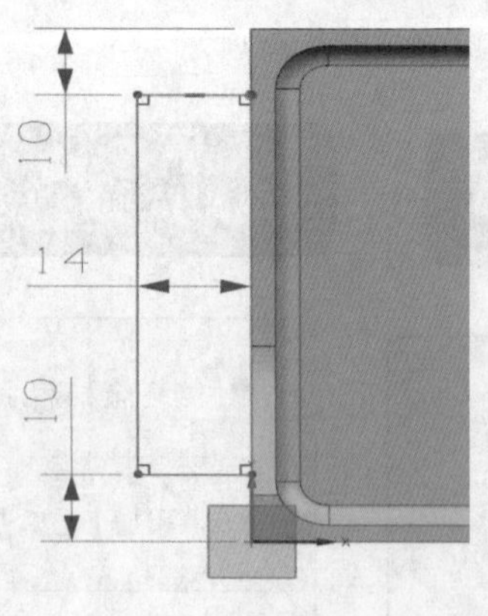

图 7-16　左边草图

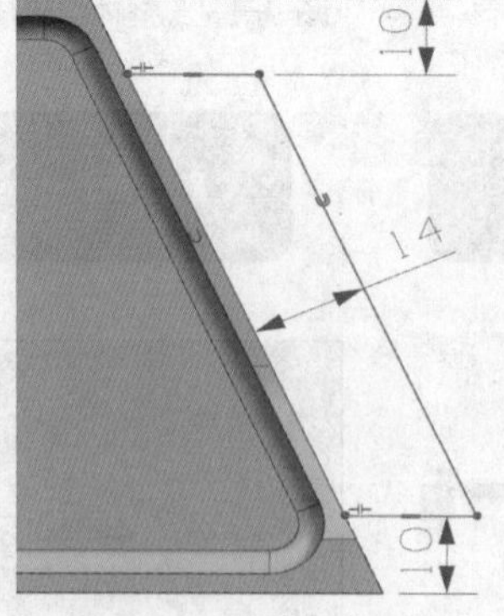

图 7-17　右边草图

3）将草图向底板方向拉伸实体 3mm，如图 7-18 所示。

图 7-18　拉伸连接筋

4）利用电极设计的包容体制作一个加工毛坯，单边 5mm 余量，X 轴两端 30mm 余量，如图 7-19 所示。

图 7-19　制作毛坯

5）利用毛坯的端面边界向零件方向拉伸两个 30mm 长的体作为压紧块，如图 7-20 所示。

图 7-20　拉伸压紧块

6）利用替换面功能将压紧块的内侧面替换到连接筋的斜面，如图 7-21 所示→将两个压紧块的顶面都替换到零件顶面（压紧块与零件顶面高度相同，在加工时能使得零件垫实，避免悬空，减小振动）→最终效果如图 7-22 所示。

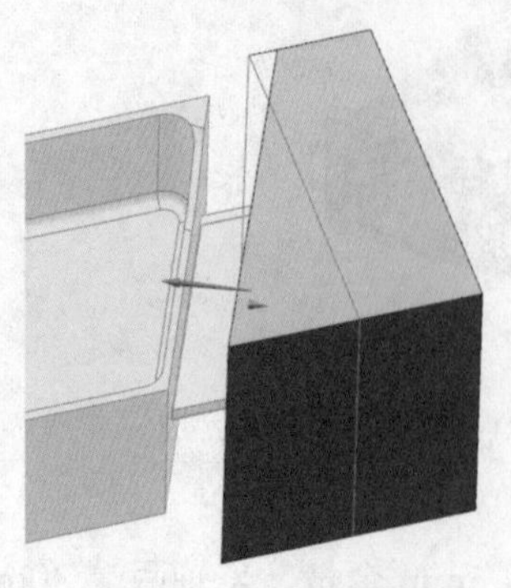

图 7-21　替换面处理

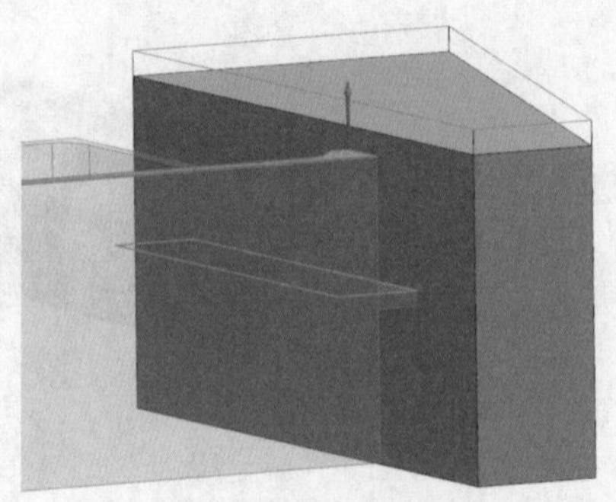

图 7-22　最终模型处理效果

7）在左右两个压紧块的顶面绘制两个压板槽，用于搭压板，如图 7-23、图 7-24 所示。

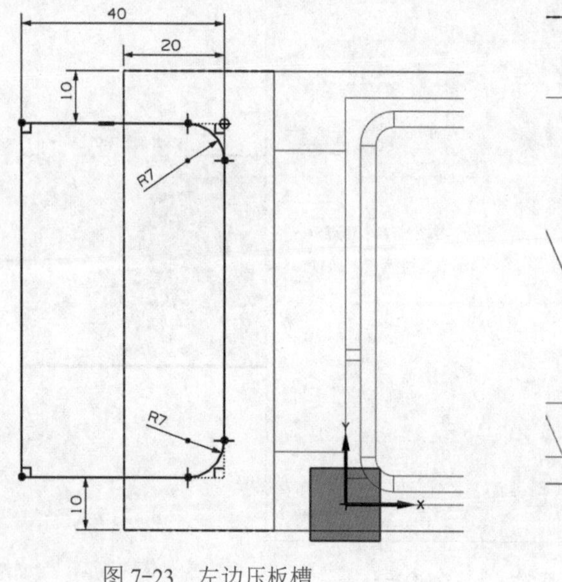

图 7-23　左边压板槽

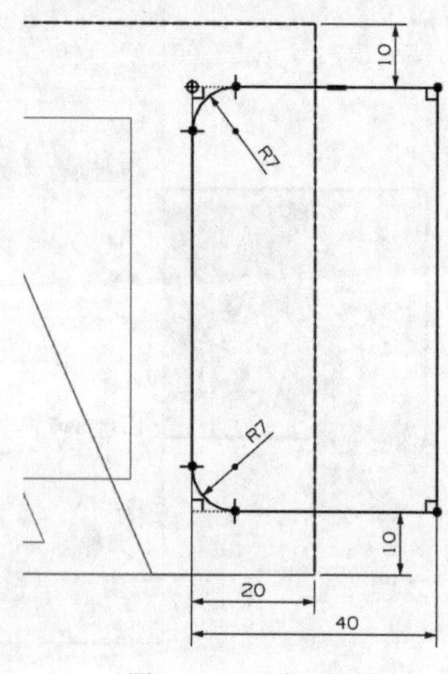

图 7-24　右边压板槽

8）向下拉伸 2mm，向上拉伸 10mm，如图 7-25 所示→再做布尔运算求差，获得压板槽（保留工具体，用作压板）。

9）使用偏置区域功能将两个拉伸体（压板）的侧面向内偏置 2mm，如图 7-26 所示。

10）将压板、压紧块、毛坯、连接筋、零件分别建立一个组，便于管理，如图 7-27 所示。

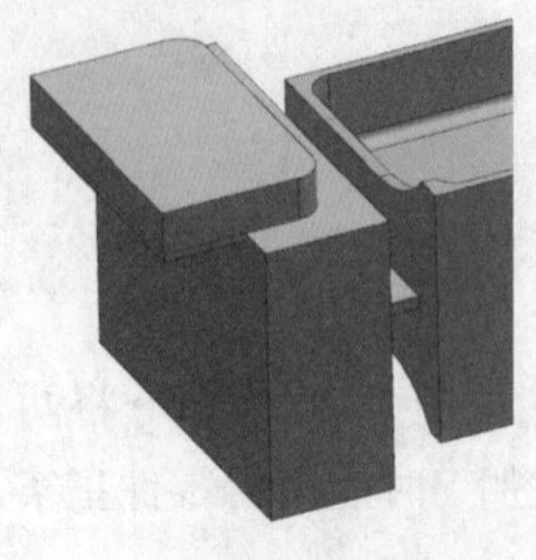

图 7-25　拉伸压板

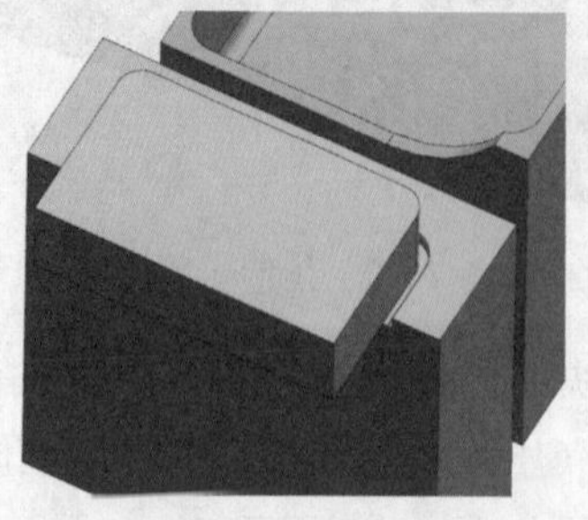

图 7-26　偏置压板

图 7-27　分组管理

7.2.2　筋板结构件 1 第一面编程

知识点：结构件编程

看我操作（扫描下方二维码观看本节视频）：

二维码 120　铣压板槽

二维码 121　槽粗加工

二维码 122　精铣底平面

二维码 123　精铣曲面区域

二维码 124　精铣侧壁

二维码 125　制作翻面对刀基准孔

二维码 126　加工基准孔

跟我操作（根据以下关键词的指引，独立完成相关操作）：

1）继续上面的任务→进入加工环境→设置 MCS 为毛坯中心上表面→设置 WORKPIECE（部件为：压紧块、连接筋、零件；毛坯为：包容体；检查为：压板），如图 7-28 所示。

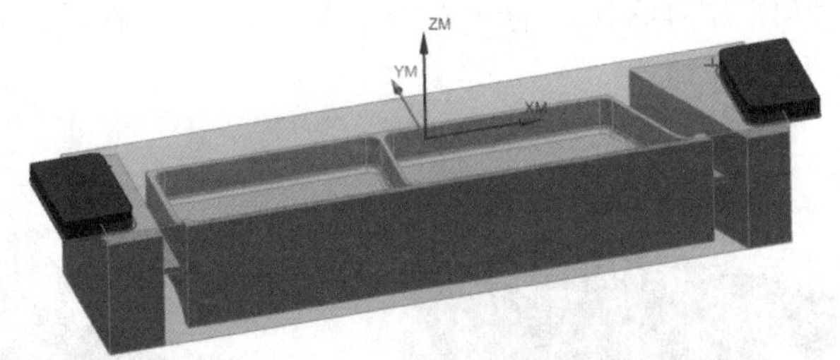

图 7-28　几何体 WORKPIECE 设置

2）（铣压板槽）创建 D12 平底刀→创建平面铣→部件边界为左边槽口三条线（开放轮廓），底面为槽底→切削模式为轮廓→步距 2mm →附加 9 刀→非切削参数区域之间直接转移→转速 S4500 →进给率 F2000 →生成刀路如图 7-29 所示，镜像刀路如图 7-30 所示。

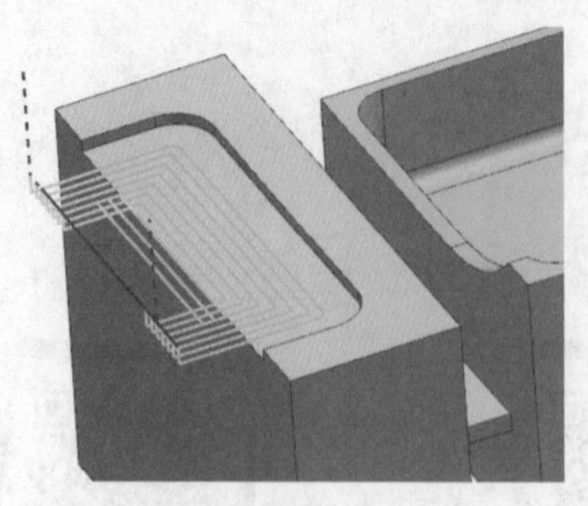
图 7-29　铣左边压板槽

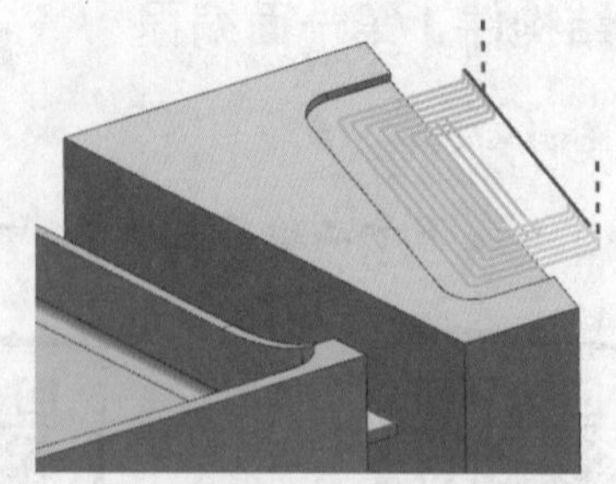
图 7-30　铣右边压板槽

3）换装夹→使用压板压住压板槽，保证压板距离槽边 5mm 以上，避免加工时碰撞。

4）复制一个 MCS →重命名为 MCS_1 → MCS_2 → W1 → W2 →删除两个平面铣。

创建型腔铣（D12 刀具、W2）→跟随周边→层切 2mm →切削层最底层设置到连接筋表面（34.25）→余量 0.5mm →拐角光顺所有刀路（最后一个除外）→螺旋下刀 8° →转速 S4500 →进给率 F2000 →生成刀路如图 7-31 所示。

5）创建底壁铣（D12 刀具）→继承 W2 几何体→切削区域底面选择两个压紧块的上表面→切削模式跟随周边→转速 S4500 →进给率 F600 →生成刀路如图 7-32 所示。

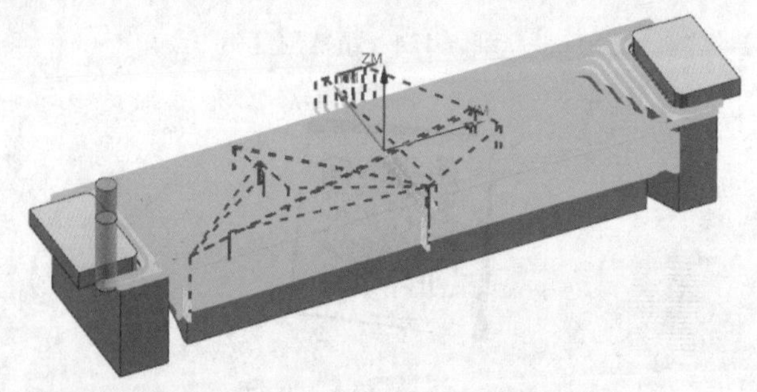

图 7-31　粗加工刀路

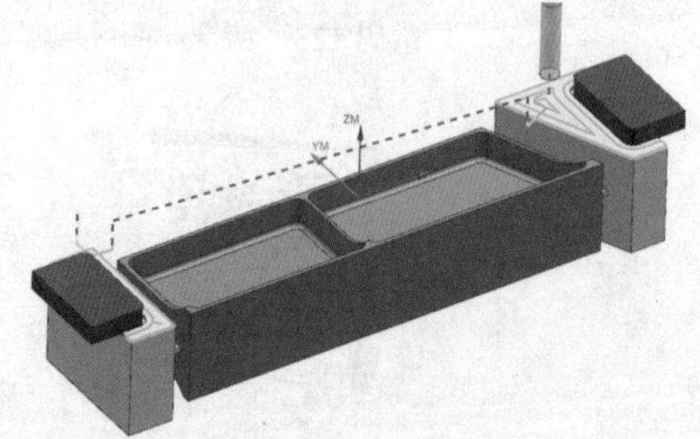

图 7-32　精铣压紧块顶面

6）复制底壁铣→把切削区域改成零件顶面→切削模式改成单向→步距改为刀路数 1 →生成刀路如图 7-33 所示。

7）复制底壁铣→把切削区域改成零件两个腔体底面和低处的侧壁顶面→切削模式改成跟随周边→拐角光顺所有刀路（最后一个除外）→沿形状斜进刀角度改为 8° →高度 1mm →生成刀路，如图 7-34 所示。

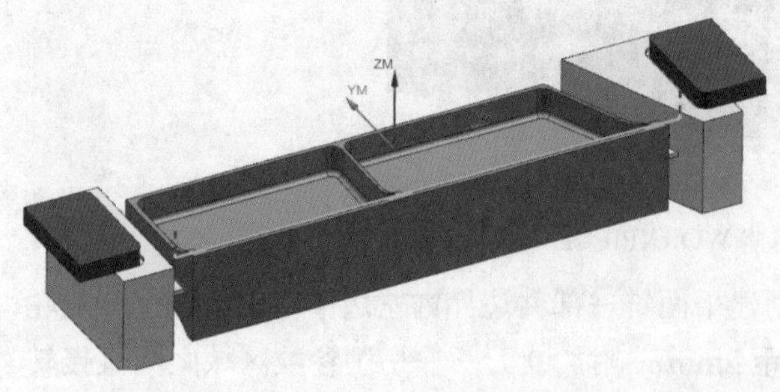

图 7-33　精铣零件顶面

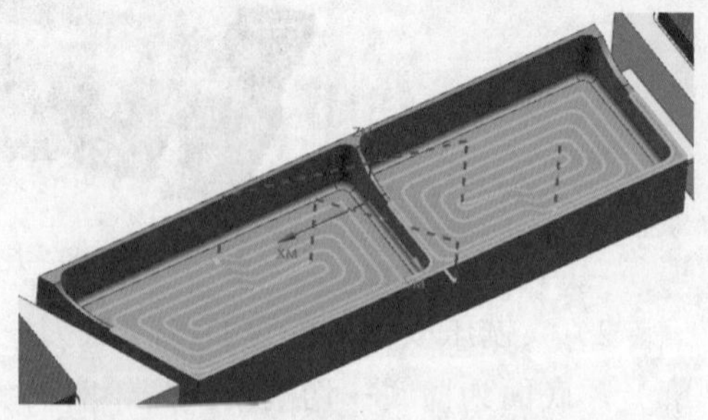
图 7-34　精铣零件腔体底面及低处侧壁顶面

8）创建 D12R3 刀具→创建固定轴区域轮廓铣（继承 W2）→指定切削区域为 3 个曲面→编辑驱动方法→切削步距改为恒定 0.3mm →切削角改为最长的边→切削参数公差改为 0.01mm →转速 S4500 →进给率 F1500 →生成刀路，如图 7-35 所示。

9）创建深度轮廓铣（D12R3 刀具）→继承 W2 →切削区域指定为两个槽的侧壁面和底面以及外形的外侧面→层切 0.3mm →切削层最低面指定到连接筋平台面→切削参数切削顺序设置为层优先→非切削移动参数开放区域最小安全距离设置为 1mm →起点 / 钻点的重叠距离设置为 3mm →转速 S4500 →进给率 F1500 →生成刀路，如图 7-36 所示。

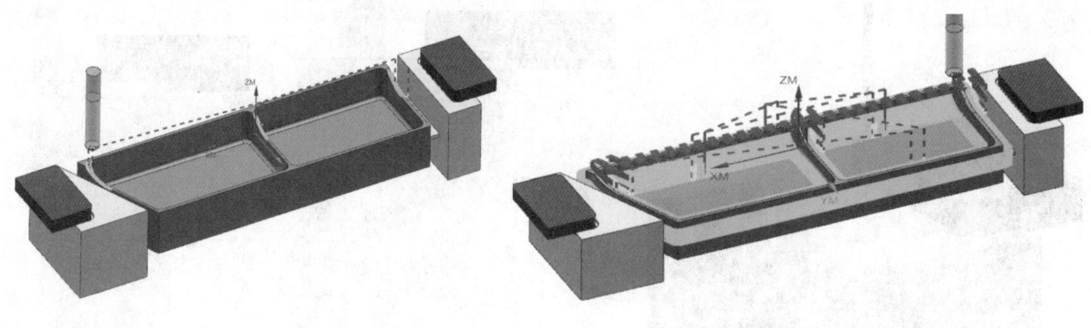

图 7-35　精铣曲面　　　图 7-36　精铣侧壁

10）制作翻面加工的对刀基准孔：在压紧块比较宽敞的位置（三角块区域）设计一个 10mm 的工艺孔，如图 7-37 所示→带偏置拉伸 65mm，如图 7-38 所示→建立一个分组便于管理。

【**注意**：加工时，背面不能钻到工作台，应该把零件放在垫铁上，垫在两头压板的下面。】

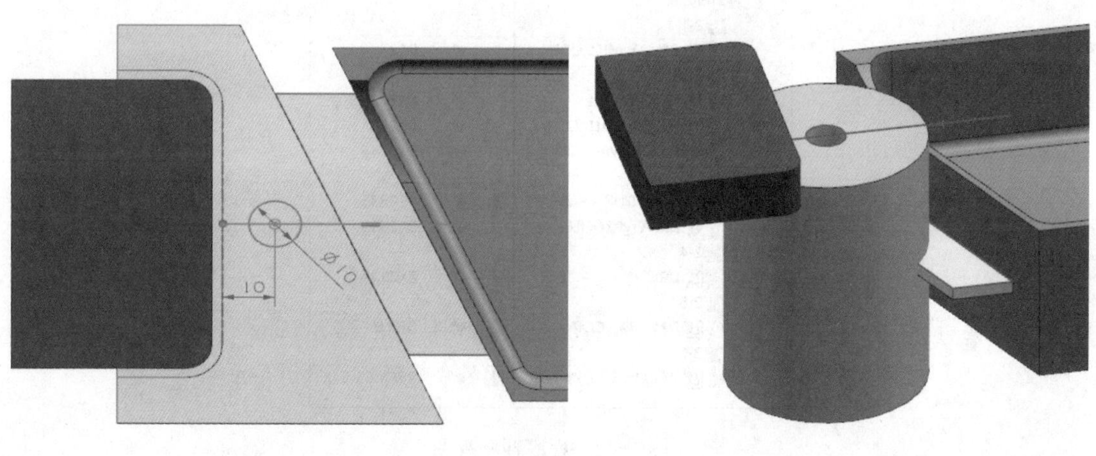

图 7-37　孔位设计　　　图 7-38　拉伸

11）创建 ZXZ3.15 中心钻→创建 DRILLING 钻孔工序→刀尖深度 1mm →避让安全平面指定在压板以上 30mm →转速 S3000 →进给率 F100 →生成刀路如图 7-39 所示。

12）复制钻孔工序→刀具替换为新建的 DR9.8 钻头→钻孔类型切换为标准钻深孔→刀尖深度改为模型深度→ STEP 值设置为 3 →转速 S3500 →进给率 F200 →生成刀路，如图 7-40 所示。

13）复制钻孔工序→刀具替换为新建的 D10 铰刀→钻孔类型切换为标准钻→转速 S300 →进给率 F50 →生成刀路，如图 7-41 所示。

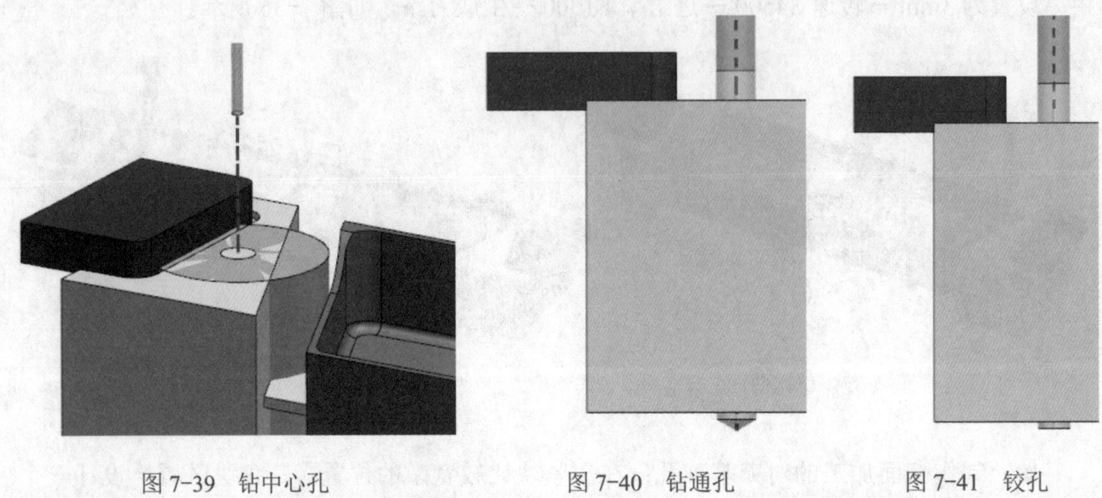

图 7-39　钻中心孔　　图 7-40　钻通孔　　图 7-41　铰孔

14）整理程序顺序视图，如图 7-42 所示。

名称	刀具
STEP1	
PLANAR_MILL	D12
PLANAR_MILL_1	D12
STEP2	
2-1	
CAVITY_MILL_COPY	D12
2-2	
FLOOR_WALL	D12
FLOOR_WALL_COPY	D12
FLOOR_WALL_COPY_2	D12
2-3	
CONTOUR_AREA	D12R3
ZLEVEL_PROFILE	D12R3
2-4	
DRILLING	ZXZ3.15
2-5	
DRILLING_COPY	DR9.8
2-6	
DRILLING_COPY_COPY	REAMER-8

图 7-42　程序顺序视图

15）利用 3D 仿真分析加工结果，检查加工是否正确，如图 7-43 所示。

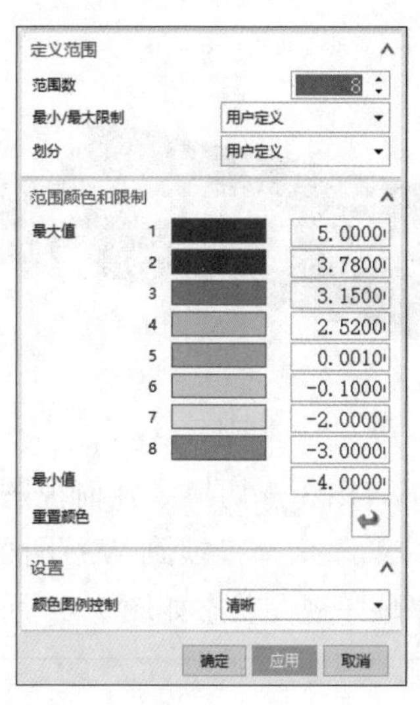

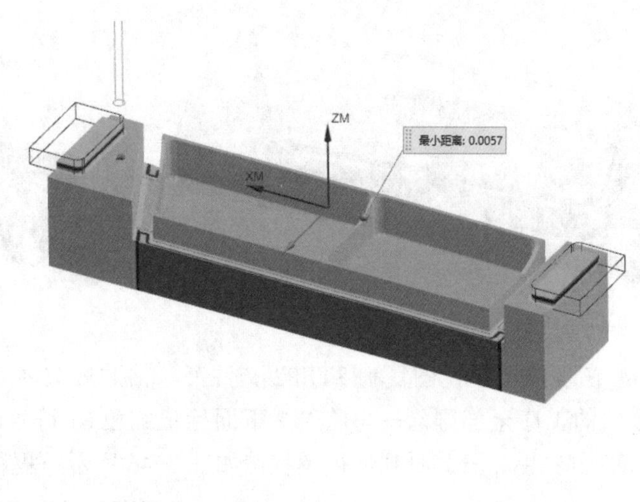

图 7-43　使用 3D 仿真并分析加工结果

16）创建小平面体，完成第一面编程。

7.2.3　筋板结构件 1 第二面编程

知识点：结构件编程、翻面加工

看我操作（扫描下方二维码观看本节视频）：

二维码 127　设计填充芯体

二维码 128　设置坐标系和几何体

二维码 129　粗铣、精铣底面和侧壁

二维码 130　铣断连接筋

跟我操作（根据以下关键词的指引，独立完成相关操作）：

1）继续上面的任务，进行翻面加工。为了减小翻面加工振动，制作一个芯体，放置在腔体内部，高度与腔体相同，保证能垫实腔体底面，如图 7-44 所示。

2）复制 MCS_2 →重命名为 MCS_3 → W3 →坐标原点设置在工艺基准孔的圆心位置，如图 7-45 所示→将 W3 的毛坯替换成小平面体。

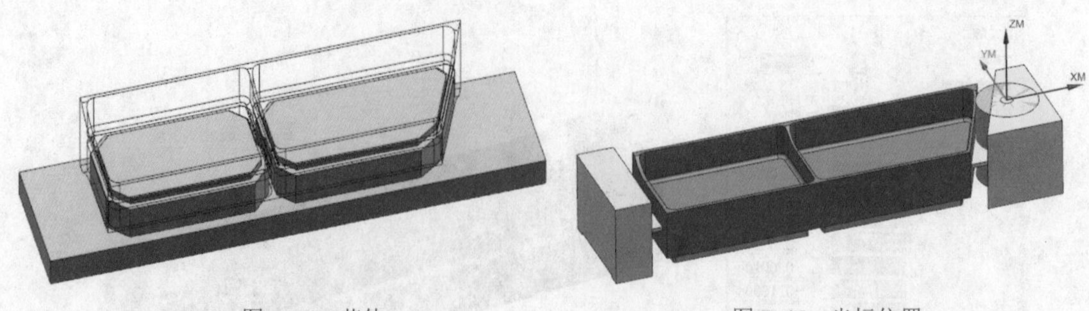

图 7-44　芯体　　　　图 7-45　坐标位置

3）在程序顺序视图复制 STEP2 文件夹，粘贴后改名为 STEP3 →切换到几何视图→将 W3 下面的工序全部删除→再将 W2 下面标记红色 ⊘ 符号的工序全部拖拽到 W3 下面（或剪切 + 内部粘贴）→此时几何视图状态如图 7-46 所示→程序顺序视图状态如图 7-47 所示。

名称			
+ MCS_2			
− MCS_3			
− W3			
CAVITY_...	×	D12	W3
FLOOR_...	×	D12	W3
FLOOR_...	×	D12	W3
FLOOR_...	×	D12	W3
CONTO...	×	D12R3	W3
ZLEVEL_...	×	D12R3	W3
DRILLIN...	×	ZXZ3....	W3
DRILLIN...	×	DR9.8	W3
DRILLIN...	×	REAM...	W3

图 7-46　几何视图

名称			
+ STEP1			
+ STEP2			
− STEP3			
− 2-1_COPY			
CAVITY_MILL_COPY_...		×	D12
− 2-2_COPY			
FLOOR_WALL_COPY_3		×	D12
FLOOR_WALL_COPY_...		×	D12
FLOOR_WALL_COPY_...		×	D12
− 2-3_COPY			
CONTOUR_AREA_CO...		×	D12R3
ZLEVEL_PROFILE_CO...		×	D12R3
− 2-4_COPY			
DRILLING_COPY_2		×	ZXZ3.15
− 2-5_COPY			
DRILLING_COPY_COP...		×	DR9.8
− 2-6_COPY			
DRILLING_COPY_COP...		×	REAMER-8

图 7-47　程序顺序视图

4）修改型腔铣→切削层改成“自动”→将最底层改到连接筋的背面 +1mm（36.75mm）→生成刀路，如图 7-48 所示。

5）删除第一个底壁铣工序→修改第二个底壁铣工序→切削区域底面替换为零件顶面→生成刀路，如图 7-49 所示。

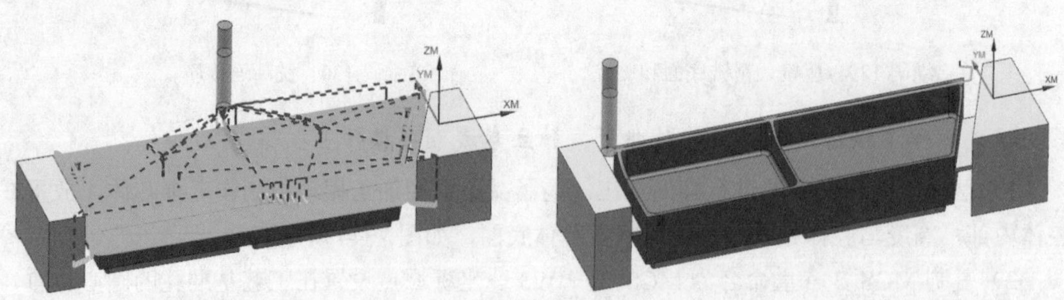

图 7-48　粗加工刀路　　　　图 7-49　精铣顶面刀路

6）修改第一个底壁铣工序→切削区域底面替换为零件两个腔体底面和矮壁顶面→生成刀路，如图 7-50 所示。

7）修改固定轴区域铣→切削区域替换为三个曲面→生成刀路，如图 7-51 所示。

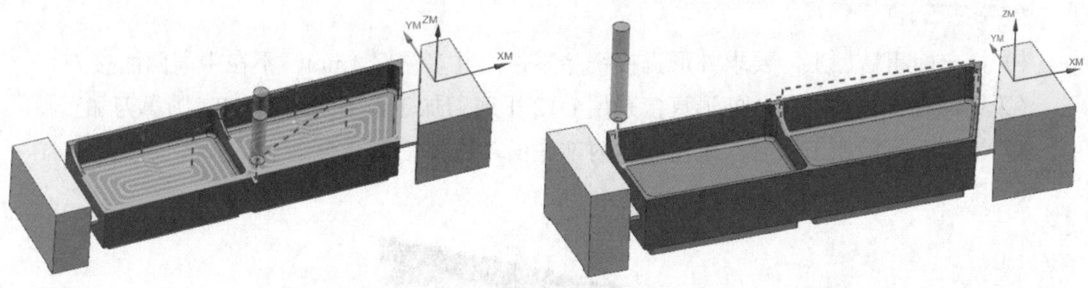

图 7-50　精铣腔体底面及矮壁顶面刀路　　　　图 7-51　精铣曲面

8）修改深度轮廓铣→切削区域替换为两个槽及外侧面→切削层改成“自动”→最底层改到连接筋的上面→生成刀路，如图 7-52 所示。

9）删除三个钻孔工序→创建平面铣工序→继承 2-4_COPY 文件夹→ D12 刀具→ W3 几何体→部件边界指定为两个长边（开放轮廓，平面位于连接筋之上 3mm）→底面指定为连接筋下面 3.5mm →切削模式为“轮廓”→切削层每层加工 0.5mm →非切削参数采用圆弧进退刀 3mm →转速 S4500 →进给率 F1500 →生成刀路，如图 7-53 所示。

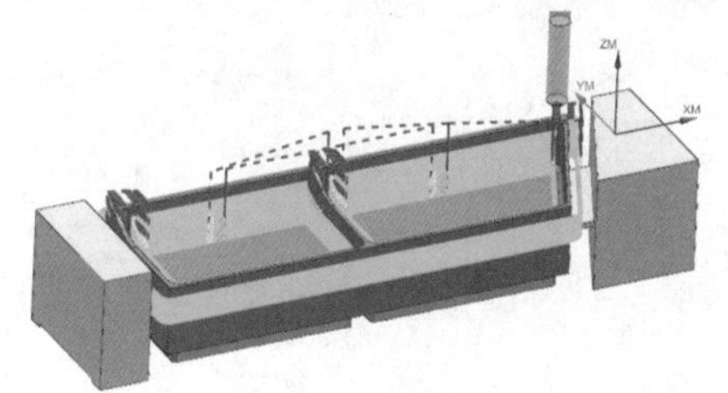

图 7-52　精铣侧壁

图 7-53　精铣侧壁剩余 R3 圆角部位

10）将 2-5_COPY 文件夹改名为 STEP4，并调整为与 STEP3 并列层级。

11）复制平面铣工序→将部件边界改成两头的侧壁边→非切削移动参数采用线性进退刀→安全平面改成自动平面 100（避免横跨时撞到压板）→生成刀路，如图 7-54 所示。

12）使用 3D 仿真检查加工情况，如图 7-55 所示。

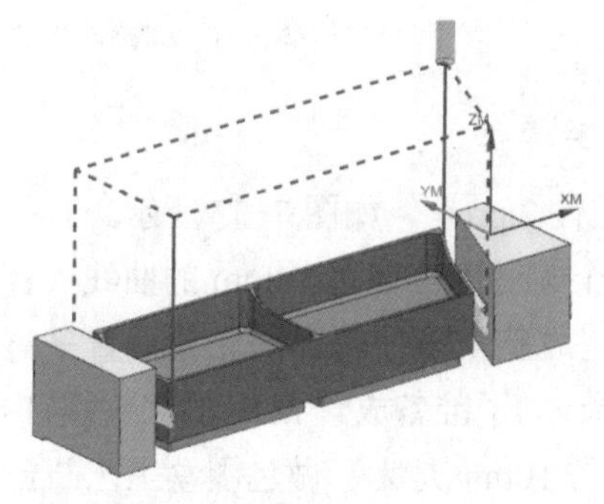

图 7-54　铣断连接筋

图 7-55　最终加工结果

7.2.4 筋板结构件练习

将筋板结构件 1 采用 C 形框搭接的结构重新设计工艺凸台，重新编程如图 7-56 所示。

加工工艺：

1）第一面粗精加工，要求外形直接铣穿零件，并多铣穿 1mm，不在中间两面接刀。（采用深度优先精加工，外形直接采用 D12 平底刀加工，不采用 D12R3 圆鼻刀加工。）

2）第二面粗精加工以后，压住腔体内部底面，铣掉工艺凸台。

图 7-56 采用 C 形框结构搭接工艺凸台

7.3 筋板结构件 2

7.3.1 筋板结构件工艺凸台设计

知识点：结构件工艺凸台设计

看我操作（扫描下方二维码观看本节视频）：

二维码 131 设计工艺连接筋

二维码 132 拉伸毛坯制作工艺孔

二维码 133 调整连接筋

跟我操作（根据以下关键词的指引，独立完成相关操作）：

1）（打开练习文件）打开模型文件“7-2 筋板结构件 2.prt”，如图 7-57 所示。

2）在腔体底面绘制草图：在零件最大外形轮廓多个关键部位偏置 14mm 的曲线（计划用 12mm 的刀具切削）→然后利用修剪延伸等功能，完成整个零件轮廓的完整偏置→再绘制一个矩形框作为毛坯，形状如图 7-58 所示（偏置 40mm 为了准备放置 M16 的沉头螺钉孔，沉头直径需要 28mm，深 25mm（查标准螺钉表得知）；偏置 10mm 是为了做包围盒工艺凸台）。

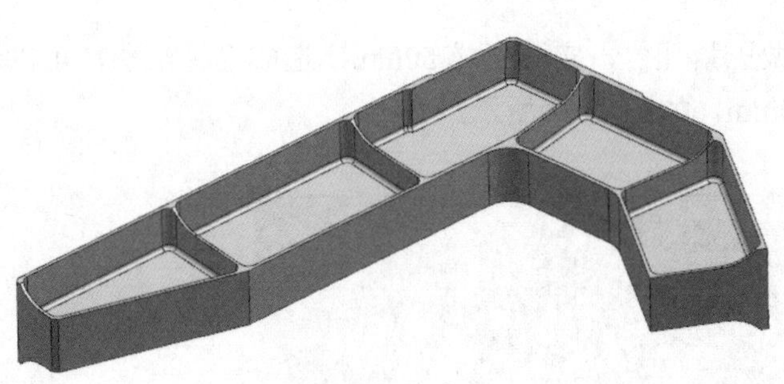

图 7-57　筋板结构件 2

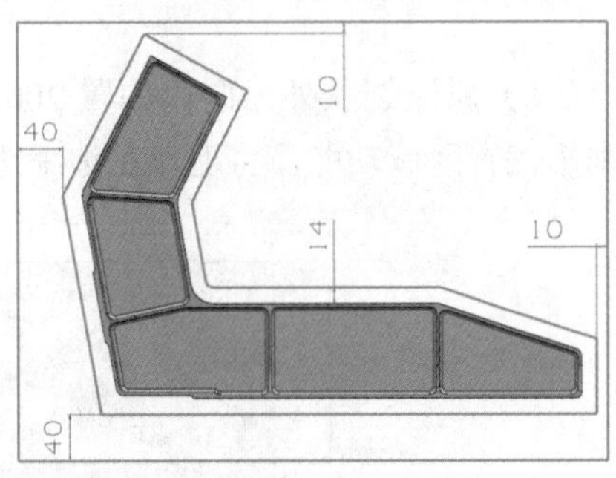

图 7-58　外形轮廓偏置与毛坯设计

3）在腔体底面绘制工艺凸台连接筋→形状大致如图 7-59 所示（尽量不要设置在圆弧位置，钳工不易去除）。

4）对称拉伸毛坯 35mm（上下表面各 5mm 余量）→对称拉伸连接筋 2.5mm，如图 7-60 所示。

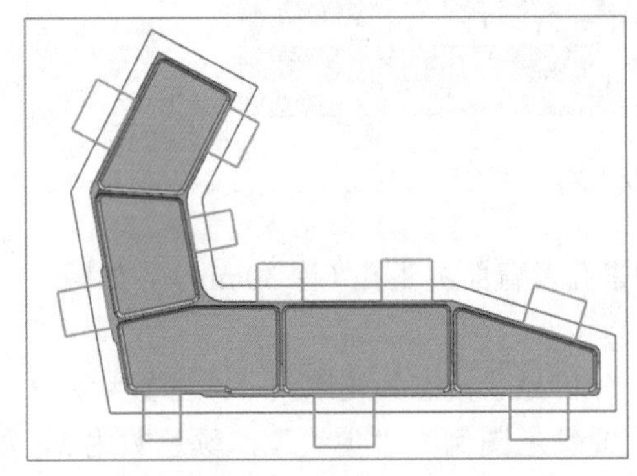

图 7-59　连接筋设计

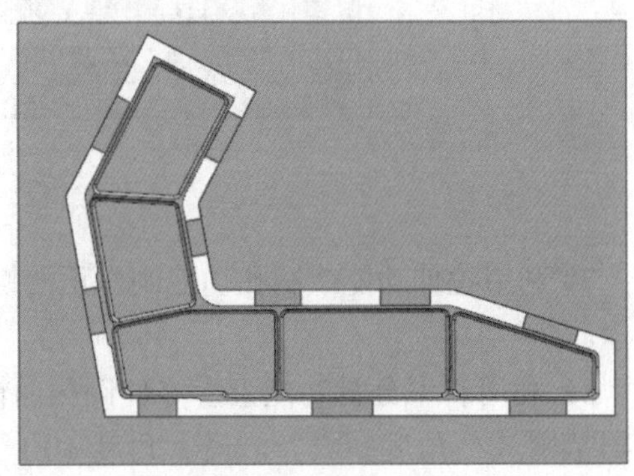

图 7-60　拉伸毛坯

5）设计螺钉压紧孔，如图 7-61 所示（假设利用标准工艺底板，孔位布局为 100mm×100mm）→ ϕ28 为螺钉沉头孔→ ϕ17 为 M16 的螺钉过孔→ ϕ10 为基准孔。

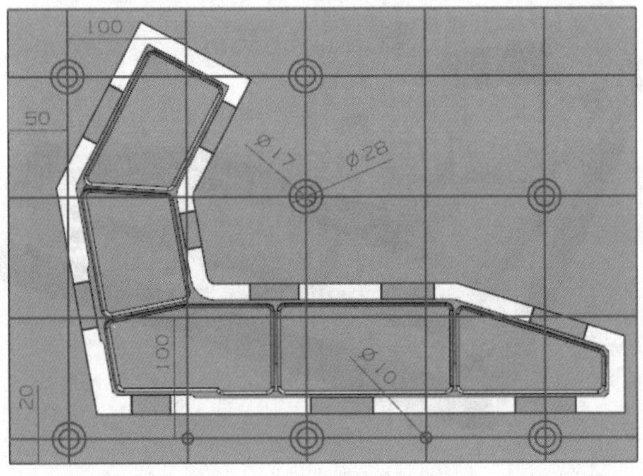

图 7-61　设计螺钉压紧孔

6）原计划从外沿向内偏置 20mm 做压紧孔位，实际变成 50mm，造成毛坯浪费，可以利用偏置区域功能，将毛坯左边缩进 30mm，如图 7-62 所示。

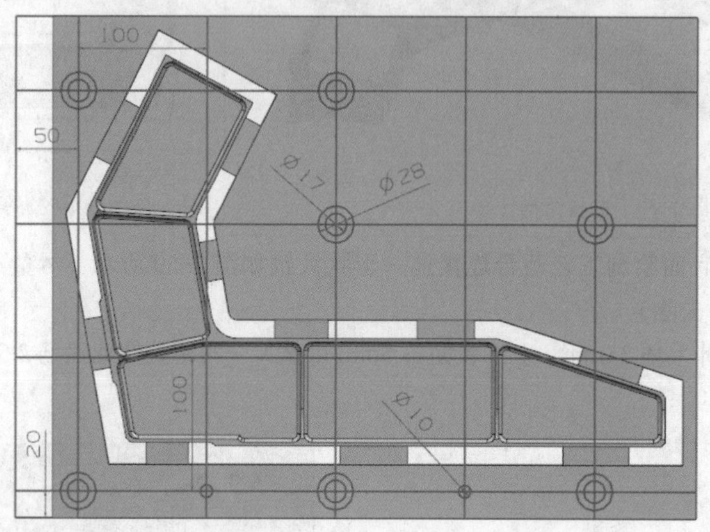

图 7-62　修改毛坯

7）利用拉伸功能或制孔功能制作正面螺钉压紧孔及背面沉头孔（深 30mm），如图 7-63 所示。

8）利用斜率分析功能查看零件倒扣面情况：分析显示模态为轮廓线，线的数量为 3 → 数据范围最小角度 -0.1°，最大角度 +0.1° → 设置颜色图例为“尖锐”，颜色数为 3，如图 7-64 所示→发现零件有部分倒扣面（蓝色面）。

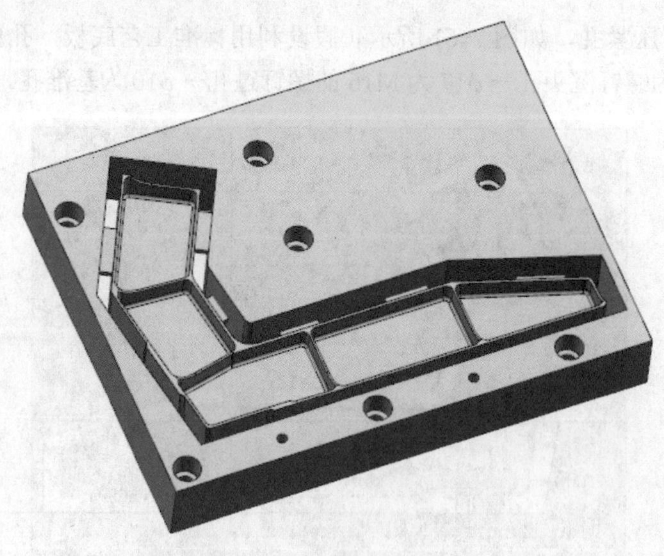

图 7-63　制作螺钉压紧孔

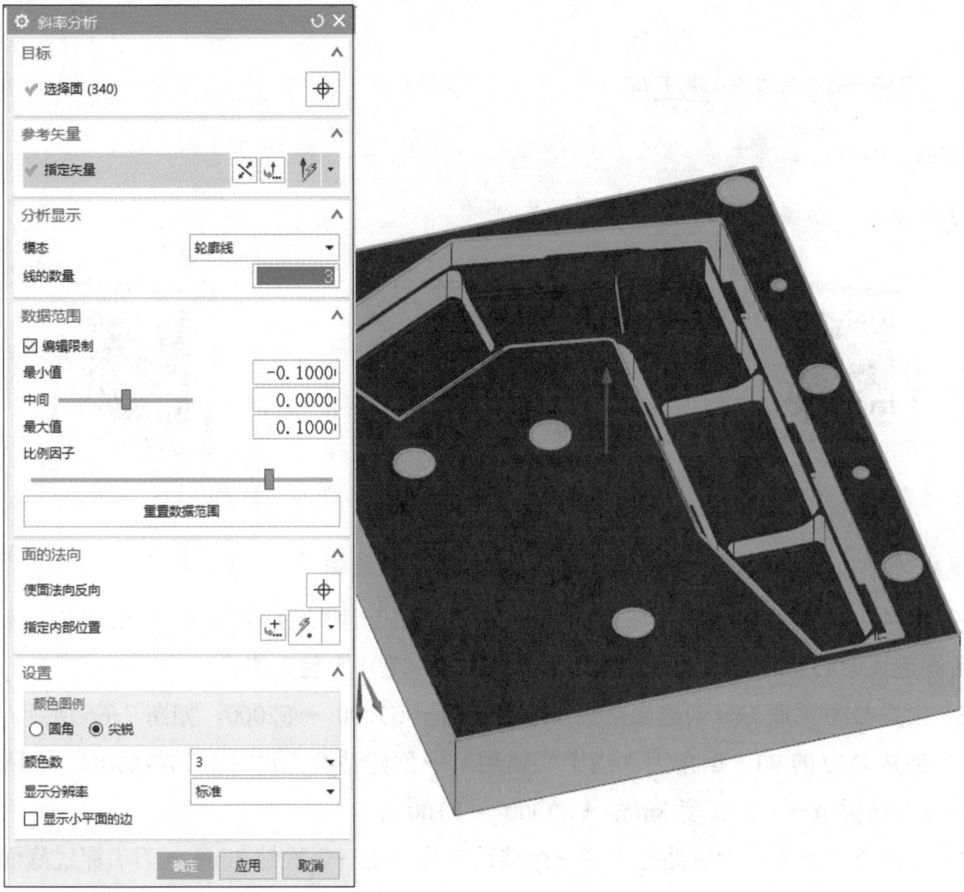

图 7-64　斜率分析

9）由于零件有倒扣面，工艺凸台设计在中间会导致从开角面往下加工时，被连接筋遮挡的区域无法加工（当然也可以从另外一面用 T 型刀加工），而且此零件的外形周边有多处圆角，在连接筋的附近可能有干涉，无法加工完整，因此考虑将工艺凸台改成 C 形框结构。

10）连接筋必须位于外形为开角面的底面，以保证能够一次性铣穿外形，并保留连接筋。

利用替换面功能将连接筋的顶面替换到毛坯顶面→再将连接筋的底面替换到侧壁顶面，同时偏置 2mm（计划用 D12R1 的刀具铣削外形，刀具有 R1 圆角，必须铣穿至少 1mm）。

再将连接筋的内侧替换到零件腔体的内侧，同时偏置 -0.6mm（避免精加工槽侧壁时需要先精加工这个连接筋，否则会一刀切到整个连接筋 0.5mm 的侧壁余量，切削量过大）→模型最终处理效果如图 7-65 所示。

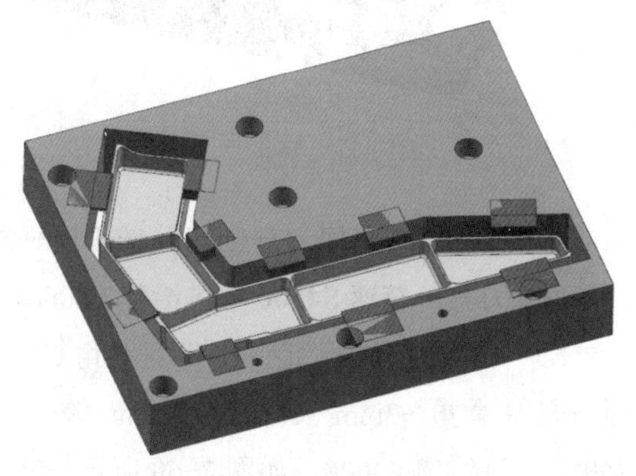

图 7-65　工艺凸台调整为 C 形框结构

7.3.2 筋板结构件 2 制孔工序

知识点：结构件编程

看我操作（扫描下方二维码观看本节视频）：

二维码 134 铣面和钻孔

二维码 135 铣沉头孔和倒斜角

二维码 136 翻面铣沉头

跟我操作（根据以下关键词的指引，独立完成相关操作）：

1）继续上面的任务，进入加工环境→ MCS_MILL 改名为 MCS_1_ 制孔→ W1 →坐标系设置在毛坯中心上表面→ W1 的部件为全部实体→毛坯为包容块。

2）创建 D50 平底刀→创建底壁铣→往复走刀→ S3000 → F2000，如图 7-66 所示。

3）创建 D10 的 90° 倒角刀（当中心钻用）→创建钻孔工序（只钻螺钉孔，不钻基准孔）→标准钻类型→刀尖深度 3mm → S3000 → F100。

4）创建 D17 钻头→创建钻孔工序→标准钻深孔类型→每次钻 3mm →刀尖穿过底面（先指定底面为零件背面）→ S2000 → F200，如图 7-67 所示。

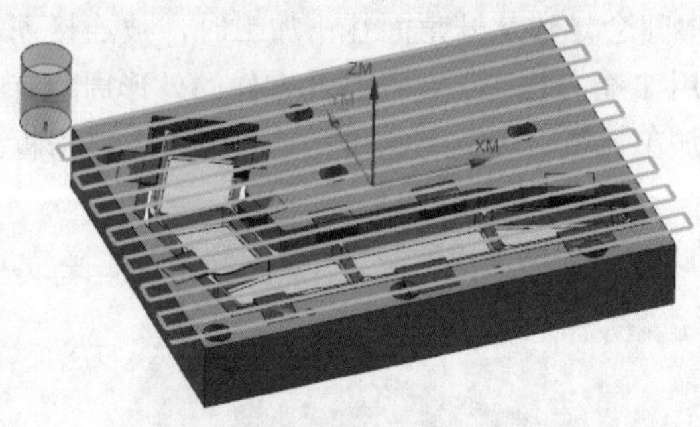

图 7-66 铣面

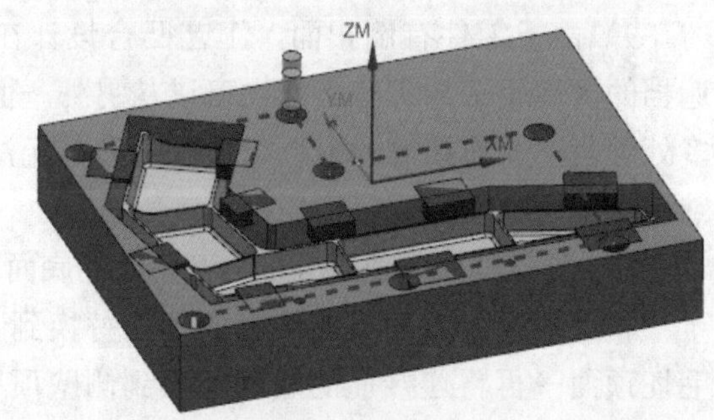

图 7-67 钻孔

5）创建 D12 平底刀→创建孔铣工序→指定特征几何体为沉头孔→螺距 1mm →径向步距 500% 刀具→转速 S4500 →进给率 F2000，如图 7-68 所示。

6）（对模型进行沉头孔口倒斜角 C1）创建实体 3D 轮廓工序→指定壁为 C1 倒斜角面→部件余量 -3mm（Z 向深度 2mm 减去刀具半径 5mm）→ Z 向深度偏置 2mm →转速 S6000 →进给率 F2000，如图 7-69 所示。

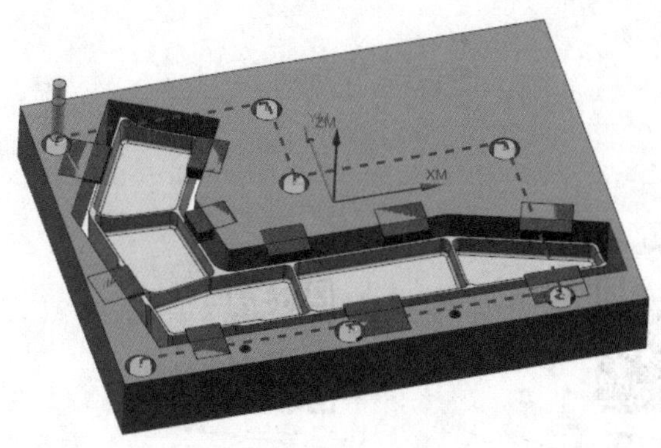

图 7-68　铣孔

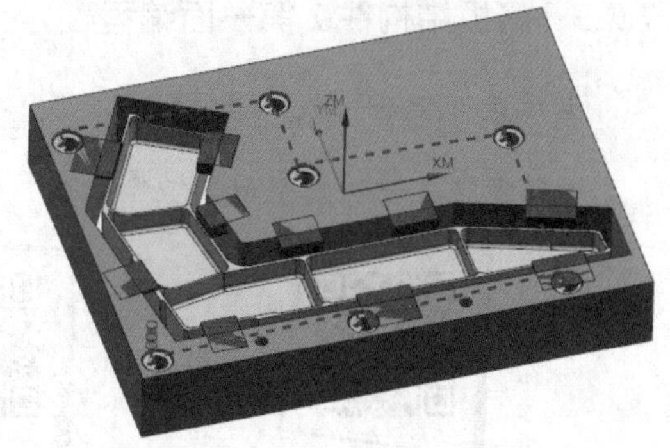

图 7-69　孔口倒斜角

7）翻面铣沉头孔：利用 $\phi 17$ 的孔找正和找坐标。

8）复制 MCS_1 制孔→改名为 MCS_2 制孔→ W2 →删除无用工序→保留铣孔和倒斜角工序→把加工原点设置在右下角的孔中心，如图 7-70 所示。

9）修改铣孔工序的加工特征→修改倒斜角工序的加工面→生成刀路，如图 7-71 所示。

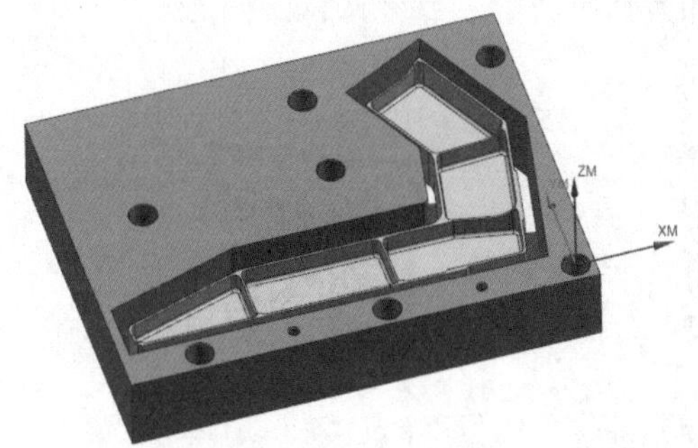

图 7-70　加工原点位置

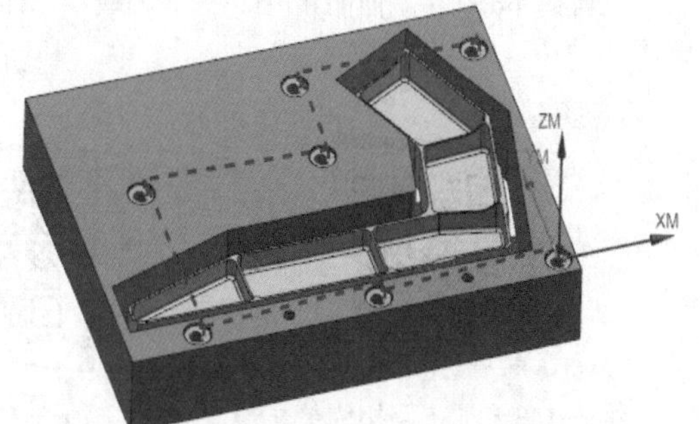

图 7-71　孔口倒斜角

10）整理程序顺序视图 STEP1、STEP2、STEP3、STEP4，如图 7-72 所示。

名称			
STEP1			
FLOOR_WALL		✔	D50
DRILLING		✔	C10
DRILLING_COPY		✔	DR17
HOLE_MILLING		✔	D12
SOLID_PROFILE_3D		✔	C10
STEP2			
HOLE_MILLING_COPY		✔	D12
SOLID_PROFILE_3D_COPY		✔	C10
STEP3			
STEP4			
PROGRAM_5			
PROGRAM_6			

图 7-72　程序顺序视图

7.3.3　筋板结构件 2 第一面编程

知识点：结构件编程、倒扣加工

看我操作（扫描下方二维码观看本节视频）：

二维码 137　铣面和粗加工

二维码 138　二次粗加工

二维码 139　精铣底平面

二维码 140　精铣曲面和内腔

二维码 141　倒扣面加工辅助体制作

二维码 142　加工倒扣侧壁（1）

二维码 143　加工倒扣侧壁（2）

二维码 144　精铣外形侧壁

二维码 145　钻基准孔

跟我操作（根据以下关键词的指引，独立完成相关操作）：

1）继续上面的任务，使用螺钉装夹加工第一面（工艺连接筋在下面）→复制 MCS_2 制孔→改名为 MCS_3 → W3 →删除铣孔和铣倒斜角工序→坐标系原点不变，如图 7-73 所示。

2）复制 D50 刀具的铣面程序→进行铣面加工，作为翻面加工的基准面→进给率降低到 F1500，如图 7-74 所示。

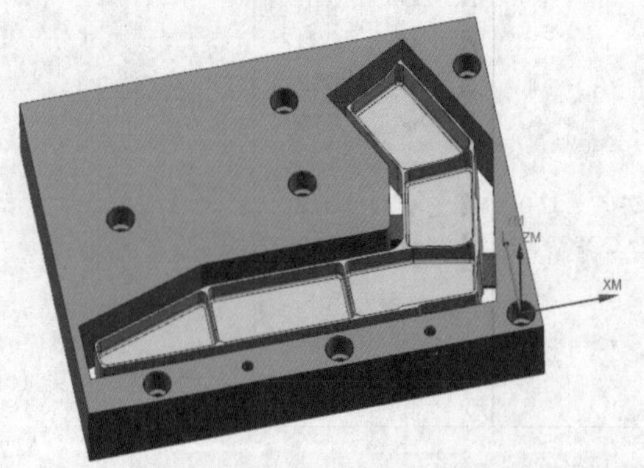

图 7-73　坐标原点位置

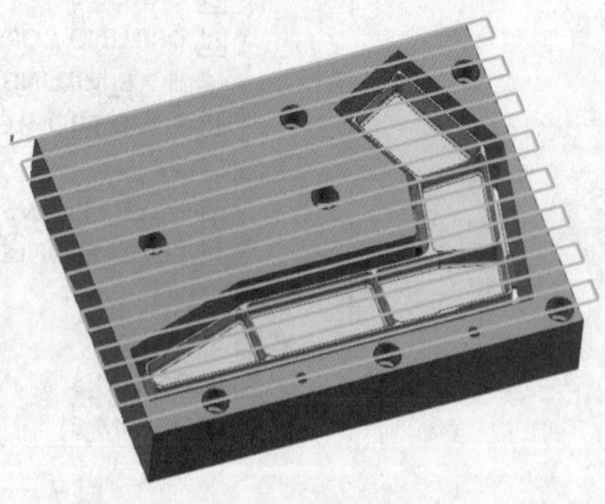
图 7-74　铣基准面

3）创建 D25 平底刀（机夹刀）→创建型腔铣→继承 STEP3 → W3 →修剪边界指定为工艺腔体内边界（利用串联功能选线）→修剪外侧→切削模式跟随周边→最大切深 2mm →切削层最底层指定到最深的工艺凸台顶面（范围 67）→加工余量 0.5mm →拐角光顺所有刀路（最后一个除外）→非切削移动螺旋下刀 8° →转速 S5000 →进给率 F3000，如图 7-75 所示。

4）复制型腔铣→刀具更改为 D12 →切削层最底层更改到 33.5mm（采用短刀加工，后续采用长刀加工，要减小切削参数）→切削参数空间范围使用基于层→策略深度优先→非切削移动参数开放区域采用圆弧进退刀→区域内转移采用“直接”→转速 S4500 →进给率 F2000，如图 7-76 所示。

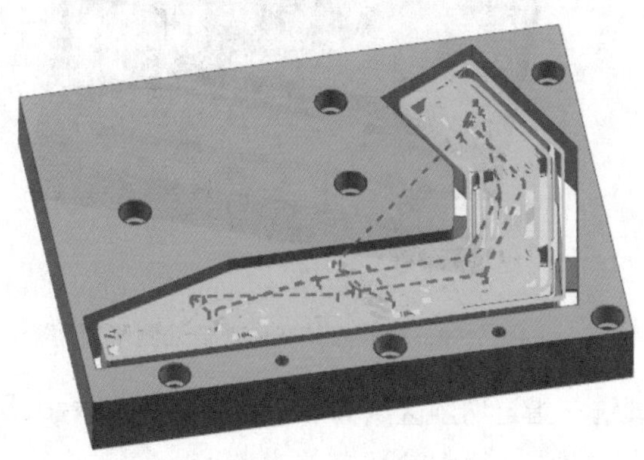

图 7-75　粗加工

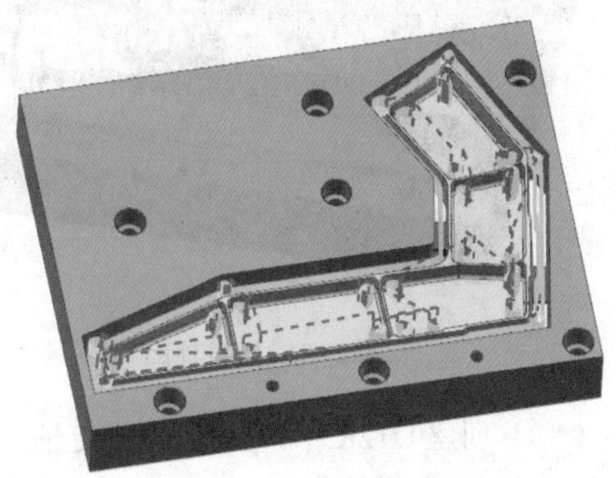

图 7-76　基于层二次粗加工（1）

5）复制型腔铣→换一把新建的 D12 长刀 D12L75 →切削层改成“自动”→再将顶层指定到腔体底面（上一工序的结束位置）→最底层改到最低连接筋的上面（范围 33.5）最大切深改成 1mm →进给率降低到 F1500，如图 7-77 所示。

6）使用 3D 仿真观察加工效果，如图 7-78 所示。

图 7-77　基于层二次粗加工（2）

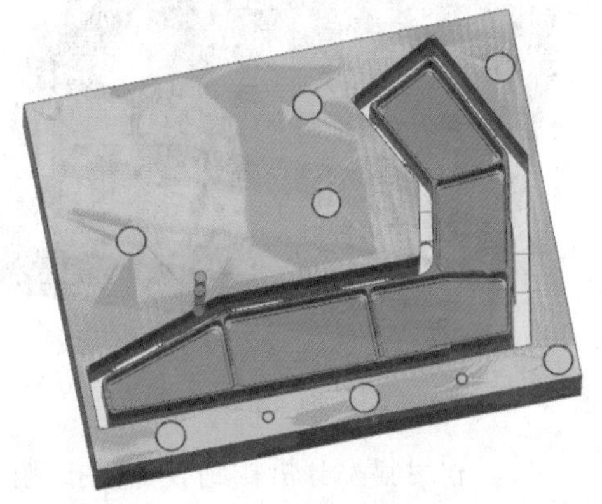

图 7-78　仿真加工效果

7）创建平面铣（D12 刀具）→部件边界利用串联功能选取零件侧壁顶面的外边界→底

面也为侧壁顶面→切削模式采用“轮廓”→余量 -2mm→非切削移动参数开放区域线性进刀长度 80% 刀具→最小安全距离“无”→退刀长度 60% 刀具→最小安全距离“无”→转速 S4500→进给率 F600，如图 7-79 所示。

8）创建底壁铣（D12 刀具）→切削区域为腔体底面和低处的侧壁顶面→切削模式“跟随周边”→拐角光顺所有刀路（最后一个除外）→沿形状斜进刀角度改为 8°→高度 1mm→S4500→F600→生成刀路，如图 7-80 所示。

图 7-79　精铣顶面

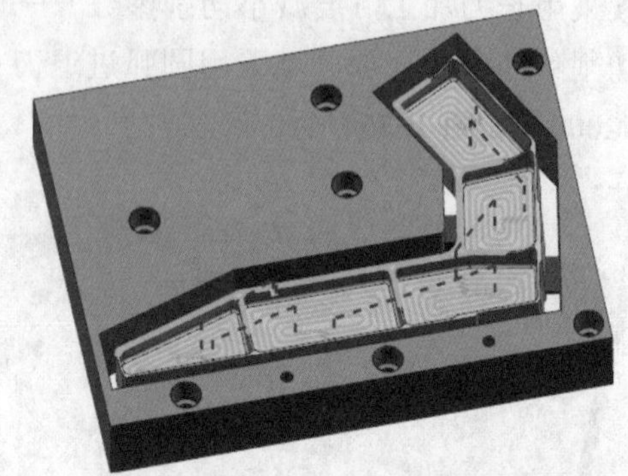

图 7-80　精铣腔体底面及低处侧壁顶面

9）创建 D12R3 刀具→创建固定轴区域轮廓铣→指定切削区域为 6 个曲面→编辑驱动方法→切削步距改为恒定 0.3mm→切削角改为最长的边→切削参数公差改为 0.01mm→转速 S4500→进给率 F1500→生成刀路如图 7-81 所示。

10）创建深度轮廓铣（D12R3 刀具）→切削区域选择所有腔体内侧面（使用相切面功能快速选取）→最大切深 0.5mm→切削参数连接层到层沿部件交叉斜进刀 8°→转速 S4500→进给率 F1500→生成刀路如图 7-82 所示。

图 7-81　精铣曲面

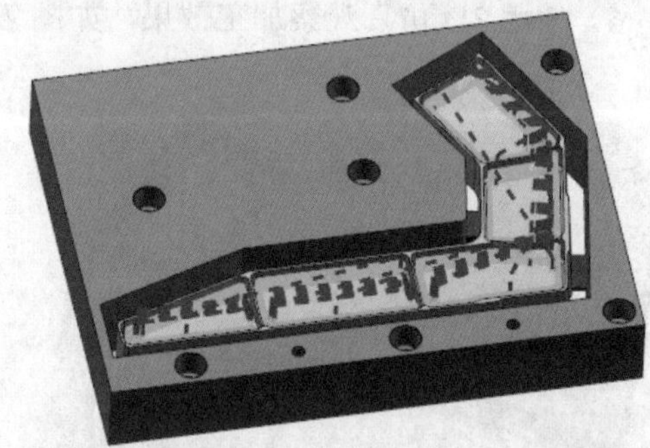

图 7-82　精铣腔体内侧

11）利用斜率分析找到腔体倒扣侧面并染色为蓝色（图 7-83 中深色区域），便于后期编程识别，如图 7-83 所示。

12）通过投影距离测量倒扣面的最大值，得知为 1.6mm，如图 7-84 所示，因此加工倒扣面的刀具单边避让至少大于 1.6mm，取值 2.0mm，因此倒扣 T 型刀尺寸为 D12ND8。

图 7-83　染色倒扣侧面

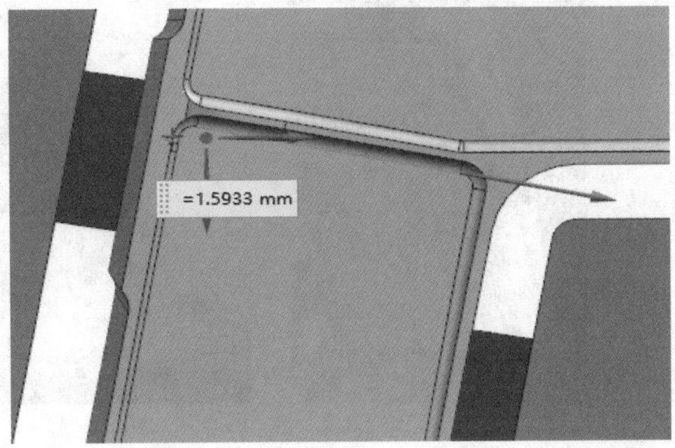

图 7-84　倒扣面的最大值

13）创建倒扣加工刀具 T 型刀→尺寸如图 7-85 所示。

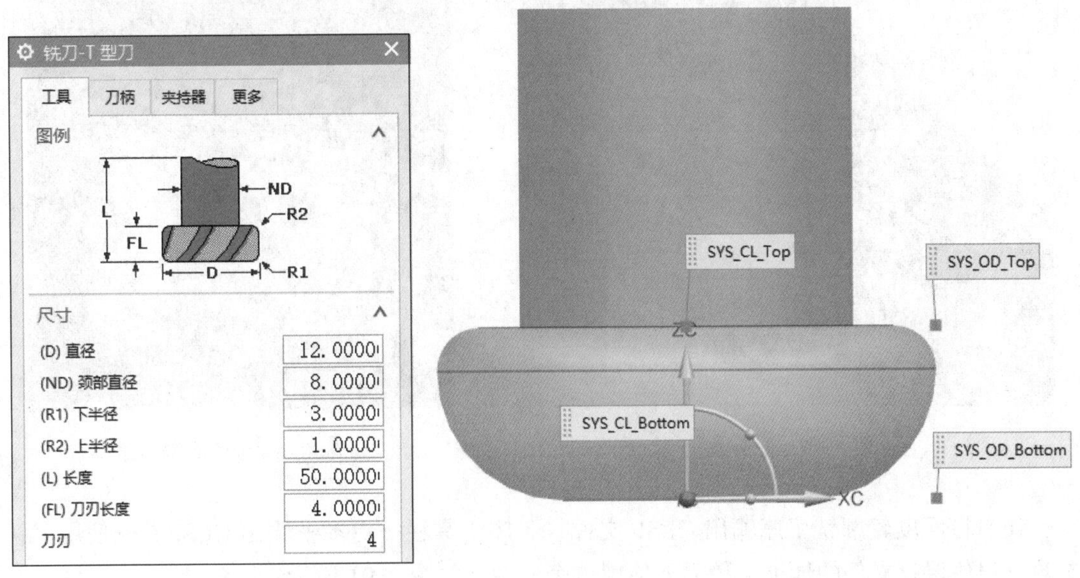

图 7-85　T 型刀

14）（制作倒扣加工辅助体）在腔体底面绘制草图，大致形状如图 7-86 所示（包围倒扣面即可）→把草图拉伸成实体（贯通整个零件即可），如图 7-87 所示→布尔运算求交（保留零件）→完成后把零件隐藏起来，如图 7-88 所示→利用替换面把筋板上的曲面替换到顶面，如图 7-89 所示。

15）创建深度轮廓铣（T 型刀）→几何体继承 MCS_3，不要继承 W3→指定部件为辅助体→切削区域指定为顶面和一个槽的侧壁及底面（不选圆角面）→陡峭空间范围指定为陡峭的 65°→最大切深 0.3mm→切削参数切削方向改为“混合”→进给率：进刀和退刀进给率 10%，如图 7-90 所示。

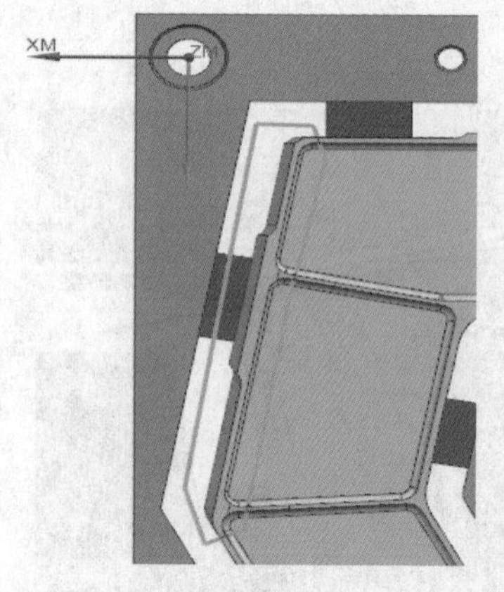

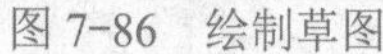
图 7-86　绘制草图

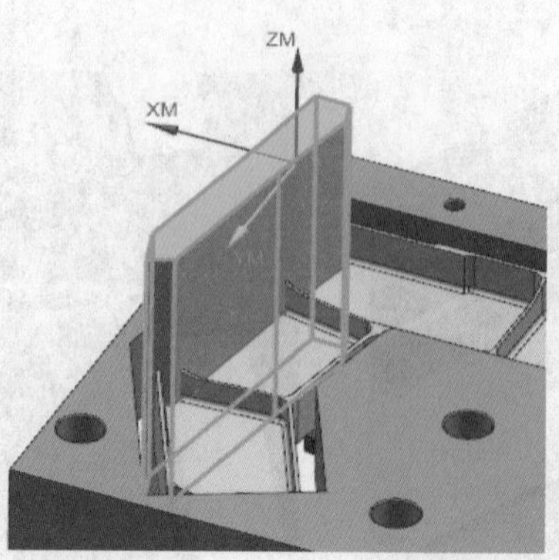

图 7-87　拉伸成实体

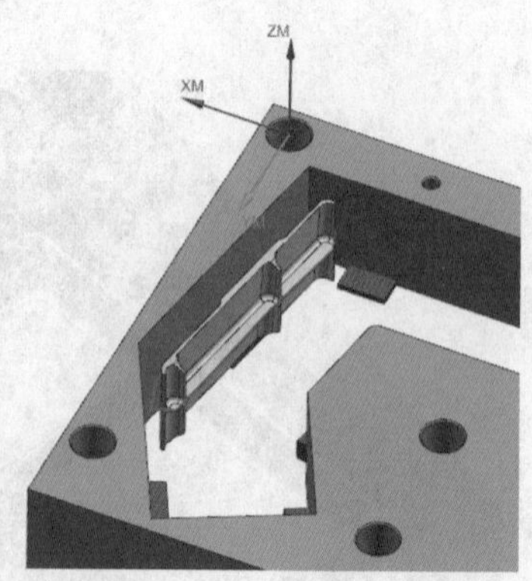

图 7-88　布尔运算求交

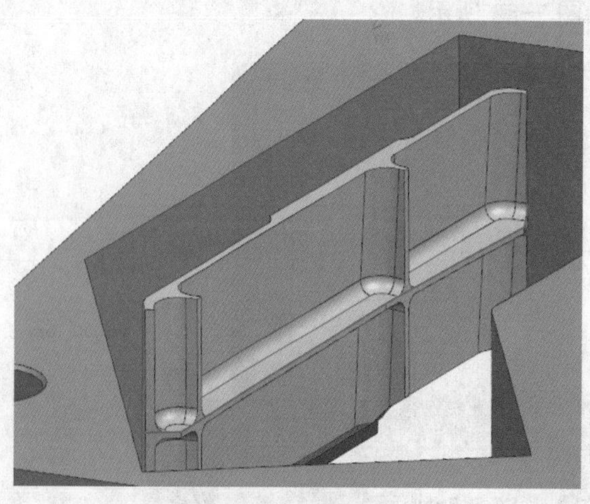
图 7-89　替换面

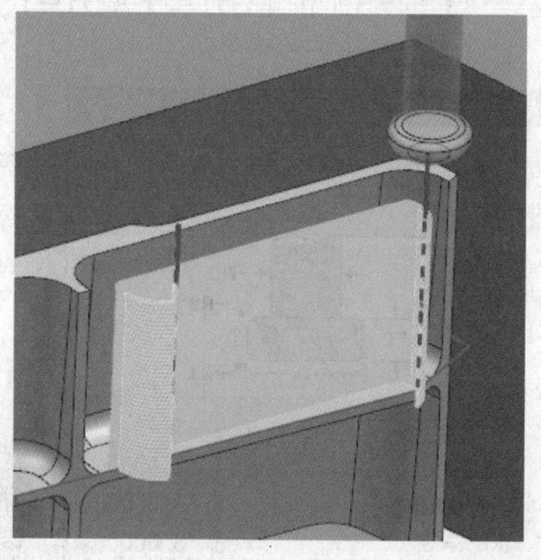
图 7-90　深度轮廓铣刀路

16）将深度轮廓铣工序输出 CLSF 文件（工序工具栏→更多→输出 CLSF）→使用默认参数→记住保存文件的地址，稍后要使用这个文件，如图 7-91 所示。

```
TOOL PATH/ZLEVEL_PROFILE_1,TOOL,T_D12N
TLDATA/TCUTTER,12.0000,3.0000,1.0000,5
MSYS/-454.4275,-34.0000,-5.0000,-1.0000
0000,1.0000000,0.0000000
$$ centerline data
PAINT/PATH
PAINT/SPEED,10
PAINT/COLOR,186
RAPID
GOTO/-55.6312,49.2416,5.0000,0.0000000
PAINT/COLOR,211
RAPID
GOTO/-55.6312,49.2416,-3.8000
PAINT/COLOR,42
```

图 7-91　输出 CLSF 文件

17）完成后在工序上单击右键→刀轨→锁定（做标记，此工序不进行后处理加工），然后在程序顺序视图将此工序拖拽到未使用项文件夹中，避免后期后处理代码进行加工。

18）创建固定轴轮廓铣（T 型刀）→几何体继承 MCS_3，不要继承 W3 →指定部件为辅助体→切削区域指定为一个槽的侧壁及底面（相切面选取）→驱动方法更改为“刀轨”→然后指定第 16）步获得的 CLSF 文件→在弹出的窗口上部中点选“ZLEVEL”→在窗口下部点选 250（不按此操作后续会出错），如图 7-92 所示→投影矢量选择远离直线→指定矢量为槽底→指定点为大致在断开腔体的中间往外一点，如图 7-93 所示→切削参数公差设置为 0.003mm →非切削参数勾选“光顺”→转速 S4500 →进给率 F1500 →生成刀路如图 7-94 所示（每次修改参数重新生成时，需要重新选取 CLSF）。

19）采用相同的方法获得另外一个槽的加工刀路（复制工序修改参数即可），如图 7-95 所示。

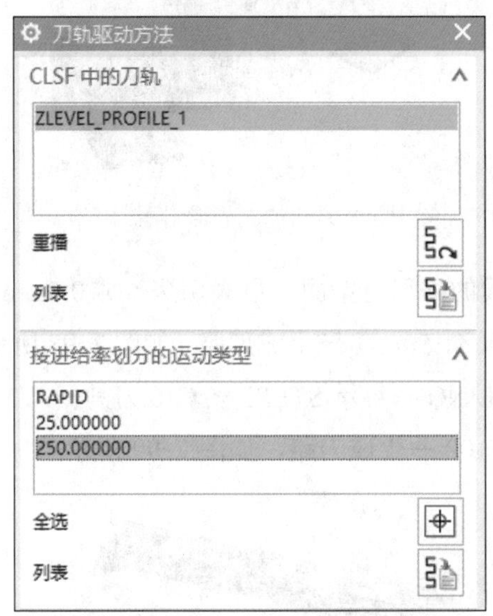

图 7-92　指定需要的刀轨

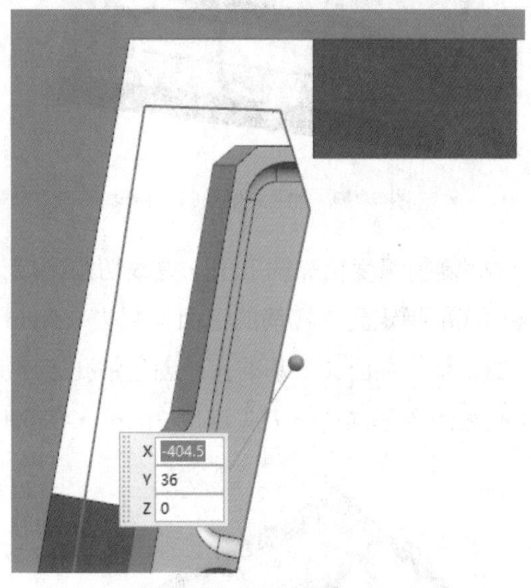

图 7-93　指定远离直线

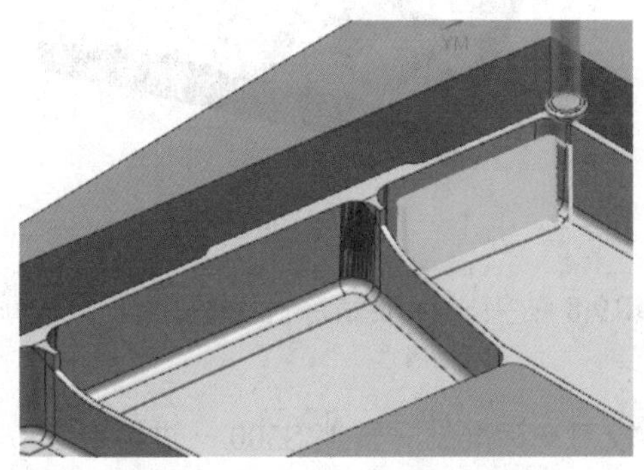

图 7-94　一个倒扣腔的刀路

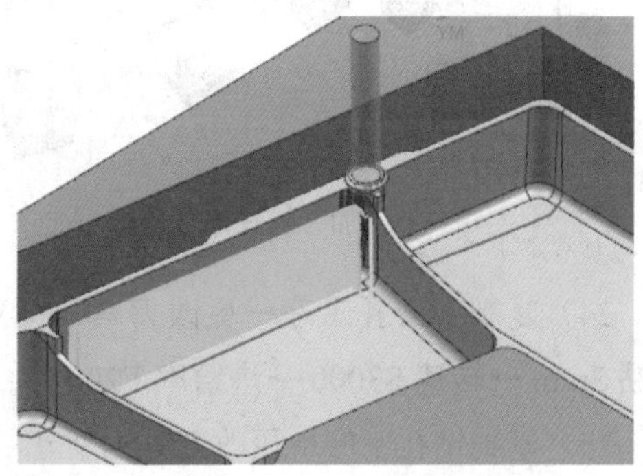

图 7-95　另一个倒扣腔的刀路

20）创建 D12R1 刀具→创建深度轮廓铣→继承 STEP3 →继承 W3 →指定切削区域为部分较深的外形直壁面（不选斜面）→最大切深 0.5mm →切削层底部指定到连接筋的上面再减去 0.5mm（范围 61.5mm）→切削参数→策略→切削方向“混合”→勾选“在刀具接触点下继续切削”→连接层到层“直接对部件进刀”→转速 S4500 →进给率 F1500 →生成刀路如图 7-96 所示。

21）复制深度轮廓铣工序→更改切削区域为斜面部分→最大切深 0.3mm →生成刀路（发现有个连接筋的部位断开了）→把合并距离 3mm 改成 30mm →生成刀路（刀路正常了），如图 7-97 所示。

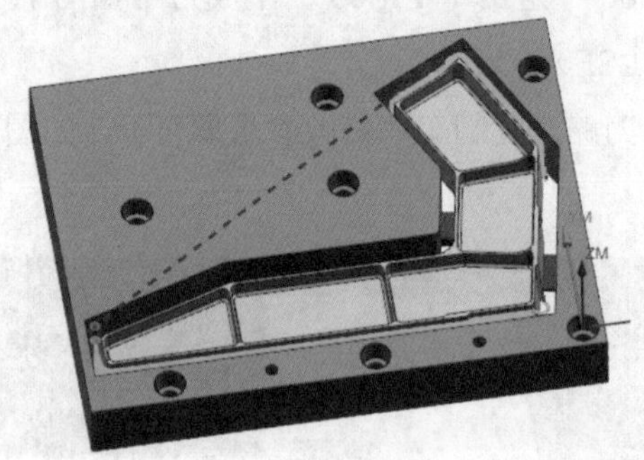

图 7-96　加工较深部分外形

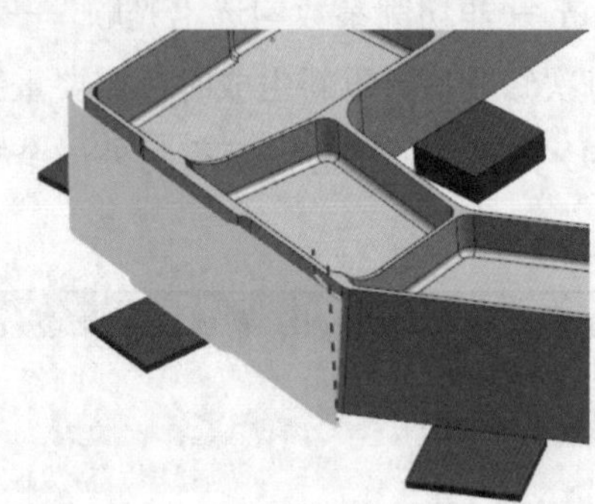

图 7-97　加工外形斜面

22）复制深度轮廓铣工序→更改切削区域为较浅的外形直壁面→最大切深改成 0.5mm →切削层底部指定到连接筋的上面再减去 0.5mm（范围 41.5mm）→生成刀路，如图 7-98 所示。

23）制作翻面加工基准孔：创建钻孔工序 DRILLING →继承 STEP3 → C10 刀具→ W3 →指定孔为两个基准孔→刀尖深度 3mm → S3000 → F100 →生成刀路，如图 7-99 所示。

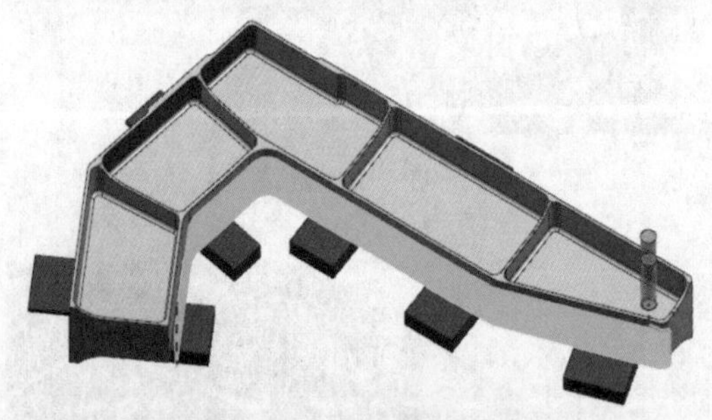

图 7-98　加工较浅部分外形

图 7-99　钻中心孔

24）复制中心孔工序→更改刀具为新建的 DR9.8 钻头→标准钻深孔→模型深度→每次啄钻 3mm →转速 S3000 →进给率 F200。

25）复制钻孔工序→更改刀具为新建的 D10 铰刀→标准钻→转速 S300 →进给率 F50。

26）使用 3D 仿真→勾选“碰撞时暂停”→仿真加工并创建小平面体，如图 7-100 所示。

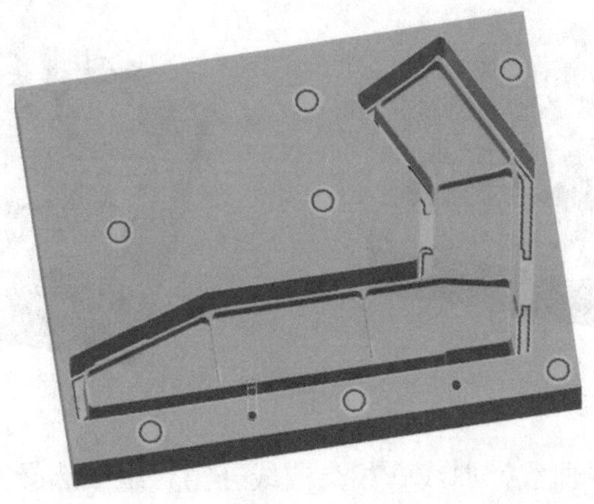

图 7-100　加工仿真结果

7.3.4　筋板结构件 2 第二面编程

知识点：结构件编程、翻面加工

看我操作（扫描下方二维码观看本节视频）：

二维码 146　翻面粗加工

二维码 147　翻面二次粗加工

二维码 148　精铣底平面

二维码 149　精铣侧壁

二维码 150　铣薄连接筋

跟我操作（根据以下关键词的指引，独立完成相关操作）：

1）继续上面的任务，进行翻面加工。

2）复制 MCS_3 并改名为 MCS_4 → W4 →切换到程序顺序视图→把 STEP_3 中有红色 ⊘ 符号标记的工序拖到 STEP4 文件夹下面→未使用项里面的两个深度轮廓铣可以删除→删除第一步底壁铣工序。

3）MCS_4 指定到基准孔的位置→毛坯替换为上一工序加工获得的小平面体，如图 7-101 所示。

4）修改 D25 刀具的型腔铣工序→切削层改成“自动”，然后把最低层修改到槽的底面→生成刀路，如图 7-102 所示。

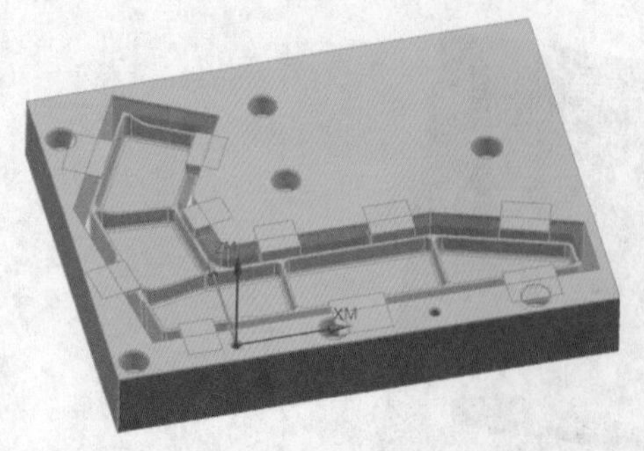

图 7-101　坐标位置

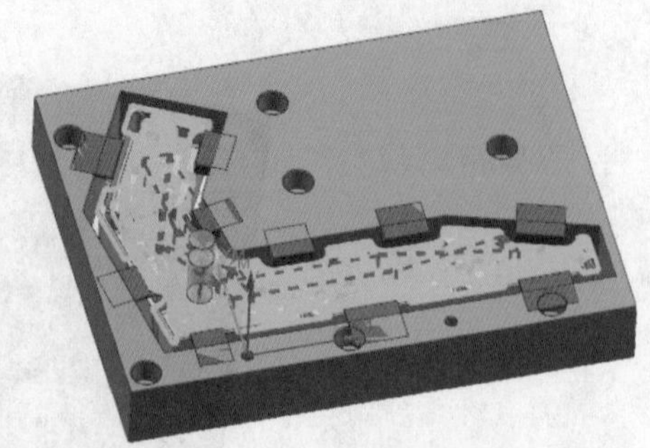

图 7-102　粗加工

5）（制作零件外边界曲线）曲线→相交曲线→第一组面选择零件（体的面）→第二组面指定平面为槽底→获得曲线，如图 7-103 所示。

6）修改 D12 型腔铣工序→切削层改为“自动”，然后再指定最底层为槽底→修剪边界指定为零件外边界（利用自动串联功能选取）→生成刀路，如图 7-104 所示。

图 7-103　相交曲线

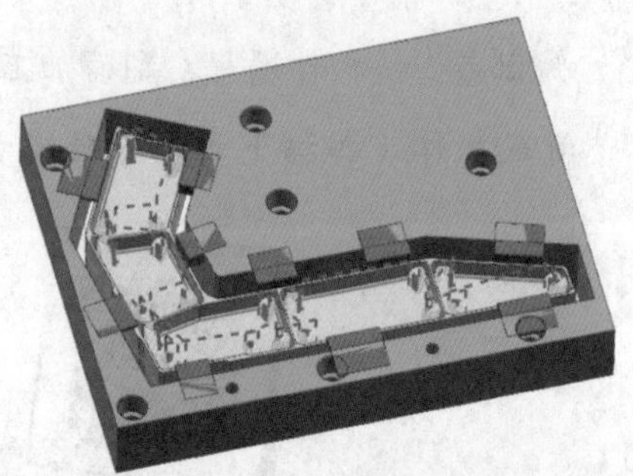

图 7-104　二次粗加工

7）删除 D12L75 的型腔铣工序→删除平面铣工序。

8）修改底壁铣工序→将切削区域替换为此面能加工的所有平面（壁的顶面、槽的底面）→生成刀路，如图 7-105 所示。

9）修改固定轴区域铣→将切削区域替换为此面能加工的曲面→生成刀路，如图 7-106 所示。

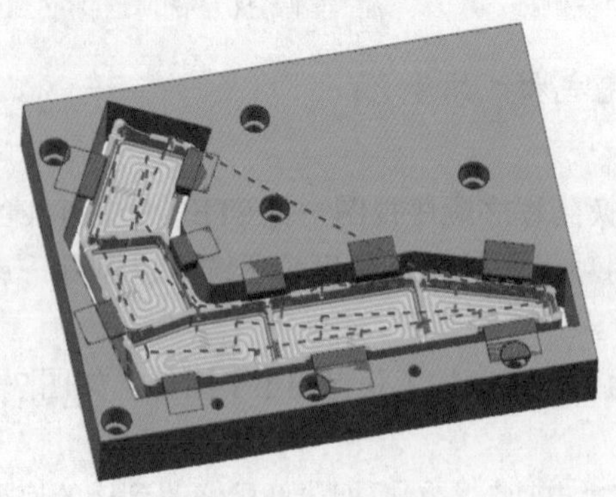

图 7-105　精铣水平面

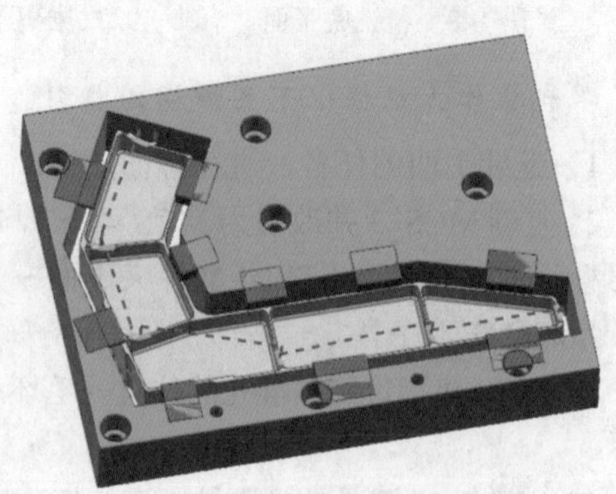

图 7-106　精铣曲面

10）修改深度轮廓铣→切削区域替换为三个直侧壁槽→生成刀路，如图 7-107 所示。

11）复制深度轮廓铣工序→切削区域替换为两个有斜面的槽的直壁部分→切削层指定到槽的底面→切削参数→切削方向改成“混合”→连接→层到层改成直接对部件进刀→生成刀路，如图 7-108 所示（斜面和直壁分开编程是为了在直壁部分采用 0.5mm 的每层切深，而在斜面区域采用 0.3mm 的每层切削，如果在斜面区域采用 0.5mm 的每层切深，曲面残余高度太大）。

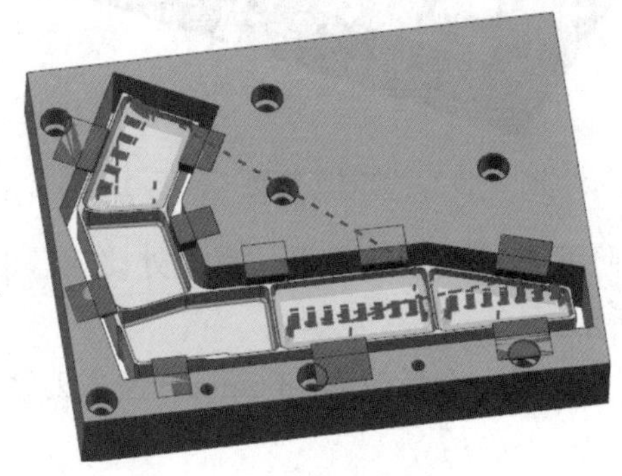

图 7-107　精铣直侧壁槽

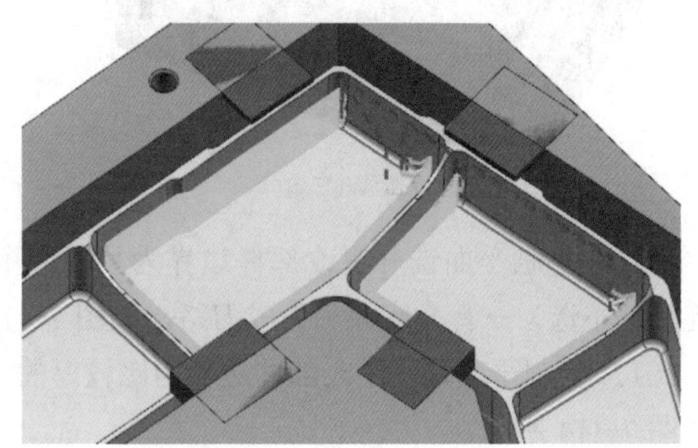

图 7-108　精铣有斜面的槽的直壁区域

12）复制深度轮廓铣→切削区域替换为斜面区域→每层切深改为 0.3mm →切削层指定到槽的底面→生成刀路，如图 7-109 所示。

13）使用 3D 仿真观察加工结果，如图 7-110 所示。

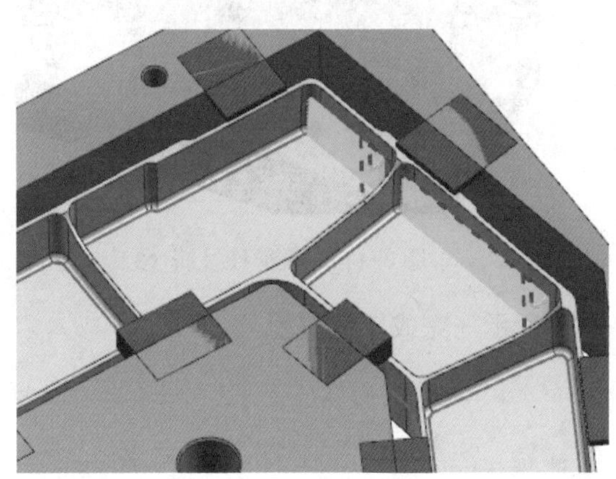

图 7-109　精铣斜面

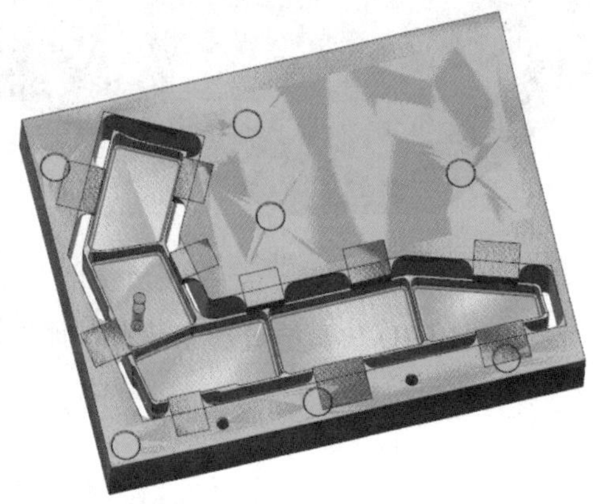

图 7-110　加工仿真效果

14）把 WCS 设置到 MCS_4 的位置（以便后续平面铣工序选线），如图 7-111 所示。

15）创建平面轮廓铣→继承 STEP4 → D12 → W4 →部件边界指定为矮处的壁上面的连接筋顶部边界线（开放轮廓）→底面指定为壁的顶面→切削深度每刀加工 0.5mm →切削参数策略→切削方向混合→切削顺序深度优先→余量 −1.4mm（留 0.5mm 不铣断）→非切削移动：进刀→开放区域→线性→高度 0.5mm →退刀→线性→高度 0 →最小安全距离修剪和延伸→转移 / 快速区域内转移类型“直接”→转速 S4500 →进给率 F1500 →生成刀路，如图 7-112 所示。

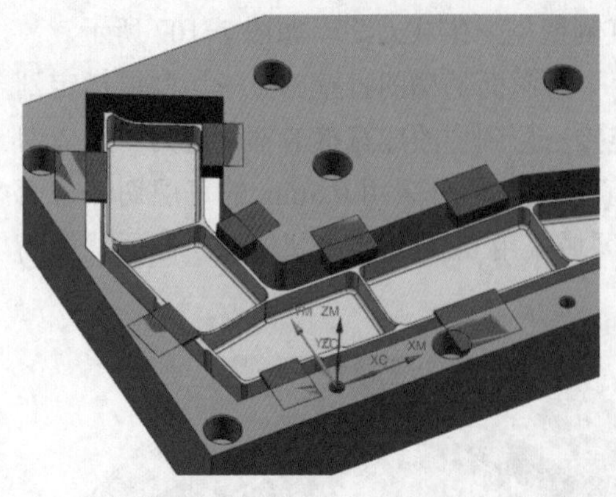

图 7-111　设置 WCS 位置

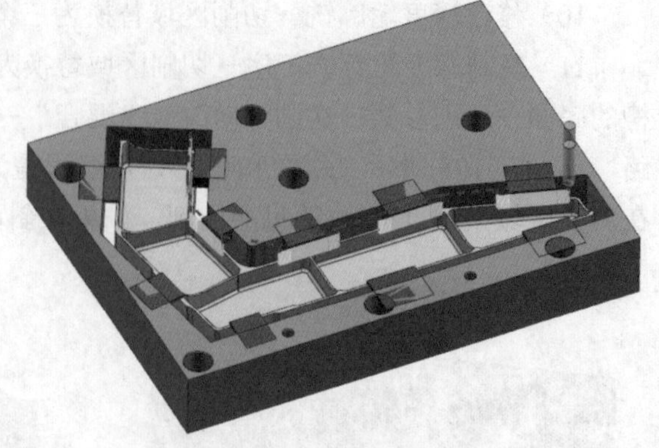

图 7-112　铣薄连接筋（1）

16）复制平面铣→更改部件边界为另外一个台阶面上的连接筋边界（有一处比较厚的连接筋不选）→替换底面→生成刀路，如图 7-113 所示。

17）复制平面铣→更改部件边界为比较厚的连接筋边界→余量改为 −3.6mm→生成刀路，如图 7-114 所示。

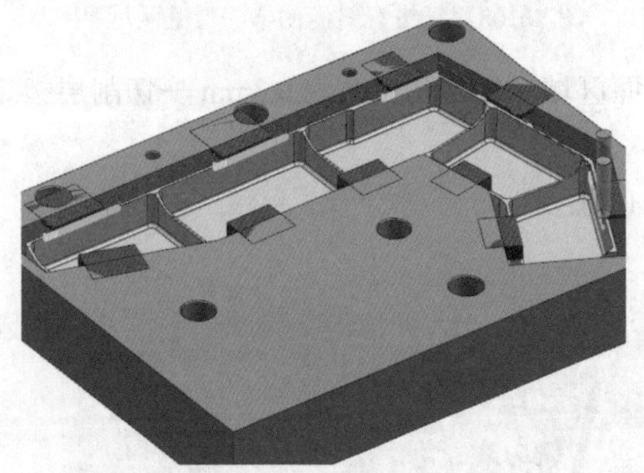

图 7-113　铣薄连接筋（2）

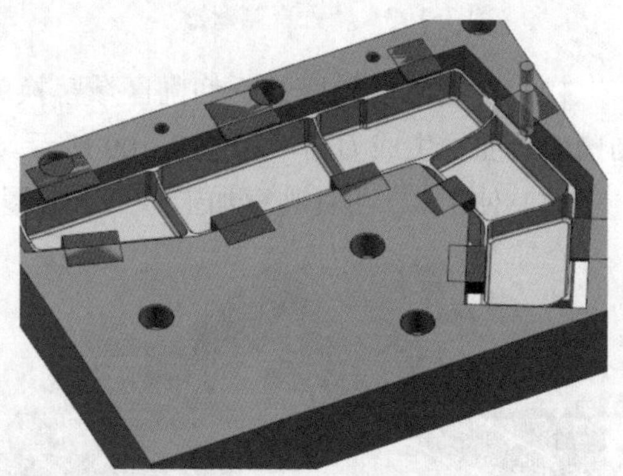

图 7-114　铣薄连接筋（3）

18）使用 3D 仿真检查加工情况，如图 7-115 所示→完成零件编程。

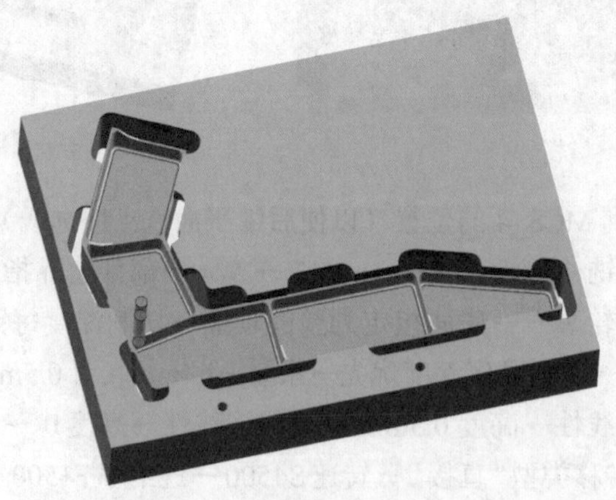

图 7-115　3D 仿真加工效果

第 8 章　车削零件加工编程

8.0　课程思政之高质量发展

知识点：高质量发展

现在很多加工企业还是采用手工编程的方式进行生产加工。手工编程占机时间长，生产率低，容易出错。高质量发展是全面建设社会主义现代化国家的首要任务。使用软件编程可以进行仿真加工，把编程出错率降低到 0，从而提高编程效率，提高产品质量，把加工制造推向高质量发展之路。

8.1　外轮廓车削加工编程—车削零件—石油产品—连接轴

8.1.1　车削零件—石油产品—连接轴—工艺分析

知识点：测量零件尺寸、车加工工艺分析

看我操作（扫描下方二维码观看本节视频）：

二维码 151　车削零件—石油产品—连接轴—工艺分析

跟我操作（根据以下关键词的指引，独立完成相关操作）：

1）（打开练习文件）打开模型文件“8-1 车削零件—石油产品—连接轴 .prt”，如图 8-1 所示。

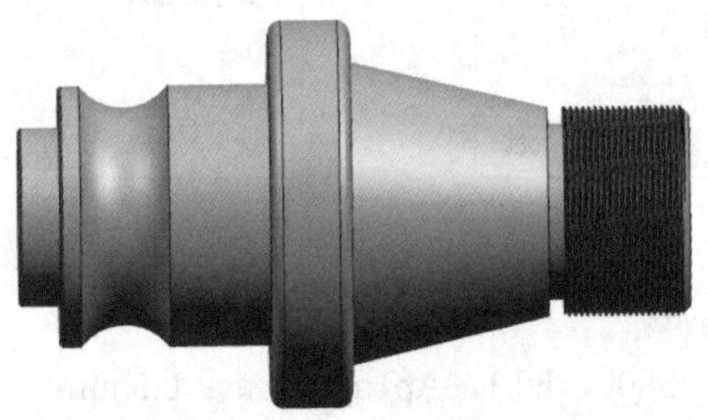

图 8-1　车削零件—石油产品—连接轴模型

2）工艺分析：

① 毛坯值为：直径比零件最大直径大 3mm，长度比零件长 6mm，材料为 304 不锈钢棒料。

② 根据零件结构分析，先加工零件左边部分，加工长度大于 81.7975mm，使用自定心卡盘夹持长度为 25mm 的外圆，使用长度为 20mm 的外圆打表找正，保证总长 165.516mm，车削螺纹外圆、退刀槽，最后车削螺纹，如图 8-2 所示。

图 8-2　测量分析结果

③ 车削零件左边轮廓。由于左边轮廓中有一个凹陷的圆弧，在选择车削刀具时注意刀具后角大小，粗加工选择刀尖角度为 55° 的菱形刀片，刀尖半径为 0.8mm，（OA）方向角度为 17.5°，粗加工车削刀具形状和参数如图 8-3 所示。

④ 精加工刀具选择刀尖角度为 35° 的菱形刀片，刀尖半径为 0.4mm，根据零件模型（OA）方向角度应该大于等于 50°，在加工时就不会在凹陷圆弧处产生刀具干涉、过切。刀具形状和参数如图 8-4 所示。切槽刀选用 3mm 宽度，螺纹刀具选择通用三角螺纹刀片。

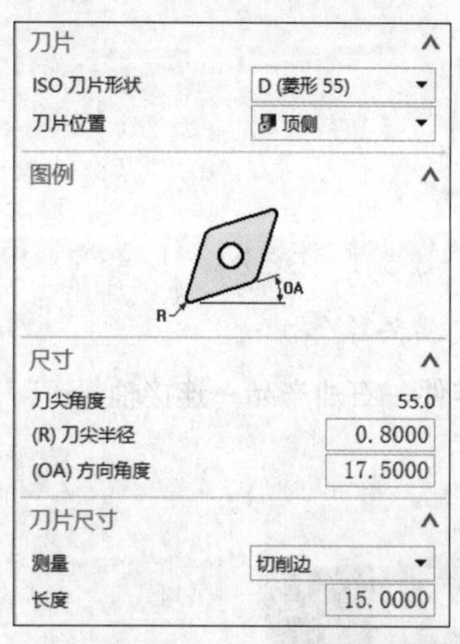

图 8-3　粗加工车削刀具形状和参数

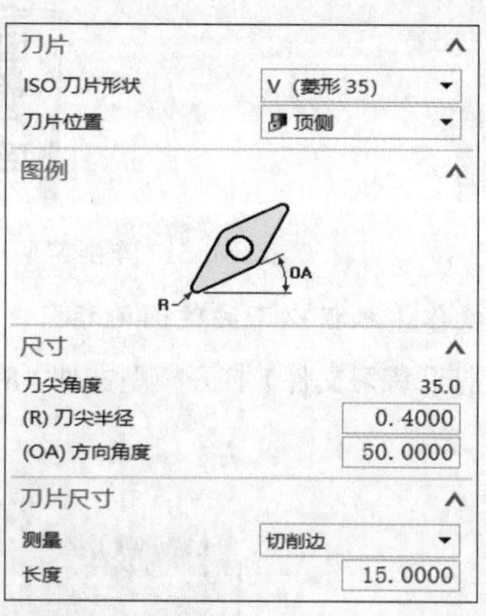

图 8-4　精加工车削刀具形状和参数

3）刀具及切削参数准备：

55° 粗加工刀片参数：S800，F0.1，Ap1mm，余量 0.5mm；

35° 精加工刀片参数：S1500，F0.05；

3mm 切槽刀参数：S600，F0.08；

螺纹刀参数：S600，F2。

4）设置几何体，把 WCS 设置到工件零件左端面中心，径向为 XC、轴向为 ZC，如图 8-5 所示。

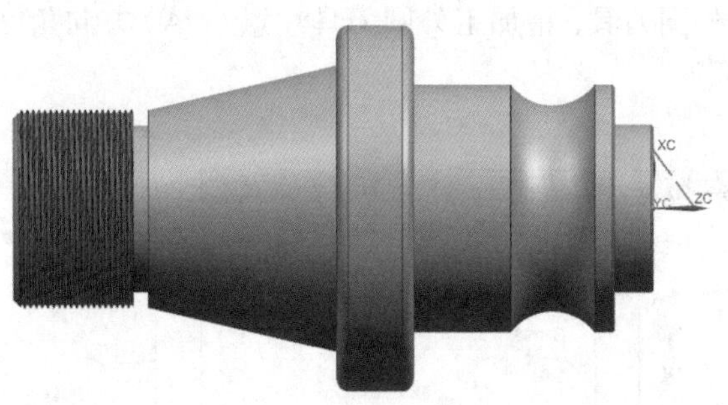

图 8-5　几何坐标系设置

8.1.2　车削零件—石油产品—连接轴—左端面粗精加工

知识点：车加工横截面创建、建立外圆粗精加工刀具、TURNING_WORKPIECE 设置、端面车削、外径粗车、外径精车

看我操作（扫描下方二维码观看本节视频）：

二维码 152　端面车削和外轮廓粗车

二维码 153　外圆二次开粗和外圆精车

跟我操作（根据以下关键词的指引，独立完成相关操作）：

1）（打开练习文件）打开模型文件“8-1 车削零件—石油产品—连接轴 .prt”。

2）设置加工坐标系到零件左端面中心→设轴向为 ZC 轴→设径向为 XC 轴→设置 MCS_SPINDLE 和 WCS 几何坐标系重合。

3）依次单击“菜单”→“工具”→“车加工横截面”→对车加工横截面操作对话框进行设置，制作出绿色的零件横截面，如图 8-6 所示。

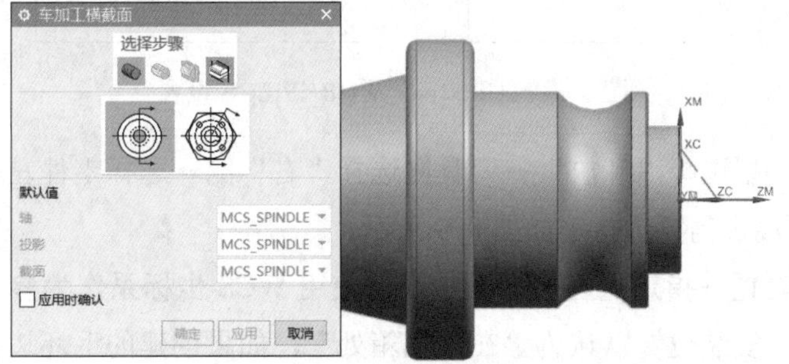

图 8-6　创建车加工横截面

4）创建刀具→类型选择“turning”，刀具子类型选择 55° 左偏车刀→刀尖半径选择 0.8mm →（OA）方向角度为 17.5° →在“更多”中，工作坐标系中的 MCS 主轴组选择“操作”（如果不进行设置，零件调头加工时，前面建立的刀具将不可使用，刀尖反向）。

同理，设置精加工外圆刀具，精加工外圆刀具注意（OA）方向角度设置为 50°，如图 8-7 所示。

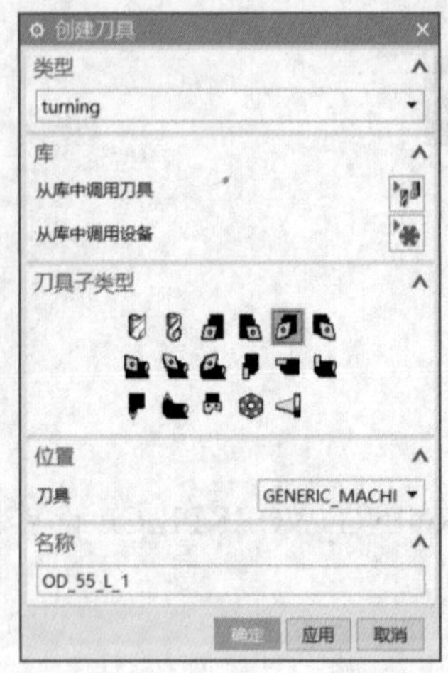

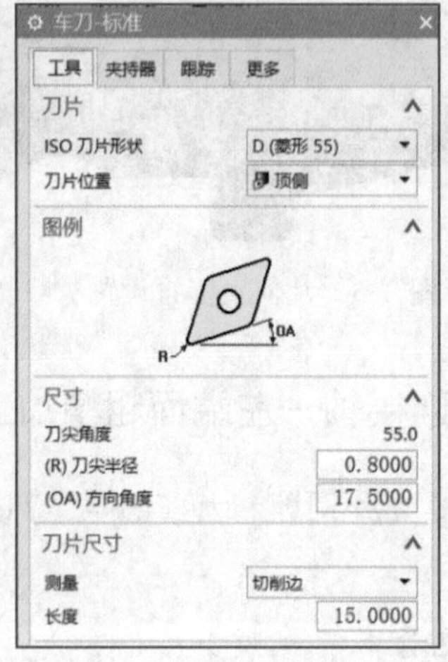

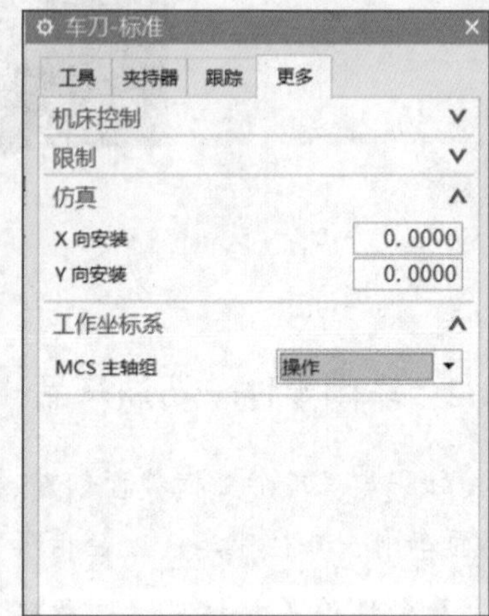

图 8-7　刀具设置

5）双击“TURNING_WORKPIECE”设置部件边界和毛坯边界，如图 8-8 所示。

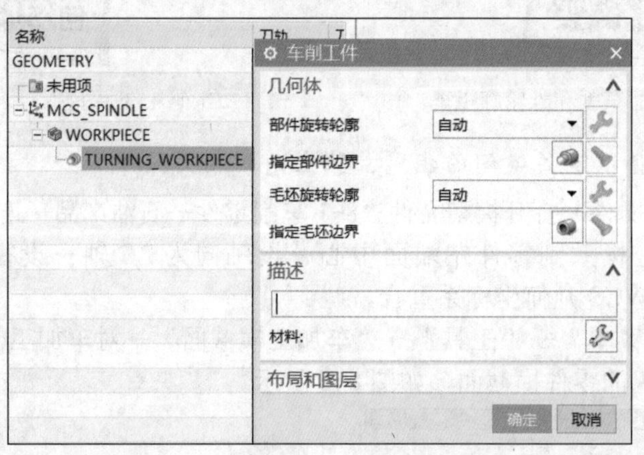

图 8-8　TURNING_WORKPIECE 设置

6）部件边界类型选择“开放”→刀具侧选择“右”侧→选择零件左端面需要加工的横截面→零件的端面线也需要选择，如图 8-9 所示。

7）毛坯边界设置→指定点选择端面中心→使用 WCS 坐标系作为参考→让毛坯端面超出零件端面 3mm →安装位置默认为“在主轴箱处”，如果创建的毛坯边界没有包裹零件，则选择“远离主轴箱”，如图 8-10 所示。

图 8-9　部件边界设置

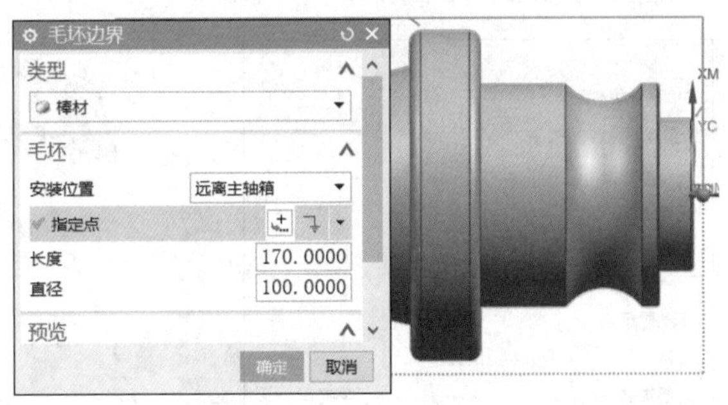

图 8-10　毛坯边界设置

8）使用 55° 的车削刀具车削零件端面→创建工序→类型选择“turning”→工序子类型选择面车削→刀具选择 55° 粗车刀片→几何体选择“TURNING_WORKPIECE”→程序名称命名为“端面车削”，如图 8-11 所示。

9）设置切削区域→采用轴向修剪平面对加工轮廓线进行修剪→单击零件端面中心，则把车削区域修剪成为一个长方形区域，如图 8-12 所示。

图 8-11　创建工序

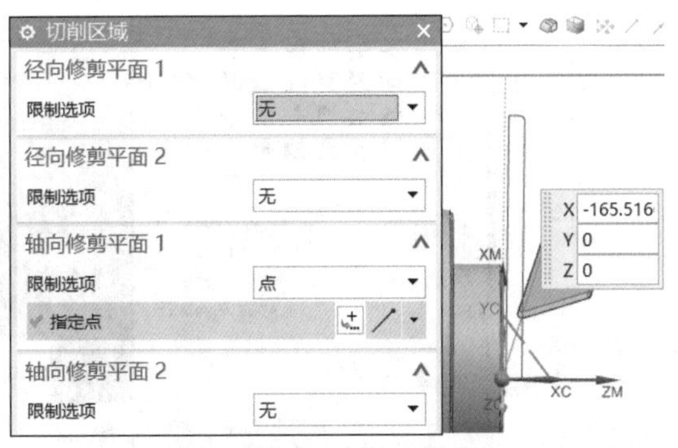

图 8-12　切削区域设置

10）设置切削深度为恒定 1mm →设置非切削移动→对逼近点设置采用“指定点”→点选择原则是距离端面 2 ～ 3mm →径向高度大于毛坯高度→离开点选择方式和逼近相同→进刀选择“线性自动”→退刀选择与进刀相同，如图 8-13 所示。

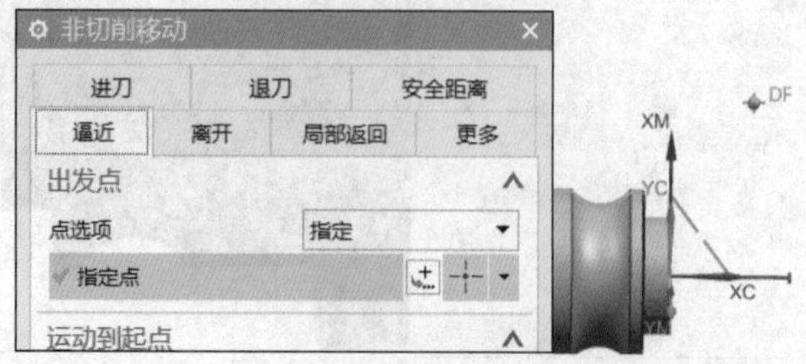

图 8-13　设置逼近点和离开点

11）单击“生成”按钮生成刀路，如图 8-14 所示。

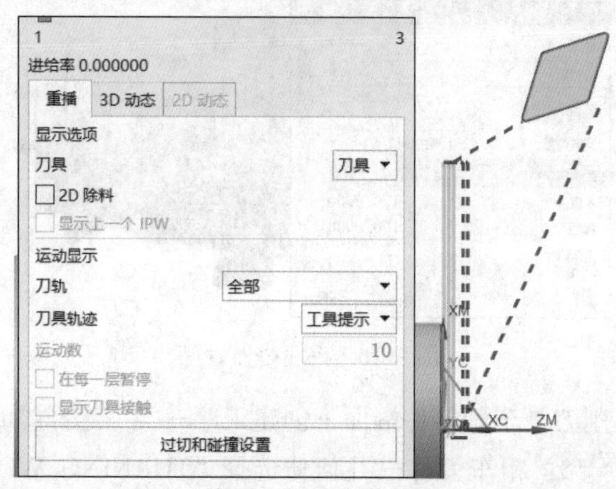

图 8-14　刀路轨迹

12）外轮廓粗车削→刀具选择 55° 粗车刀具→设置切削深度、进退刀、逼近点→离开点和端面车削设置参数相同→切削参数设置精加工余量为 0.5mm →注意精加工余量值大于精加工刀尖半径→生成刀路，如图 8-15 所示。

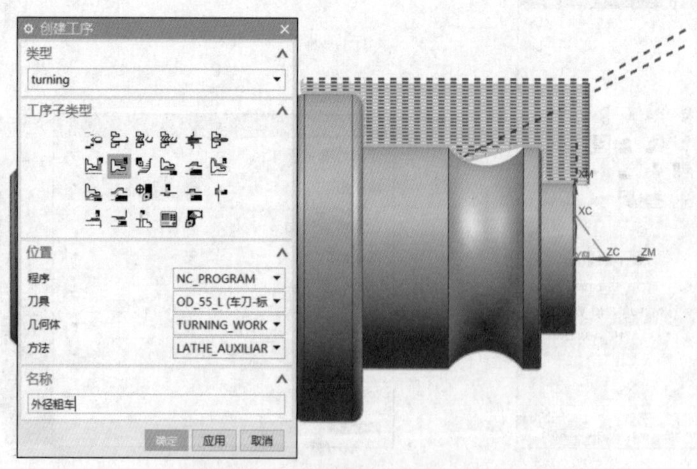

图 8-15　粗车外轮廓刀路

13）进行 3D 动态仿真和设计图对比，可见圆弧右边还有很多余量未切削，因为粗车刀具后角小，发生干涉，刀路未能生成，所以需要使用精加工 35° 的车削刀片进行二次粗加工，3D 仿真如图 8-16 所示。

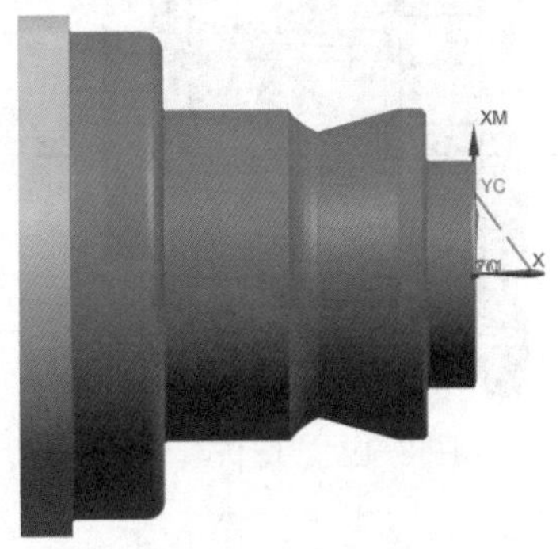

图 8-16　3D 仿真

14）复制粗加工轮廓程序→更改加工刀具为 35° 精加工车刀→切削策略选择“单向轮廓切削”→调整逼近点→生成刀路，如图 8-17 所示。

图 8-17　二次开粗圆弧刀路

15）外圆精加工→设置逼近点、进刀点、退刀点→切削参数设置内外公差为 0.003mm→生成刀路，如图 8-18 所示。

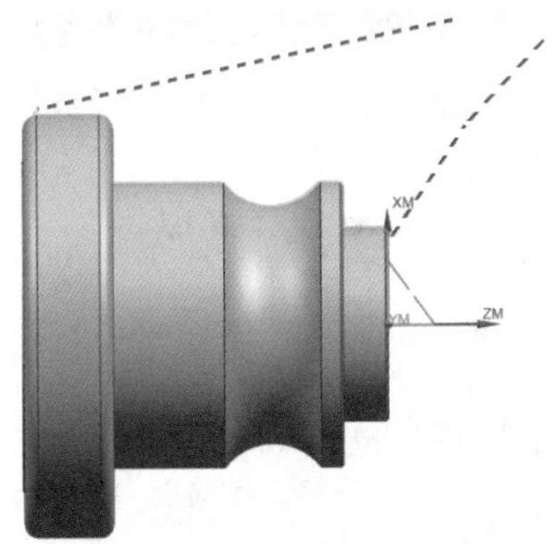

图 8-18　精加工外形轮廓刀路

16）对零件左端面全部程序进行 3D 仿真，仿真结果如图 8-19 所示→根据使用机床的特点选择后处理器，输出 G 代码。

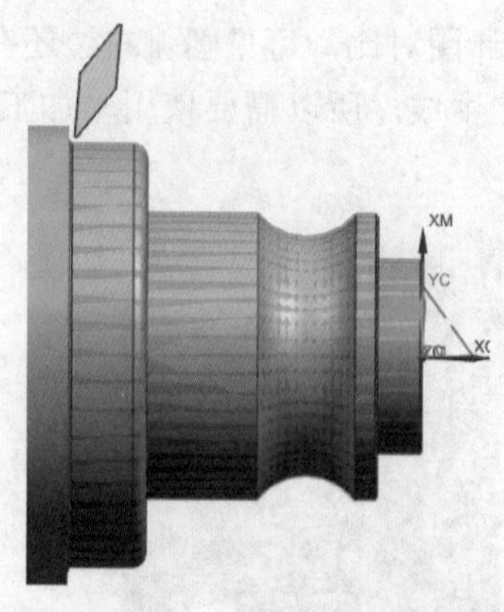

图 8-19　3D 仿真结果

8.1.3　车削零件—石油产品—连接轴—右端面加工

知识点：切槽、切螺纹

看我操作（扫描下方二维码观看本节视频）：

二维码 154　车削零件—石油产品—连接轴—右端面加工

跟我操作（根据以下关键词的指引，独立完成相关操作）：

1）使用创建几何体命令创建 MCS_SPINDLE_1，如图 8-20 所示→把加工坐标系调整到右端面中心。

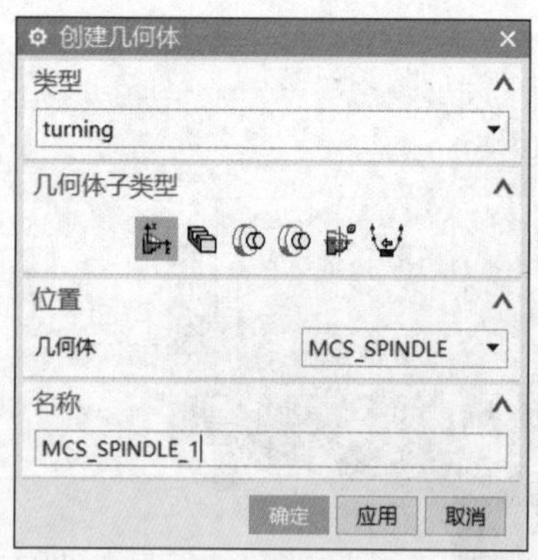

图 8-20　创建几何体

2）（设置加工轮廓）有两种方式可进行轮廓选择：第一种方式是直接从右端面按照生成的轮廓选择，但是如果螺纹比较长，选择时间会比较长；第二种方式是作辅助线，把螺纹顶部用直线连接，然后在选择螺纹部分轮廓曲线时选择辅助线。

3）右端面加工时，粗车、精车分别使用前面建立的 55° 和 35° 车刀，切槽使用 3mm 宽刀具，螺纹使用通用三角形螺纹刀。

4）切端面保证总长，采用端面车削命令，参数设置参照 8.1.2 节端面车削，生成刀路如图 8-21 所示。

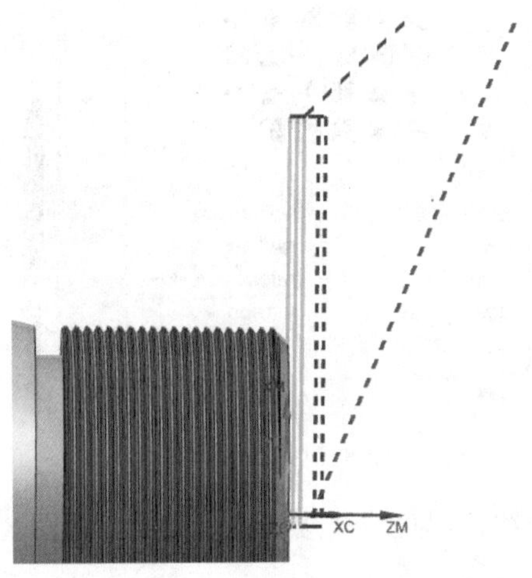

图 8-21　右端面保证总长刀路

5）粗加工外圆时，由于轮廓线选择车加工横截面轮廓，有螺纹凹陷部分和螺纹退刀槽部分，所以生成的刀路都会下切，如图 8-22 所示。

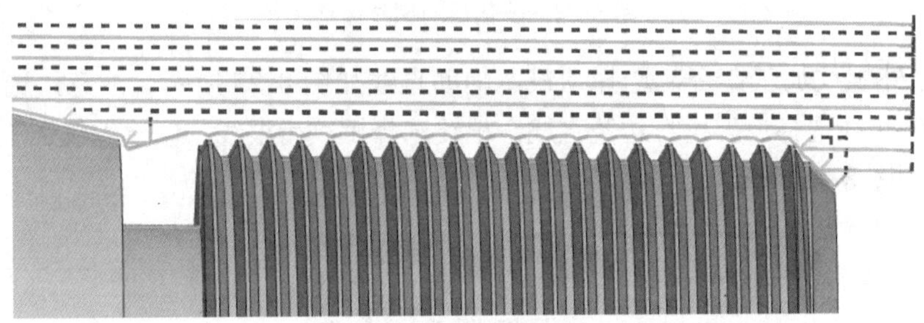

图 8-22　刀路下切图

6）将步进中的“变换模式”由默认的“根据层”更改为“省略”，则在刀路计算中，刀路不下切，如图 8-23 所示。

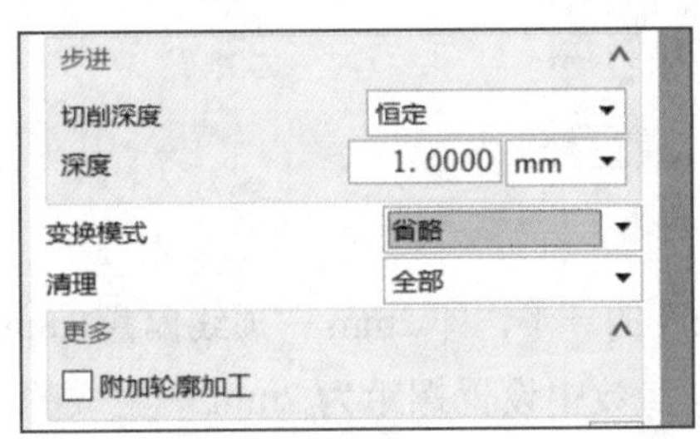

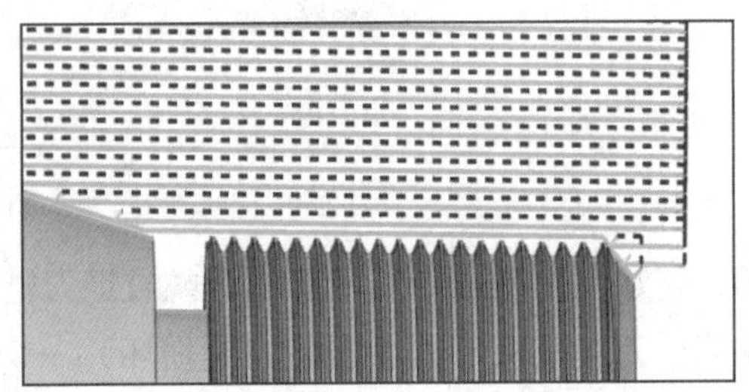

图 8-23　更改参数后不下切的刀路图

7）外圆精加工参数参照 8.1.2 节讲解进行设置。切槽只需要调整非切削移动参数中的“离开点”就可以生成刀路，如图 8-24 所示。

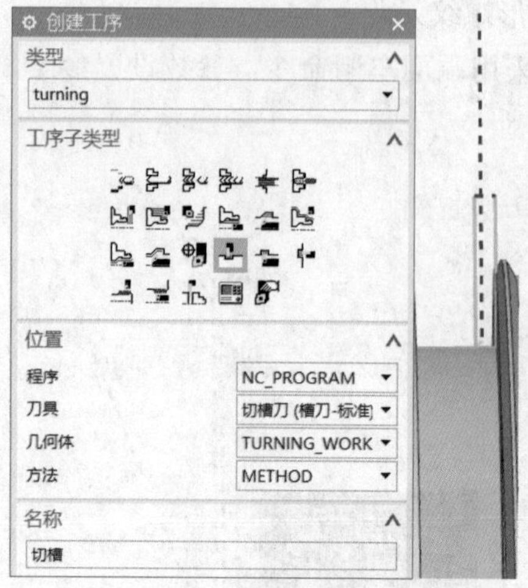

图 8-24　切槽刀路

8）切螺纹首先应作辅助线，用直线连接螺纹齿顶线，如图 8-25 所示。

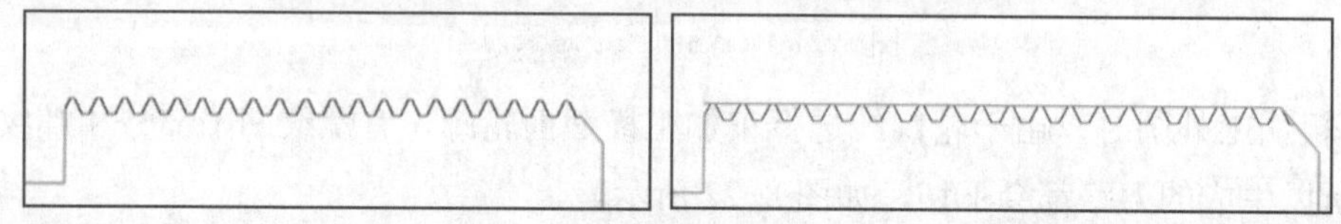

图 8-25　变化后的螺纹齿顶线

9）创建外螺纹加工命令，选择顶线，辅助直线如图 8-25 所示。注意，选择时单击直线右边界，终止线选择退刀槽右边竖直线，根线选择螺纹齿根线。创建螺纹加工指令和螺纹形状线选择如图 8-26 所示。

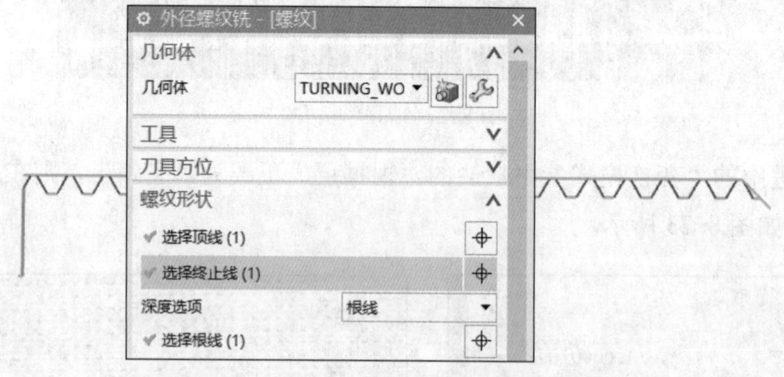

图 8-26　创建螺纹加工指令和螺纹形状线选择

10）起始偏置 5mm →终止偏置为螺纹退刀槽长度的一半，即 2mm →顶线偏置 0.8mm（防止螺纹第一刀车削深度太大而使刀具损坏）→切削参数中设置螺距为 2mm →生成的刀路如图 8-27 所示。

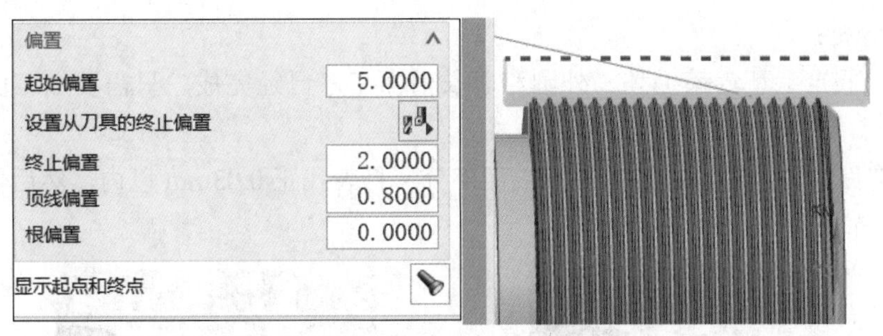

图 8-27　偏置设置和切削螺纹刀路

11）进行 3D 仿真（注意：螺纹不显示）→仿真完成后图形如图 8-28 所示。

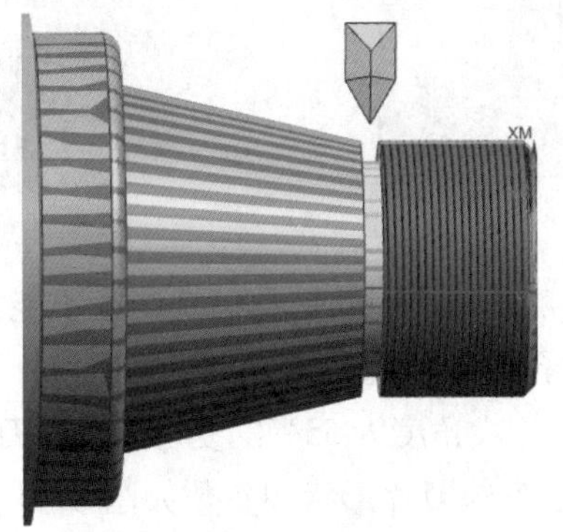

图 8-28　3D 仿真结果

8.2　内轮廓车削加工编程—车削零件—石油产品—连接套

8.2.1　车削零件—石油产品—连接套—工艺分析

知识点：测量零件尺寸、车加工工艺分析

看我操作（扫描下方二维码观看本节视频）：

二维码 155　车削零件—石油产品—连接套—工艺分析

跟我操作（根据以下关键词的指引，独立完成相关操作）：

1）（打开练习文件）打开模型文件“8-2 车削零件—石油产品—连接套 .prt”，如图 8-29 所示。

2）工艺分析：

① 毛坯：假定毛坯为精毛坯，外圆和总长前面工序已经完成，只需要加工内孔，材料为 304 不锈钢。

② 根据零件结构分析，夹持零件左端面部分，打表找正 0.03mm 以内，然后依次钻孔、镗孔、切槽、车螺纹，如图 8-30 所示。

图 8-29 车削零件—石油产品—连接套模型

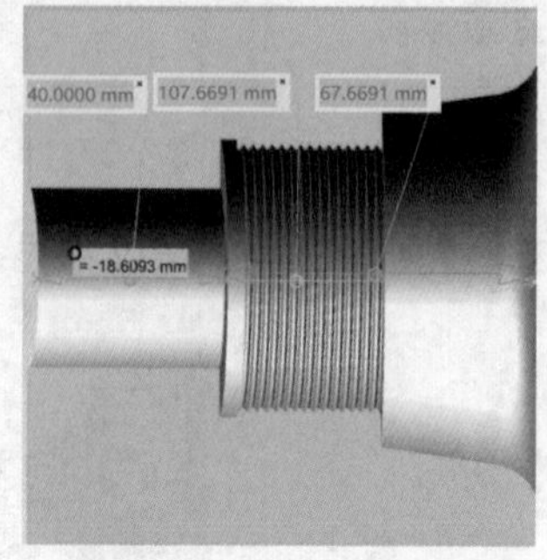

图 8-30 测量分析结果

③ 零件内孔最小半径为 18.6mm，因此钻孔钻头半径不能大于 18.6mm。

选用钻头直径 DR25 →内孔镗刀杆选用 18mm（保证刀杆装刀后，刀尖到刀杆下边界距离小于 25mm）→粗精加工选择刀尖角度为 55° 的菱形刀片→刀尖圆弧半径为 0.4mm →（OA）方向角度为 287.5° →粗精加工车削刀片形状和参数如图 8-31 所示。

切槽刀选用 3mm 宽度→螺纹刀具选择通用内螺纹三角形螺纹刀片。

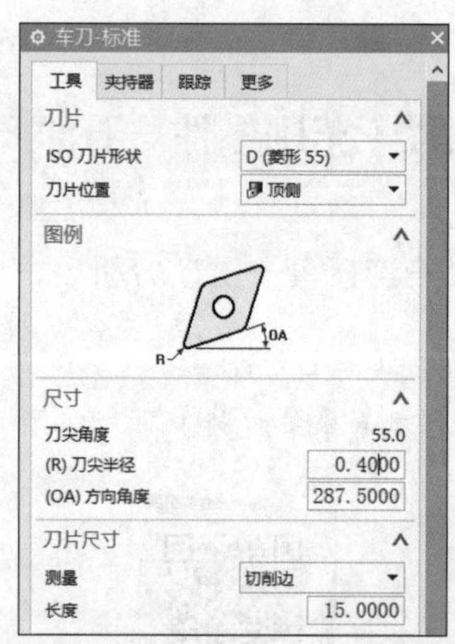

图 8-31 粗精加工车削刀片形状和参数

3）刀具及切削参数准备：

55° 粗加工刀片参数：S800，F0.1，Ap1mm，余量 0.5mm；

55° 精加工刀片参数：S1500，F0.05；

3mm 切槽刀参数：S600，F0.08；

螺纹刀参数：S600，F2。

4）设置加工坐标系和几何体→把 WCS、MCS 设置到工件零件左端面中心→轴向方向为 ZC、ZM →径向方向为 XC、XM，如图 8-32 所示。

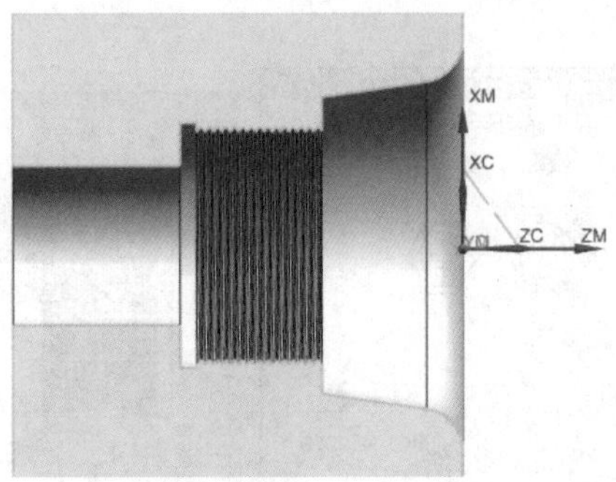

图 8-32　加工坐标系和几何坐标系设置

8.2.2　车削零件—石油产品—连接套—加工内孔

知识点：车加工横截面创建、建立钻头、内孔粗精加工刀具、TURNING_WORKPIECE 设置、钻孔、粗车内孔、精车内孔、切内槽、车内螺纹

看我操作（扫描下方二维码观看本节视频）：

二维码 156　车削零件—石油产品—连接套—加工内孔

跟我操作（根据以下关键词的指引，独立完成相关操作）：

1）（打开练习文件）打开模型文件“8-2 车削零件—石油产品—连接套 .prt”。

2）设置加工坐标系径向方向为 XM，轴向方向为 ZM，如图 8-33 所示。

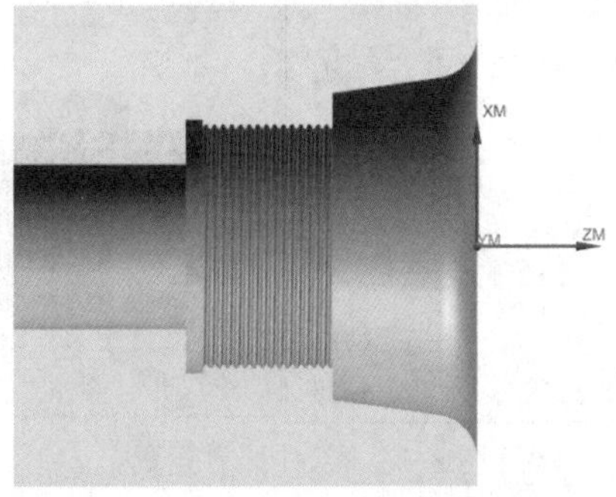

图 8-33　加工坐标系和几何坐标系设置

3）菜单→工具→车加工横截面→对车加工横截面操作对话框进行设置，具体操作步骤为：

①选择零件；

②单击鼠标中键确认，再单击“确定”按钮，就能制作出绿色的零件横截面，如图 8-34 所示。

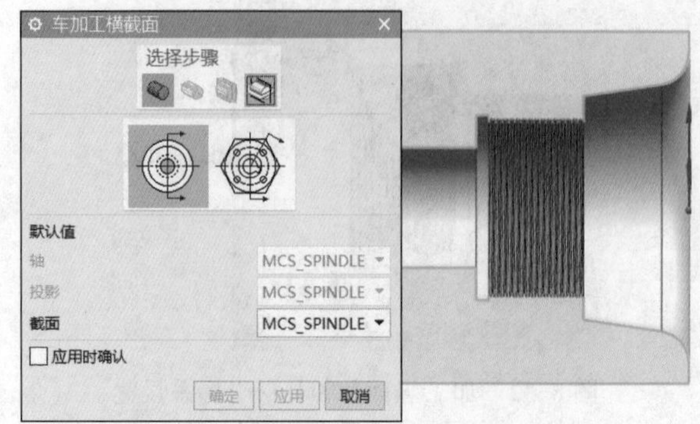

图 8-34　创建车加工横截面

4）双击“TURNING_WORKPIECE”设置部件边界和毛坯边界，如图 8-35 所示。

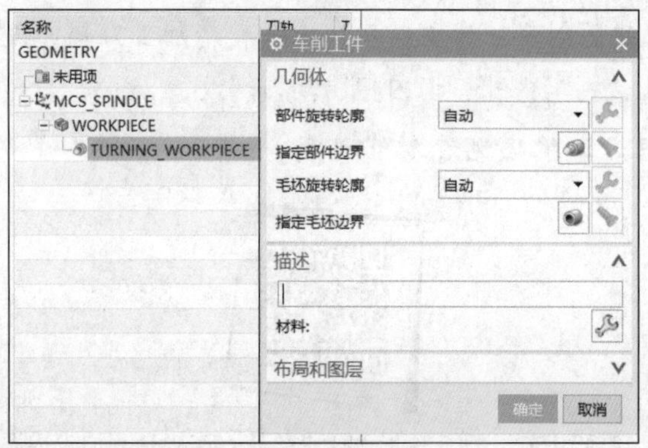

图 8-35　TURNING_WORKPIECE 设置

5）部件边界类型选择“封闭”→刀具侧选择“内侧”→选择黄色线显示封闭轮廓曲线，如图 8-36 所示。

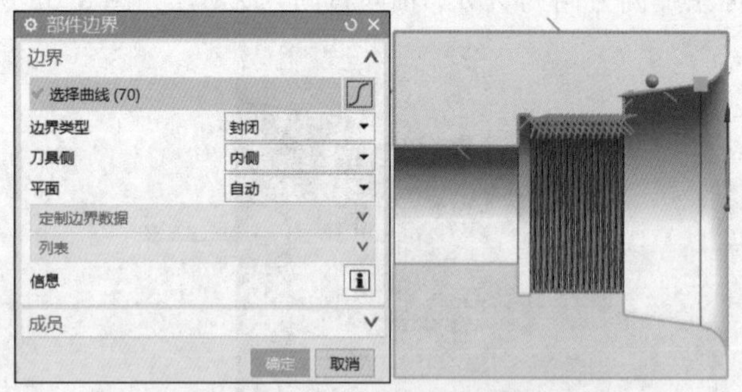

图 8-36　部件边界设置

6）毛坯边界设置→指定点选择端面中心→使用 WCS 坐标系作为参考（如果毛坯方向不正确，则调整安装位置，在“远离主轴箱”和“在主轴箱处”两种方式之间切换），如图 8-37 所示。

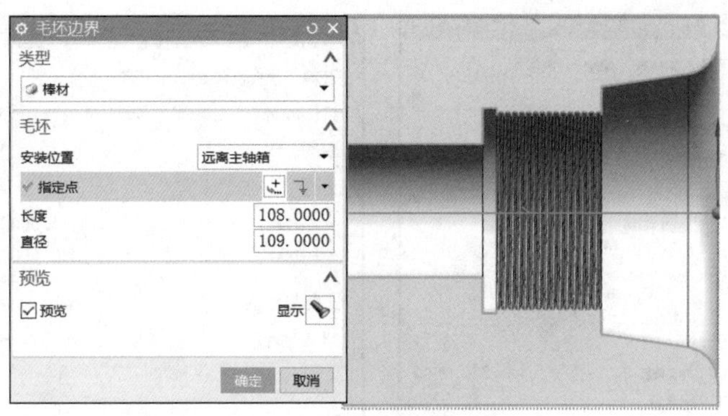

图 8-37　毛坯边界设置

7）创建刀具→创建直径为 25mm 的钻头，具体参数如图 8-38 所示。

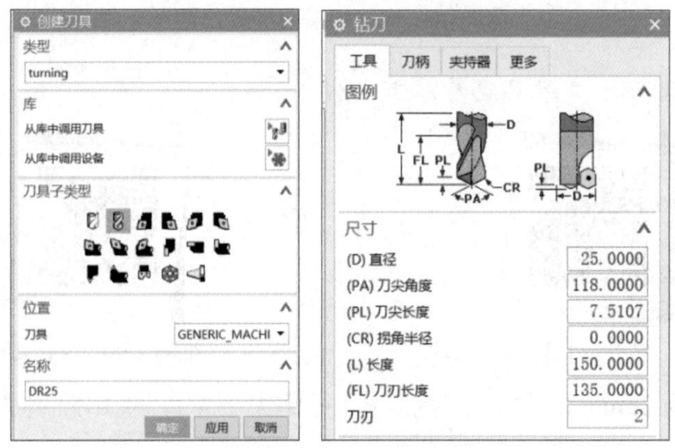

图 8-38　DR25 钻头设置

8）刀具类型选择“turning”→刀具子类型选择 55° 左偏车刀→刀尖半径为 0.4mm →（OA）方向角度为 287.5° →在“更多”中，工作坐标系中的 MCS 主轴组选择“操作”，如图 8-39 所示。

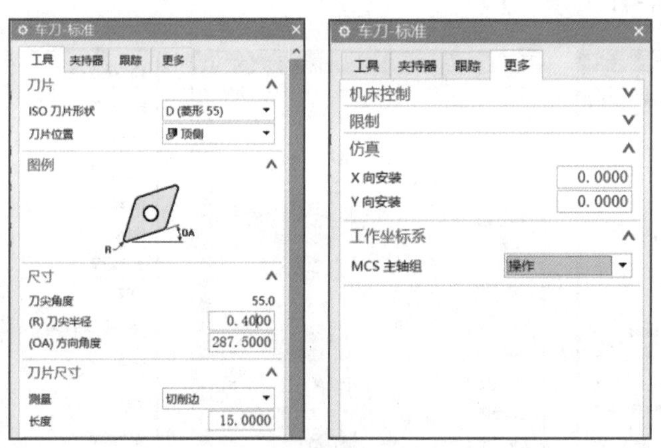

图 8-39　内孔镗刀刀具设置

9）内孔切槽宽度为 4mm →刀具宽度选择 3mm →尺寸位置参数只需要改变刀片宽度值为 3mm，其他参数默认，如图 8-40 所示。

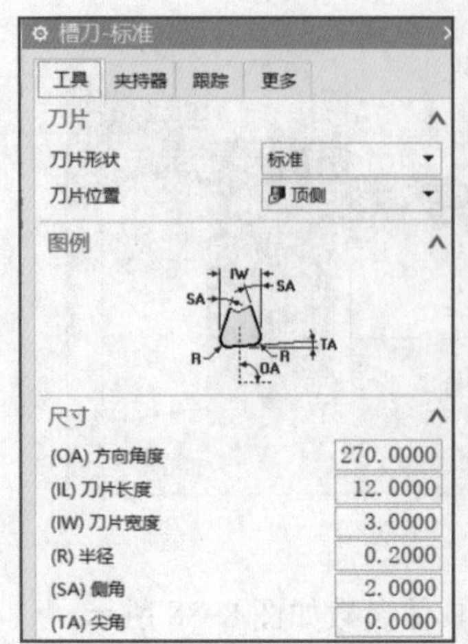

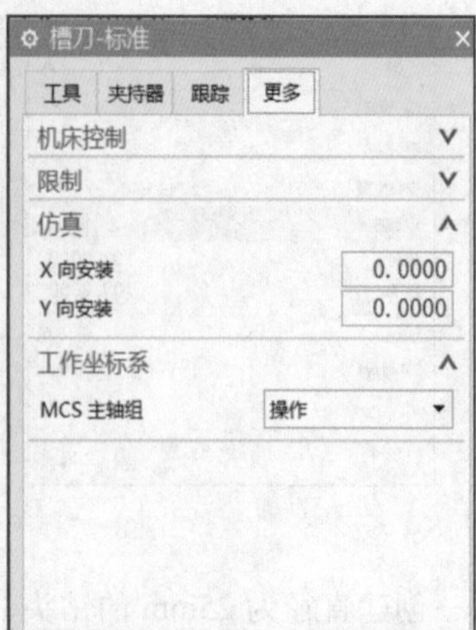

图 8-40　内孔切槽刀参数设置

看我操作（扫描下方二维码观看本节视频）：

二维码 157　钻孔—粗精镗内轮廓

二维码 158　内孔切槽

10）选用直径为 25mm 的钻头钻底孔→孔径比大于 4:1，选用断屑加工方式钻孔→退刀距离设置为 50mm。

【注意：起始位置的意思为开始钻孔点，默认为坐标零点，深度选项设“距离”，值输入孔的深度，由于钻头前端有 118° 的钻尖角度，所以在“偏置”位置给一个大于钻头钻尖深度的值，则孔就可以完全钻通。钻孔时一定要设置逼近点，否则默认起点为坐标原点，其钻孔参数设置如图 8-41 所示。】

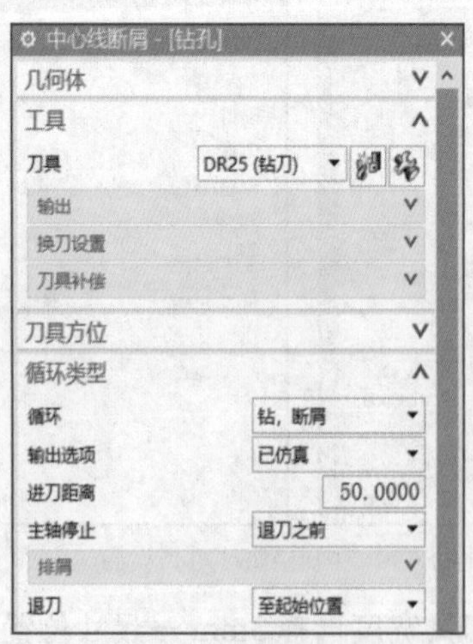

图 8-41　创建钻孔程序

11）选择内径粗镗指令→刀具选择“内孔镗刀”→策略选择“单向线性切削”（由于有退刀槽，粗加工时不车槽）→变换模式选择“省略”→内孔车削时，非切削移动选择“逼近”→逼近点位置选择高于毛坯直径的安全位置，离开点选择低于零件内孔最小直径且点在孔外→粗加工留 0.5mm 余量→其参数设置如图 8-42 所示→生成刀路，如图 8-43 所示。

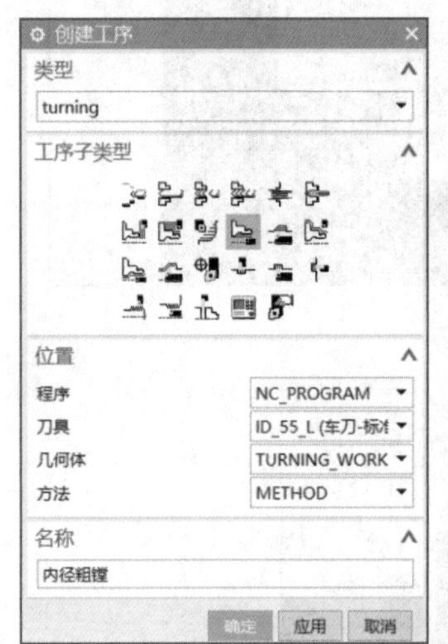

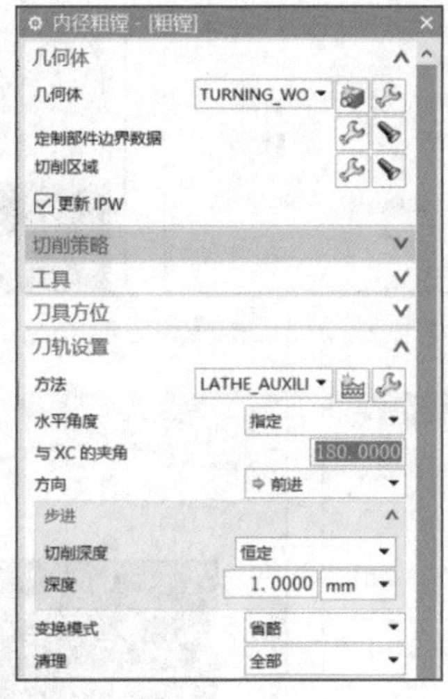

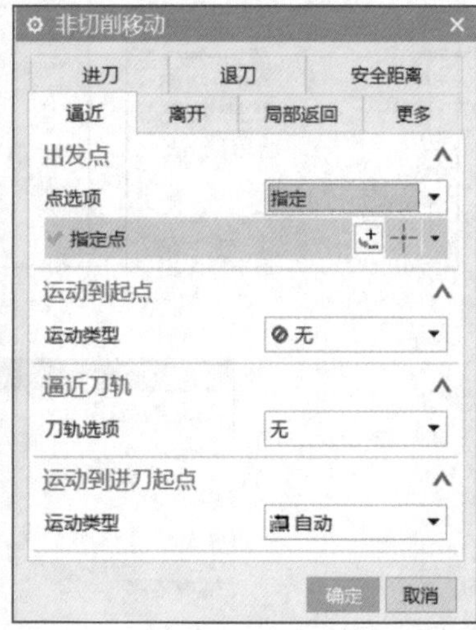

图 8-42　创建内径粗镗程序

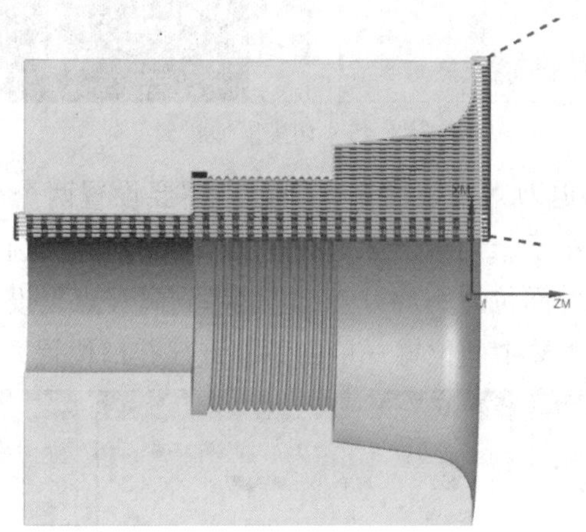

图 8-43　内孔粗车刀路轨迹图

12）精加工中只需要设置逼近点、离开点、进刀和退刀，确保进刀和退刀安全。如果不设置离开点，刀具在精加工内孔完成时，刀具不从内孔中退出。进退刀设置为“线性自动”，如图 8-44 所示。

13）创建切内槽加工程序时，通过切削区域手电筒工具查看切削区域→如果出现切削区域，可以通过编辑切削区域，使用轴向 1 和轴向 2 通过点的方式控制切削区域→轴向 1 点选择槽左边回转中心→轴向 2 点选择槽右边回转中心→设置后，槽的切削区域如图 8-45 所示。

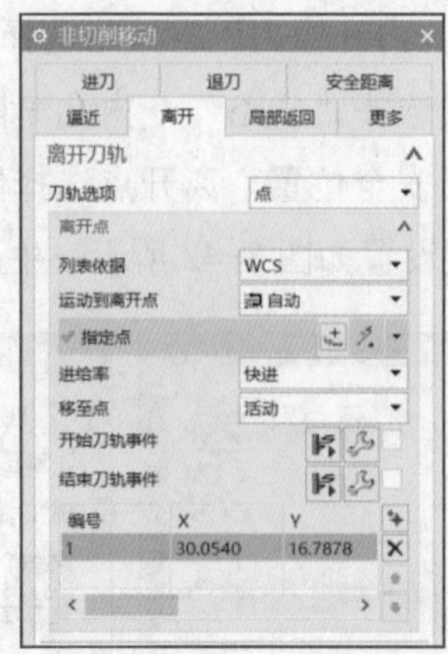
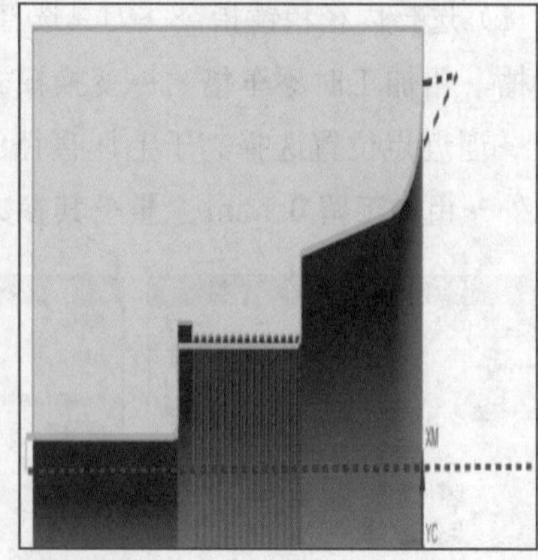

图 8-44　创建精加工程序和生成的刀路

图 8-45　切削区域设置

14）注意设置进刀和退刀为“线性”→逼近点需要设置两个点，出发点设置在右端面外，控制点的径向方向值小于未切槽表面直径，“运动到起点”选项选择“轴向→径向”→指定点选择到内孔槽轴向中间位置→离开点：“运动到离开点”设置为“径向→轴向”→第一个点设置在离开内孔槽大概中间位置→单击添加点（孔口位置），如图 8-46 所示。

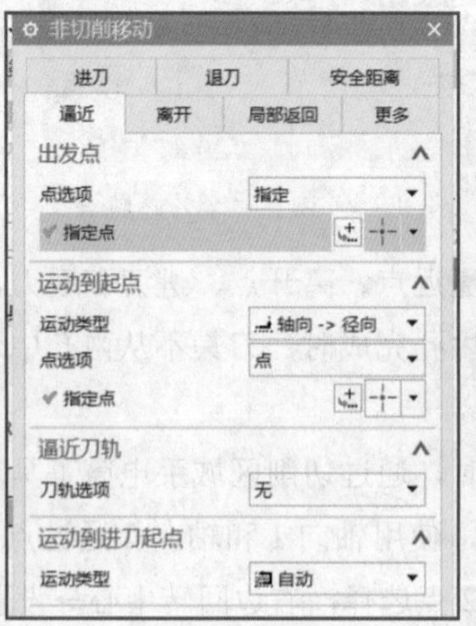
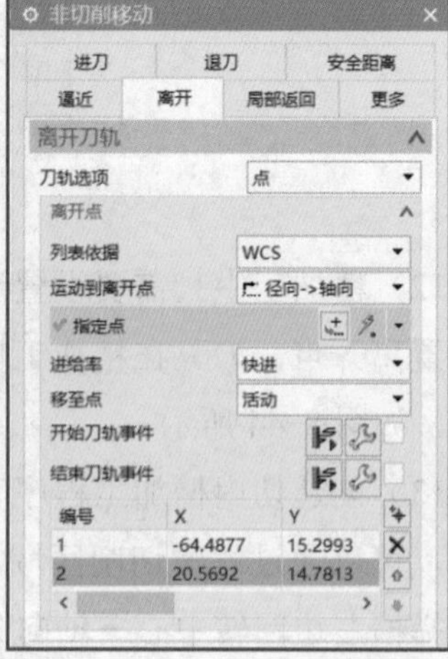

图 8-46　创建切内槽加工程序和参数设置

15）对逼近点和离开点进行设置后生成的刀路如图 8-47 所示。

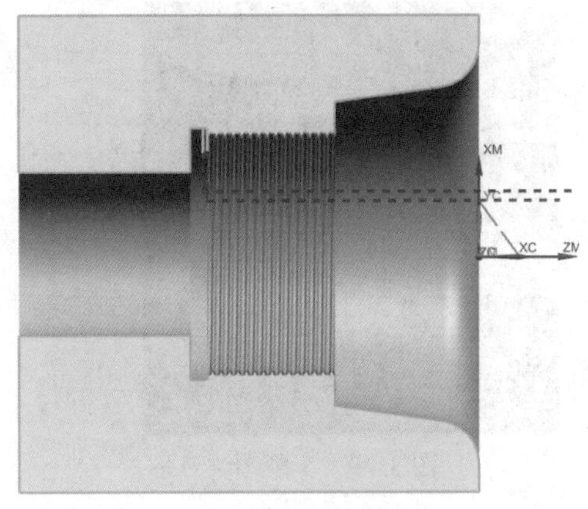

图 8-47　切槽刀路

看我操作（扫描下方二维码观看本节视频）：

二维码 159　内螺纹车削

16）创建车内螺纹程序→沿着螺纹大径曲线画一条辅助直线→顶线选择辅助线→单击辅助线的最右边，则会判断螺纹的起始位置→终止线选择槽的右边界线→根线选择螺纹底径曲线→起始偏置 5mm →终止偏置为槽宽的一半多一点，设置为 2.5mm →为了防止车螺纹时第一刀车削太多，顶线设置一个距离 0.8mm →逼近点和离开点设置方法与切槽方法相同→其程序创建和参数设置如图 8-48 所示。

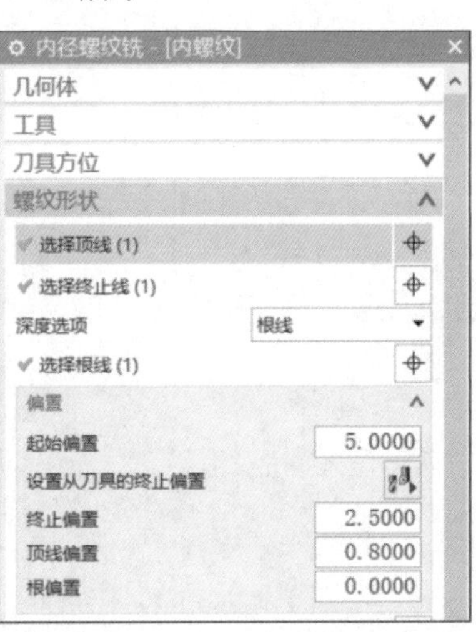

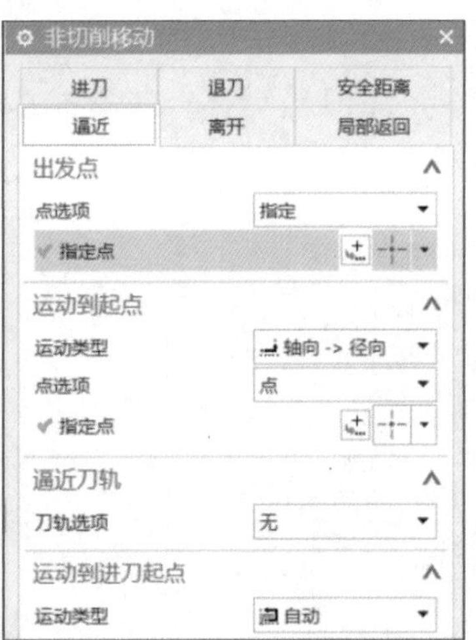

图 8-48　创建车内螺纹程序和参数设置

17）在切削参数中，一定要设置螺纹螺距，设置完成后生成的刀路如图 8-49 所示。

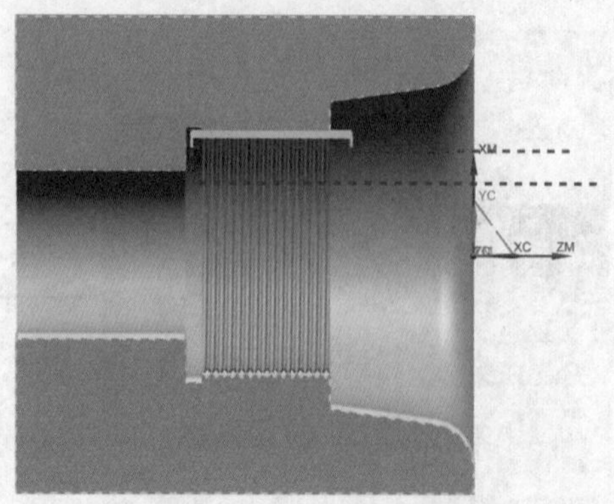

图 8-49　车削螺纹刀路

18）对零件左端面全部程序进行 3D 仿真，仿真结果如图 8-50 所示。根据使用机床的特点选择后处理器，输出 G 代码。

图 8-50　3D 仿真结果

第9章 后 处 理

9.0 课程思政之两个百年奋斗目标

知识点：两个百年奋斗目标、建成社会主义现代化强国的战略安排

党的第一个百年奋斗目标是中国共产党成立100年（2021年）时，全面建成小康社会（已经实现）；第二个百年奋斗目标，即新中国成立100年（2049年）时，把我国建设成为富强民主文明和谐美丽的社会主义现代化强国。党的二十大报告指出，全面建成社会主义现代化强国，总的战略安排是分两步走：从2020年到2035年基本实现社会主义现代化；从2035年到21世纪中叶把我国建成富强民主文明和谐美丽的社会主义现代化强国。

9.1 加工中心后处理

知识点：北京精雕系统加工中心后处理

后处理的目标和作用，就是把编制好的刀具运动轨迹，转化为机床可识别的加工代码。在开始进行后处理之前，最好先找到一份实际应用过的标准加工代码作为参考（如果没有参考代码，就需要翻阅机床编程手册，了解代码的含义）。加工代码最好涵盖所有的（或至少是常用的）加工方式，例如快速运动、直线运动、刀具长度补偿、刀具半径补偿、圆弧运动、螺旋运动、钻孔循环。

注：FANUC系统、北京精雕系统、华中数控系统、西门子系统、海德汉系统等不同系统的加工代码有所不同，但是后处理的方法和过程完全相同。下面以国产数控系统北京精雕系统为例，讲解后处理的全过程。

北京精雕后处理参考代码如下：

```
%
O0001
N1（1刀补测试）
G40 G17 G90 G80 G49 G21 G69 G94
M05
M09
G91 G28 Z0.0
T2 M06
M01
（T2 = D20R2，D = 20.00，FL = 50 ）
G91 G28 Z0.0
```

```
S5000 M03
M590 L1
G54 G90 G00 X-95.899 Y-56.835
G43 Z10. H02 M08
Z-9.5
G01 Z-10. F1200.
G41 X-94.913 Y-57. D02
G03 X-85. Y-47. I-.087 J10.
G01 Y47.
G02 X-72. Y60. I13. J0.0
G01 X72.
G02 X85. Y47. I0.0 J-13.
G01 Y-47.
G02 X72. Y-60. I-13. J0.0
G01 X-72.
G02 X-85. Y-47. I0.0 J13.
G03 X-95. Y-37. I-10. J0.0
G01 X-97.
G40 X-97.985 Y-37.174
Z-9.5
G00 Z3.
X-95.899 Y-56.835
Z-19.5
G01 Z-20.
G41 X-94.913 Y-57. D02
G03 X-85. Y-47. I-.087 J10.
G01 Y47.
G02 X-72. Y60. I13. J0.0
G01 X72.
G02 X85. Y47. I0.0 J-13.
G01 Y-47.
G02 X72. Y-60. I-13. J0.0
G01 X-72.
G02 X-85. Y-47. I0.0 J13.
G03 X-95. Y-37. I-10. J0.0
G01 X-97.
G40 X-97.985 Y-37.174
Z-19.5
G00 Z10.
N2（2 螺旋下刀测试）
G40 G17 G90 G80 G49 G21 G69 G94
M05
M09
G91 G28 Z0.0
```

```
T1 M06
M01
（T1 = D8，D = 8.00，FL = 50）
G91 G28 Z0.0
S5500 M03
M590 L1
G54 G90 G00 X-50. Y20.
G43 Z10. H01 M08
Z1.
G03 X-47.5 I1.25 J0.0 F1600.
G03 X-47.5 Y20. Z-2. I-2.5 J0.0
G03 X-47.5 Y20. Z-5. I-2.5 J0.0
G03 I-2.5 J0.0
G03 X-50. I-1.25 J0.0
G00 Z10.
Y-20.
Z1.
G03 X-47.5 I1.25 J0.0
G03 X-47.5 Y-20. Z-2. I-2.5 J0.0
G03 X-47.5 Y-20. Z-5. I-2.5 J0.0
G03 I-2.5 J0.0
G03 X-50. I-1.25 J0.0
G00 Z10.
N3（3 点孔测试）
G40 G17 G90 G80 G49 G21 G69 G94
M05
M09
G91 G28 Z0.0
T3 M06
M01
（T3 = ZXZ，D = 6.00，FL = 35）
G91 G28 Z0.0
S4000 M03
M590 L1
G54 G90 G00 X-50. Y20.
G43 Z10. H03 M08
G99 G81 X-50. Y20. Z-1. F300. R1.
Y-20.
X50.
Y20.
G80
G00 Z10.
N4（4 深孔钻测试）
G40 G17 G90 G80 G49 G21 G69 G94
```

```
M05
M09
G91 G28 Z0.0
T4 M06
M01
（T4 = DR6.7，D = 6.70，FL = 35）
G91 G28 Z0.0
S2000 M03
M590 L1
G54 G90 G00 X-50. Y20.
G43 Z10. H04 M08
G99 G83 X-50. Y20. Z-24.013 F200. R1. Q2.
Y-20.
X50.
Y20.
G80
G00 Z10.
G91 G28 Z0.
M30
%
```

看我操作（扫描下方二维码观看本节视频）：

二维码 160　建立后处理

二维码 161　修改程序头

二维码 162　换刀输出设置

二维码 163　第一次移动设置

二维码 164　程序结束设置

跟我操作（根据以下关键词的指引，独立完成相关操作）：

9.1.1　建立基本的后处理雏形

1）在 Windows 的开始菜单中找到“后处理构造器”，单击进行启动，如图 9-1、图 9-2 所示。

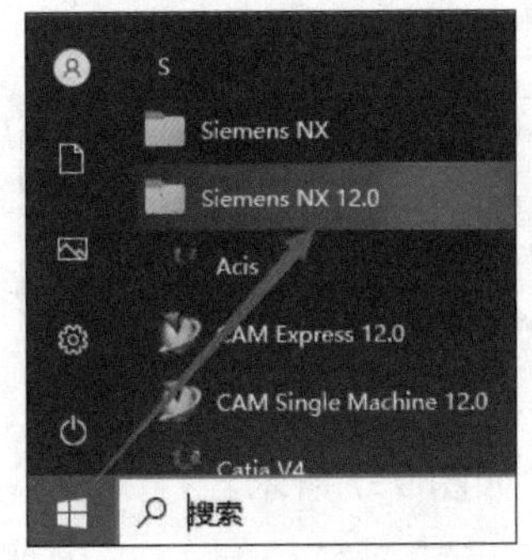

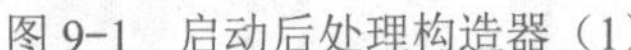

图 9-1　启动后处理构造器（1）

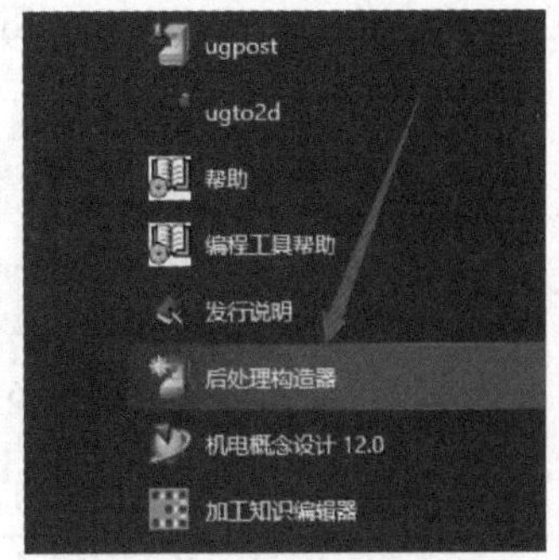

图 9-2　启动后处理构造器（2）

2）启动后会弹出黑色信息对话框，将其最小化（不可关闭），如图 9-3 所示。

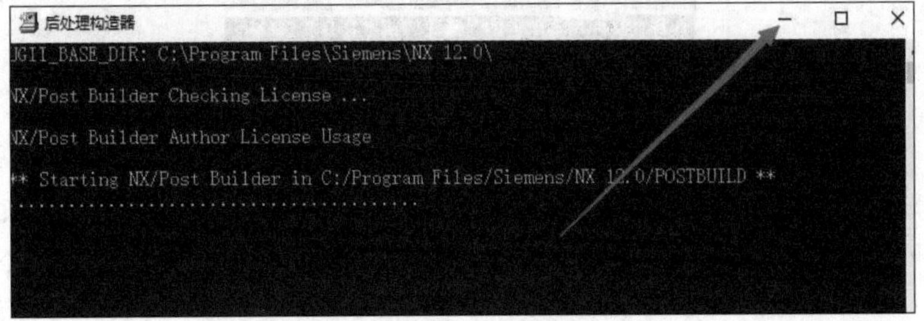

图 9-3　启动界面

3）大约 5s 以后，会出现主界面（英文版界面），如图 9-4 所示。

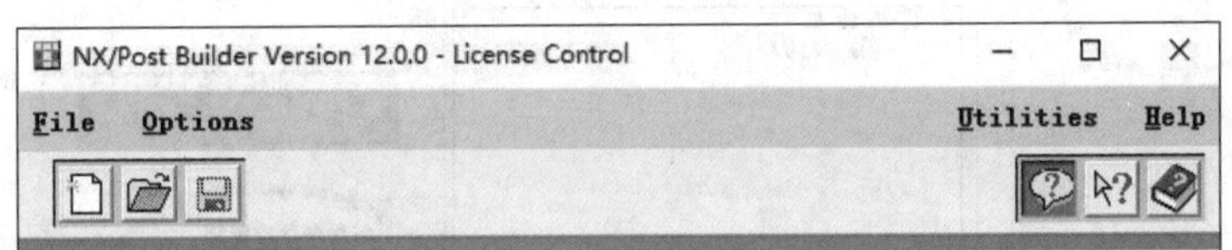

图 9-4　英文版主界面

4）（如果是中文界面不用此步操作）单击 Options → Language →中文（简体），切换为中文操作界面，如图 9-5 所示。

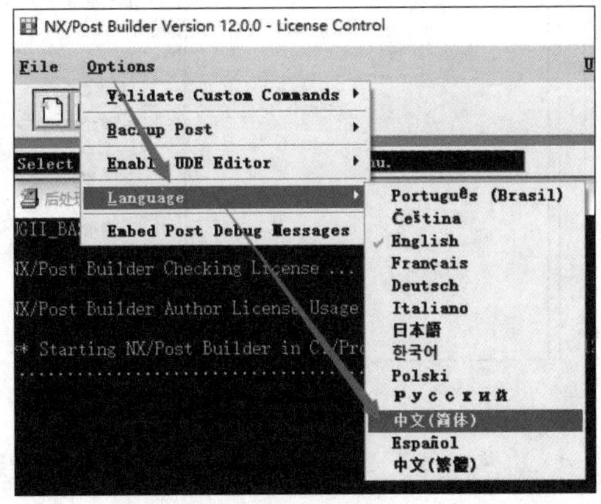

图 9-5　切换界面

5）切换为中文简体以后的界面如图 9-6 所示。

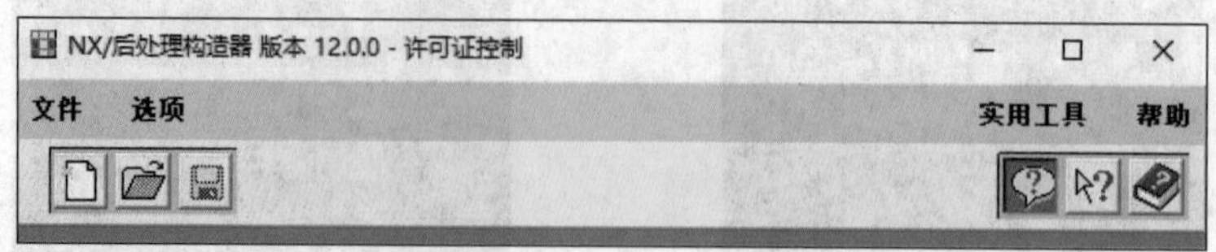

图 9-6 中文版主界面

6）单击“新建”按钮，创建一个新的后处理，如图 9-7 所示。

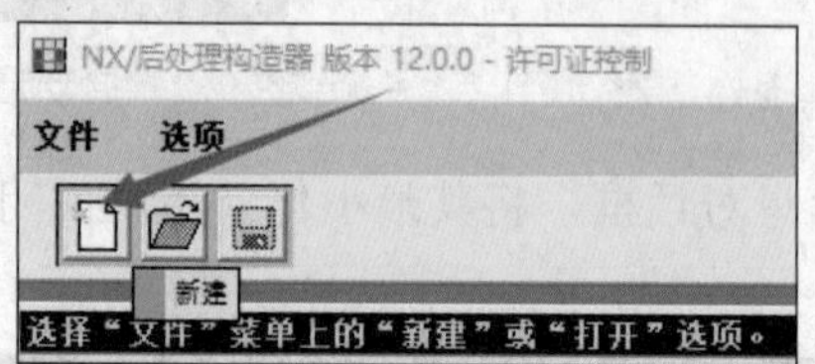

图 9-7 新建后处理

7）删除“后处理名称”和“描述”文本框中的所有信息→后处理输出单位选择“毫米”→控制器选择“库”中的“FANUC-Fanuc_30i_advanced”，如图 9-8 所示。

8）把线性轴行程限制的 X、Y、Z 都加一个 0，移刀进给率最大值加一个 0，如图 9-9 所示。

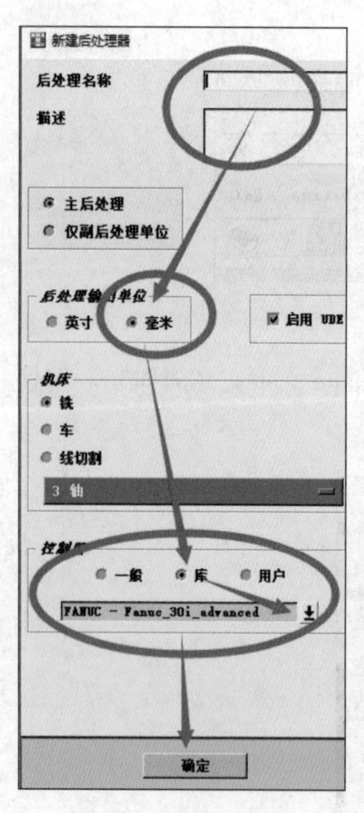

图 9-8 设置后处理

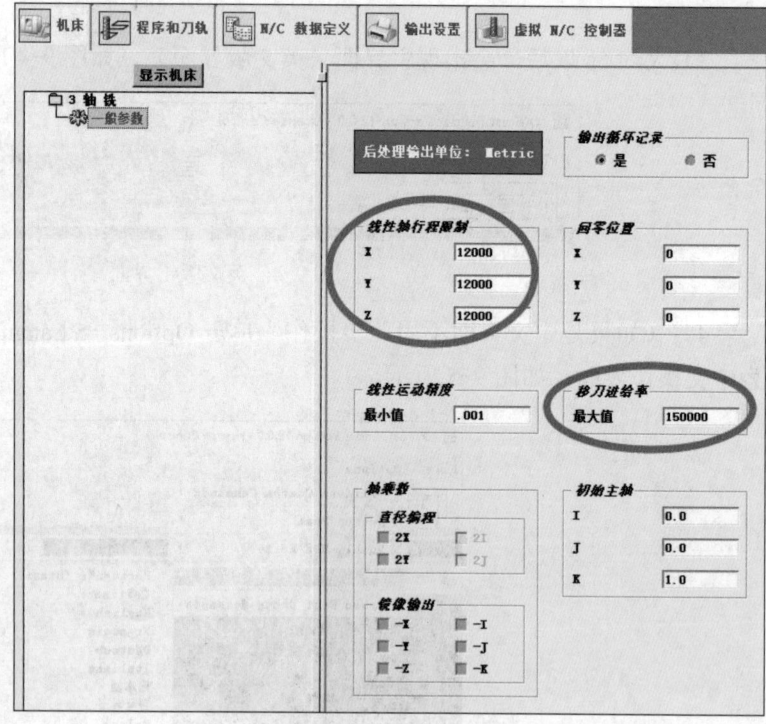

图 9-9 设置一般参数

9）单击“程序和刀轨”→“程序”→“机床控制”→“进给率”→把“最大值”加一个 0→“确定”，如图 9-10 所示。

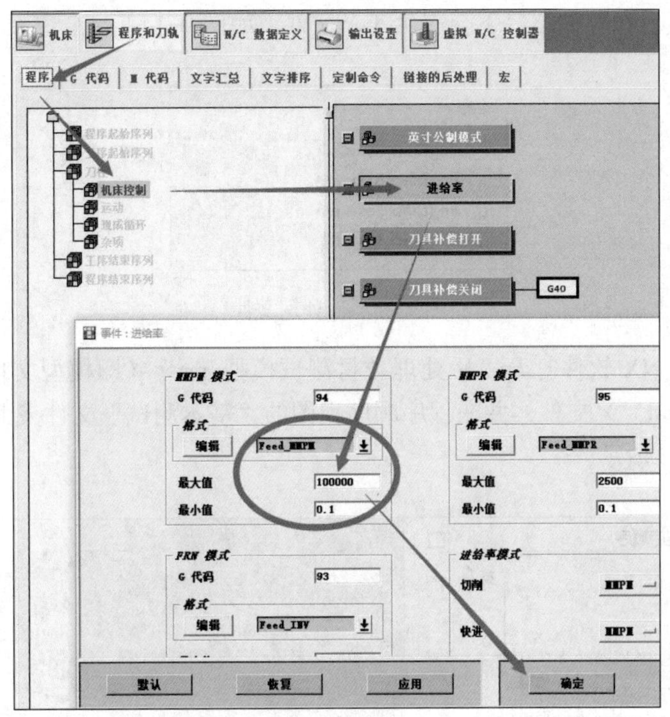

图 9-10　设置进给率最大值

10）单击“文件”→“另存为”→“确定”→输入后处理文件名称“JingDiao_3axis.pui”→“保存”，如图 9-11 ～图 9-13 所示。

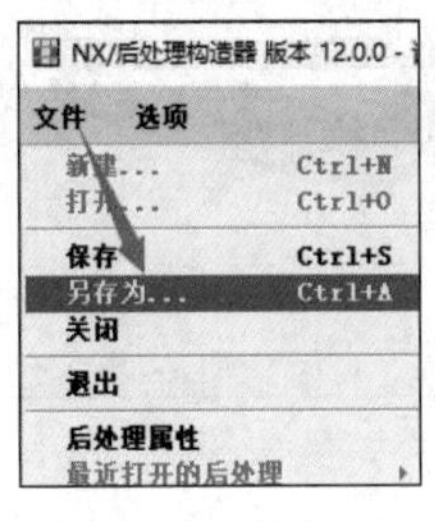

图 9-11　另存为

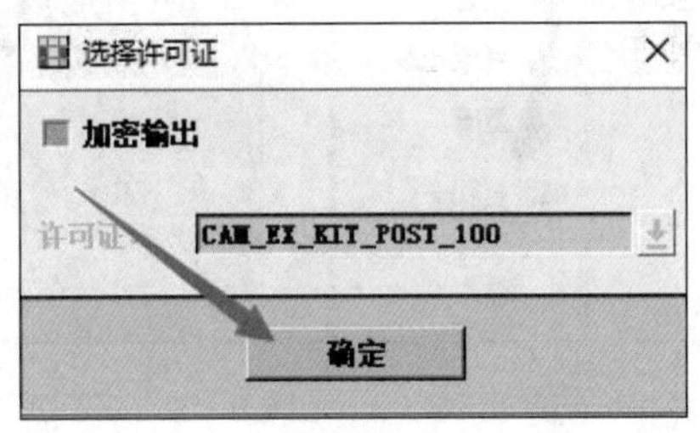

图 9-12　确定

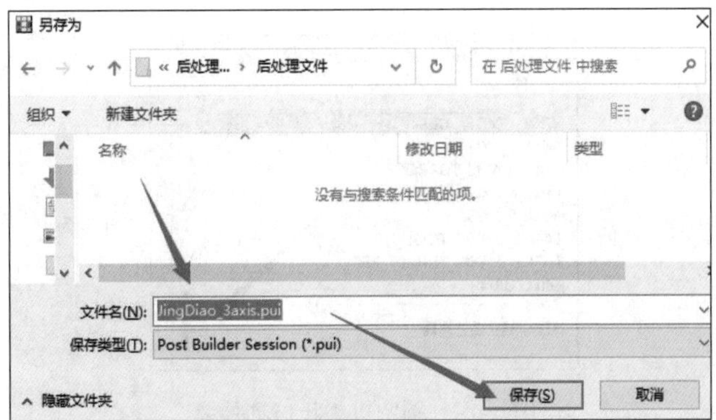

图 9-13　保存

11）保存之后，在存储路径下会产生 4 个文件，如图 9-14 所示。

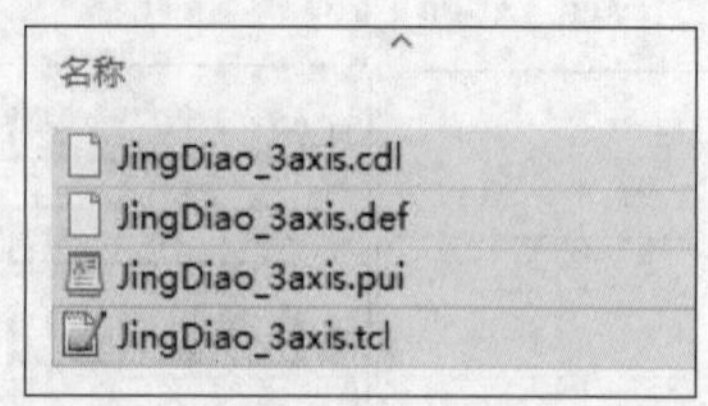

图 9-14　后处理文件

12）使用 UG NX 软件打开“后处理教材测试模型 .prt”（即模型文件“9-1 加工中心后处理测试模型 .prt”）文件，并在程序顺序视图的“基本测试”文件夹上单击右键→“后处理”，如图 9-15 所示。

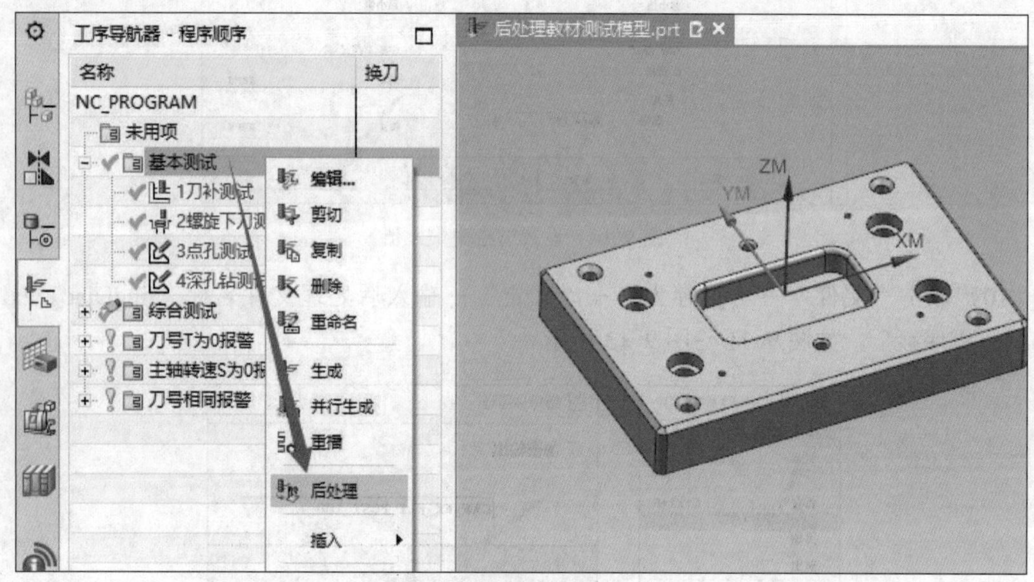

图 9-15　后处理

13）在弹出的对话框中单击“浏览以查找后处理器”按钮，如图 9-16 所示。

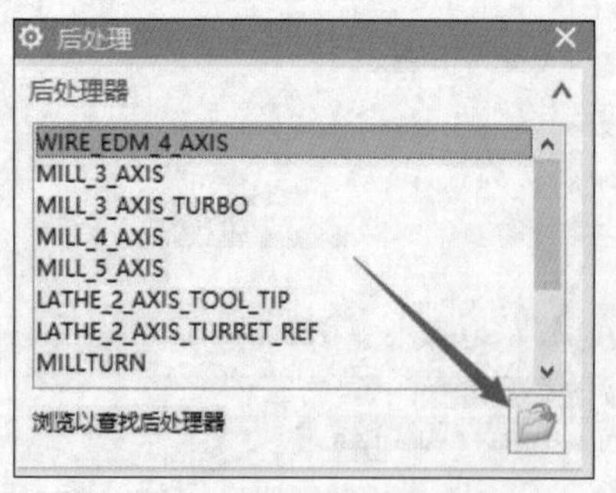

图 9-16　浏览以查找后处理器

14）在弹出的对话框中查找到之前保存的后处理文件“JingDiao_3axis.pui”，单击“OK”按钮，如图 9-17 所示。

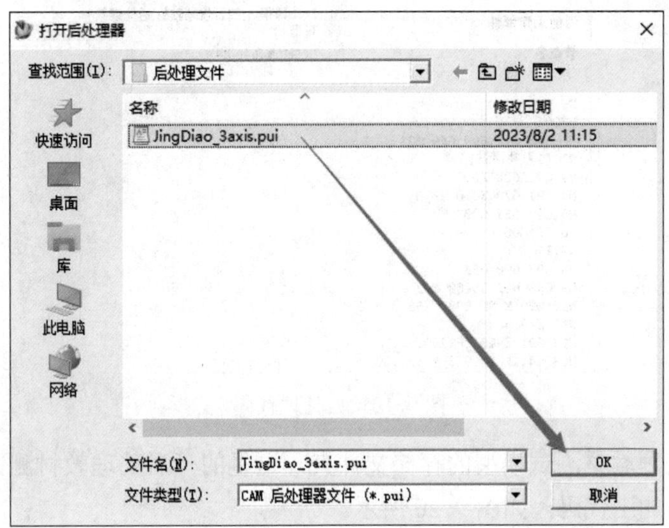

图 9-17　后处理文件

15）在弹出的“后处理”对话框中单击“确定”按钮，如图 9-18 所示。

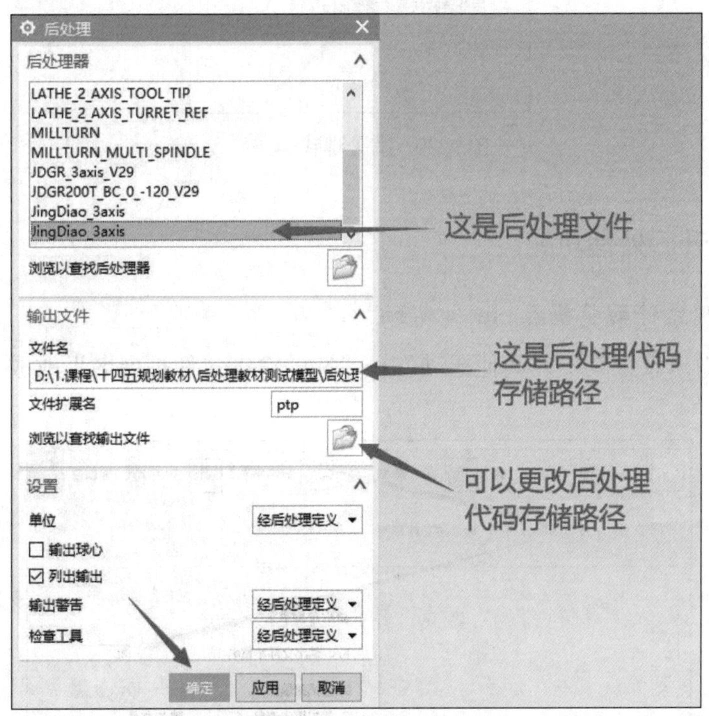

图 9-18　“后处理”对话框

16）此时会弹出后处理代码“信息”对话框，如图 9-19 所示。

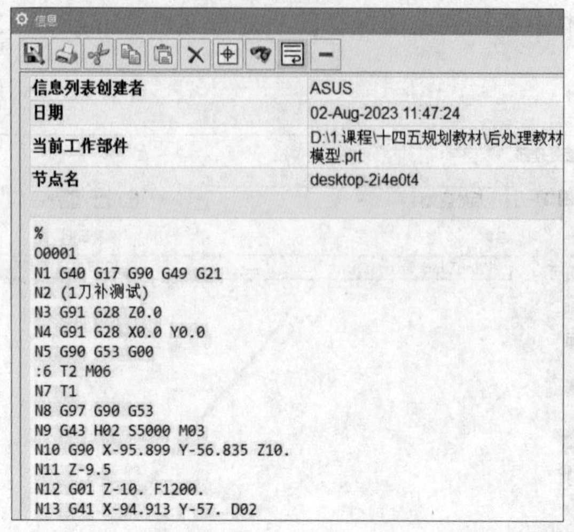

图 9-19　后处理代码

17）打开后处理教材测试模型的存储文件夹，这里的“后处理教材测试模型 .ptp”就是刚才后处理获得的加工代码，如图 9-20 所示。

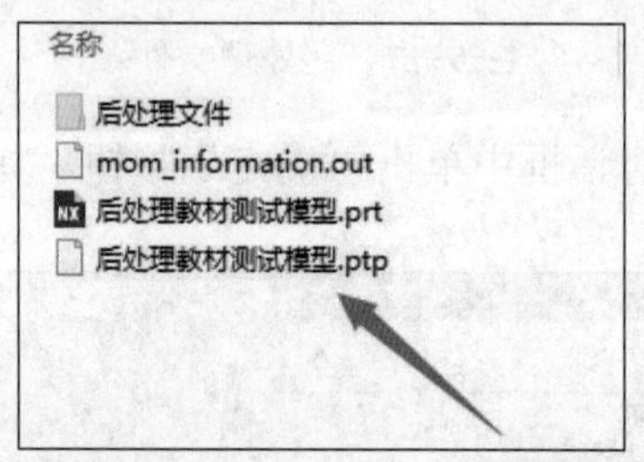

图 9-20　后处理代码文件

9.1.2　优化提升后处理功能

1. *把后处理文件的扩展名 ptp 改成 NC*

1）单击“输出设置”→“其他选项”→“N/C 输出文件扩展名”改成 NC，如图 9-21 所示。

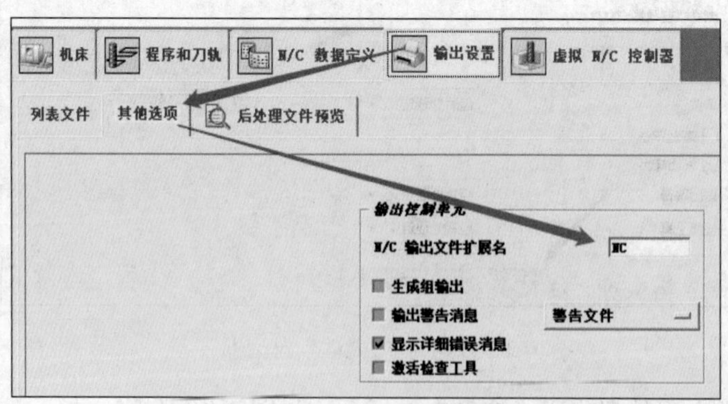

图 9-21　后处理文件扩展名设置

2）保存一次后处理，并进行一次后处理输出测试，可以看见后处理输出的文件扩展名变成了 NC，如图 9-22 所示。

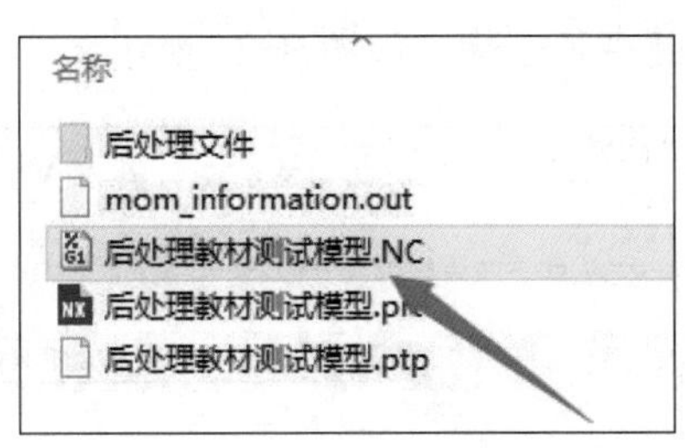

图 9-22　后处理文件扩展名

2. 关闭所有行号输出

1）单击“程序和刀轨”→“程序”→“程序起始序列”→“程序开始”→在“MOM_set_seq_on”上单击右键将其删除，如图 9-23 所示。备注：MOM_set_seq_on 是打开行号输出，MOM_set_seq_off 是关闭行号输出，这里把打开行号输出代码删除后，也就不会输出行号了。

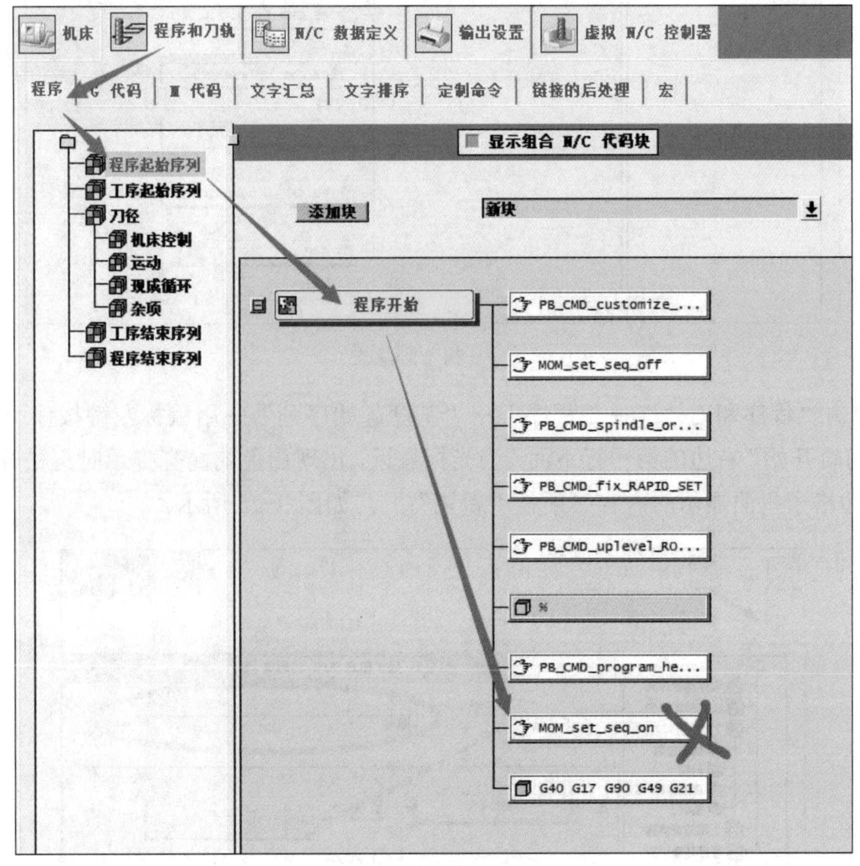

图 9-23　关闭行号输出

2）保存一次后处理，并进行一次后处理输出测试，观察输出的后处理代码第一列的行号 N... 是否已经被删除了。

3. 修改程序头为精雕格式

1）单击“程序和刀轨”→“程序”→“程序起始序列”→“程序开始”→在“G40 G17 G90 G49 G21”上单击右键将其删除，如图 9-24 所示。

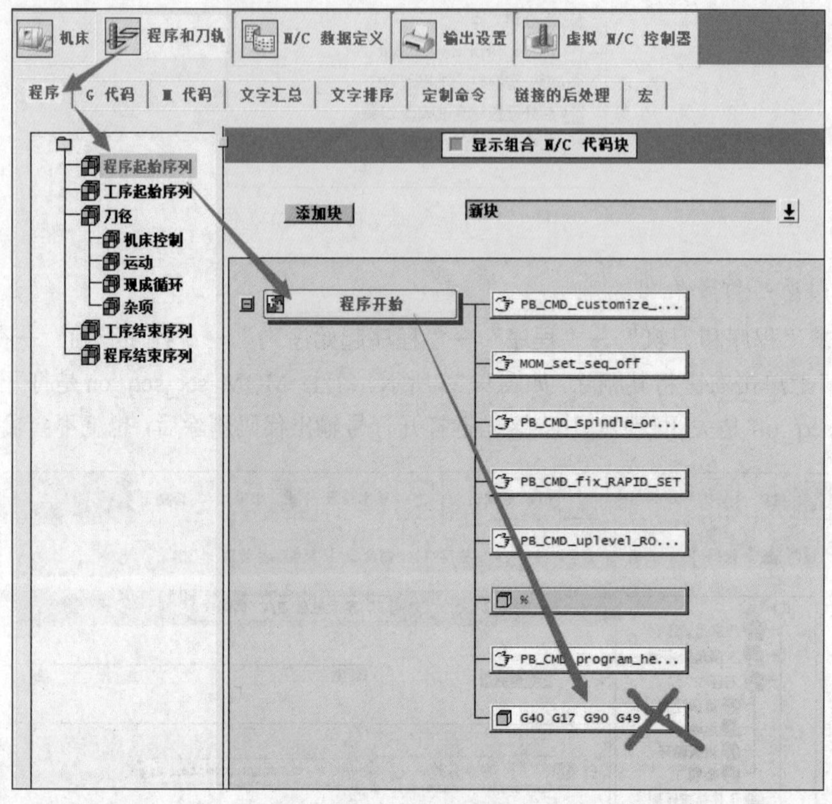

图 9-24　删除块

2）单击“程序和刀轨”→“程序”→“工序起始序列”→用鼠标左键按住“添加块”拖拽到“刀轨开始”右边的第一行下面，当光标靠近，出现白色的高亮提示时再松开鼠标（添加块的右边格子里面显示的内容必须是“新块”），如图 9-25 所示。

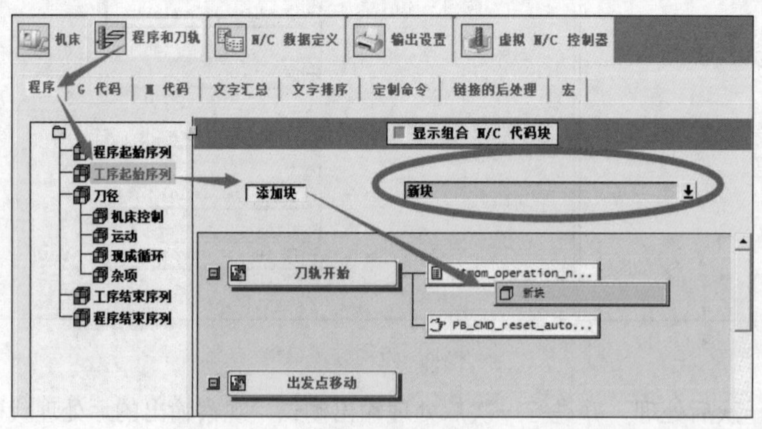

图 9-25　添加块

3）在弹出的对话框中单击图示的按钮，找到 G40，如图 9-26 所示。

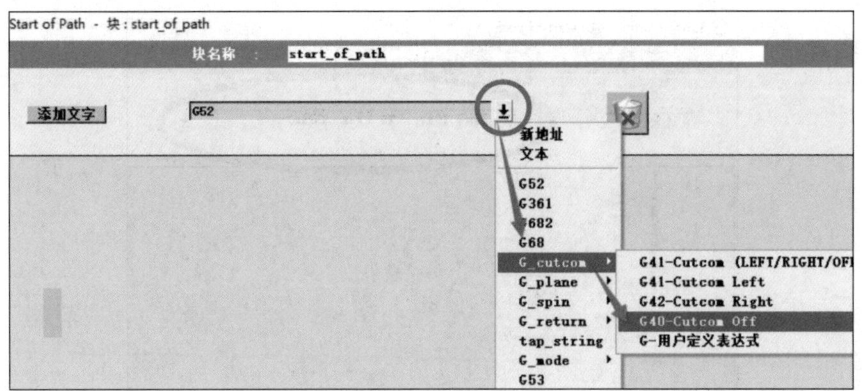

图 9-26 添加 G40（1）

4）用鼠标左键按住“添加文字”拖拽到下方的空格中，松开鼠标，如图 9-27 所示。

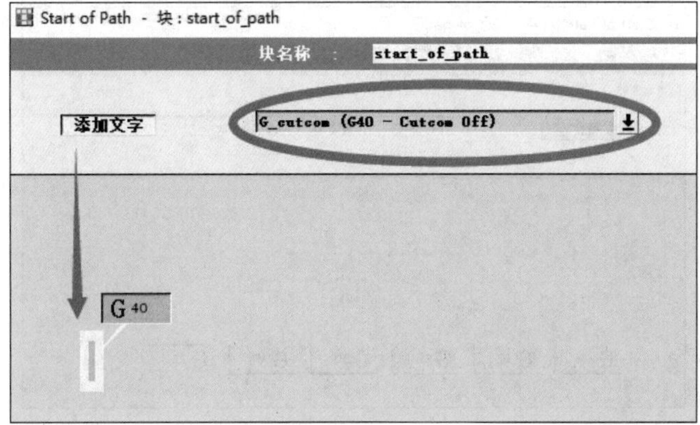

图 9-27 添加 G40（2）

5）继续单击箭头按钮，找到 G17，如图 9-28 所示。

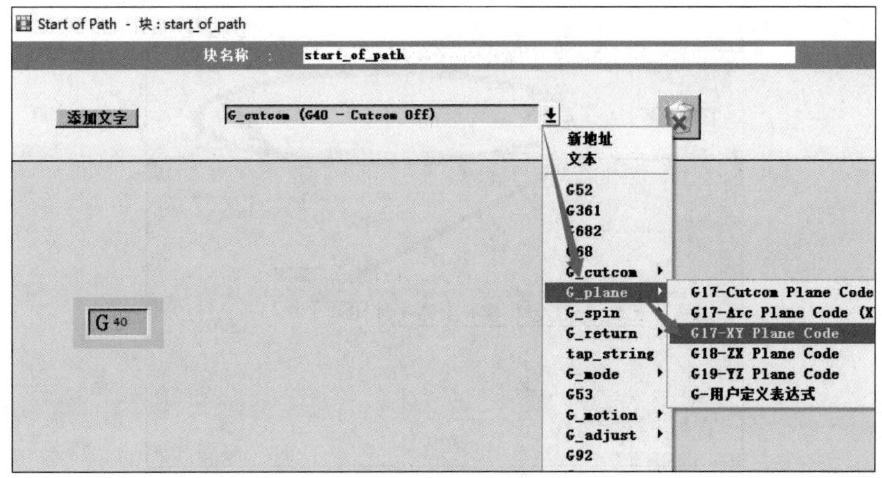

图 9-28 添加 G17（1）

6）用鼠标左键按住“添加文字”拖拽到下方的空格中，松开鼠标，如图 9-29 所示。

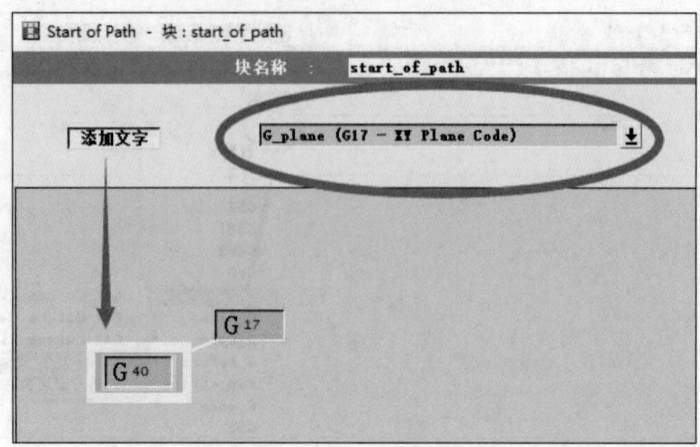

图 9-29　添加 G17（2）

7）继续依次找到并添加 G90、G80、G49、G21，如图 9-30 所示。

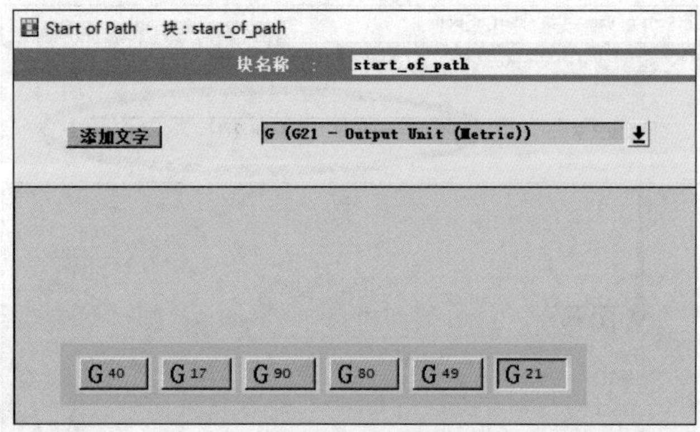

图 9-30　连续添加多个代码

8）单击箭头按钮，选择“文本”，拖拽“添加文字”到末尾，当出现白色高亮竖线时松开鼠标，如图 9-31 所示。

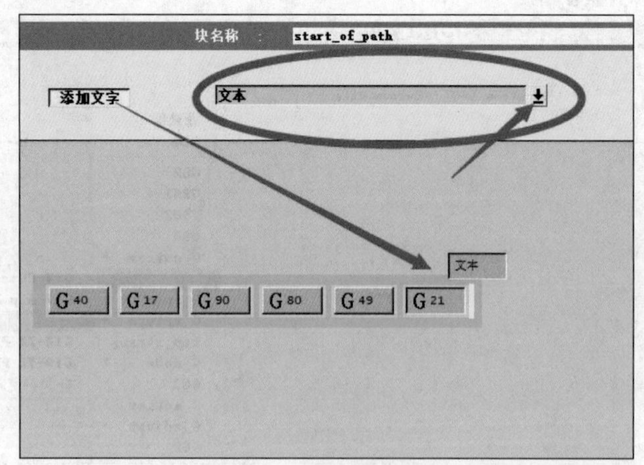

图 9-31　添加文本

9）输入 G69，单击“确定”按钮，如图 9-32 所示。

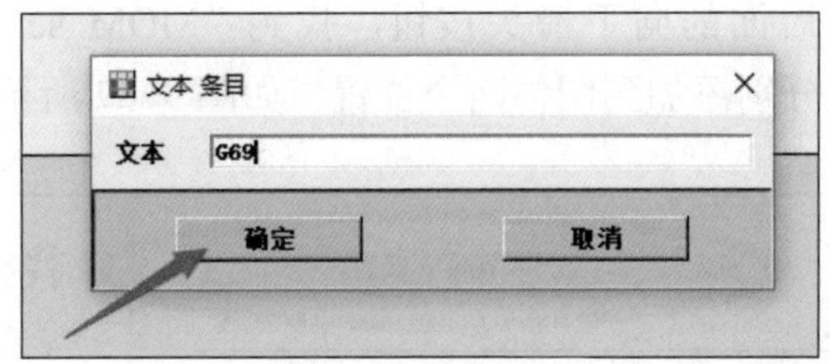

图 9-32　输入文本（1）

10）同理添加输入 G94，如图 9-33 所示。

图 9-33　输入文本（2）

11）在 G40 代码上单击右键，选择“强制输出”，如图 9-34 所示。

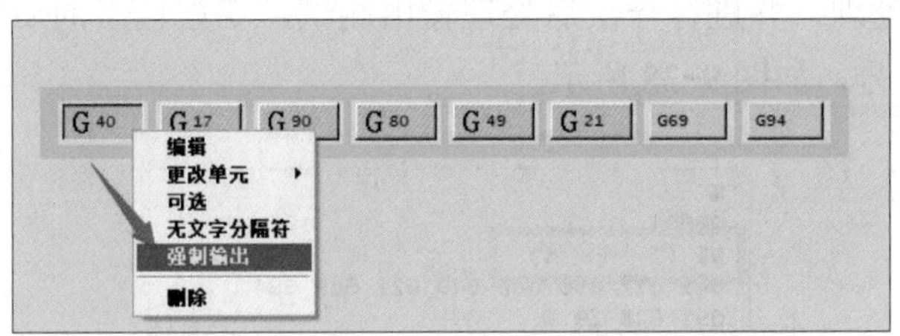

图 9-34　强制输出（1）

12）同理，把所有代码都设置为强制输出，设置成功后，代码的右边会有一个白色的标记，如图 9-35 所示，完成后单击“确定”按钮。

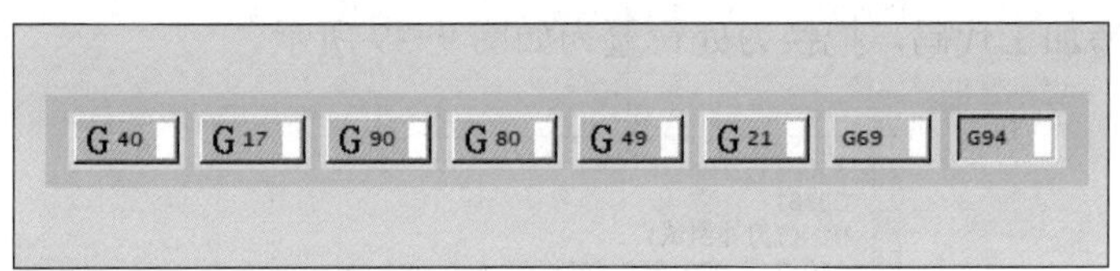

图 9-35　强制输出（2）

13）保存一次后处理，并进行一次后处理输出测试，观察输出的后处理代码程序头是否已经能够正确输出刚才设置的代码，如图 9-36 所示。

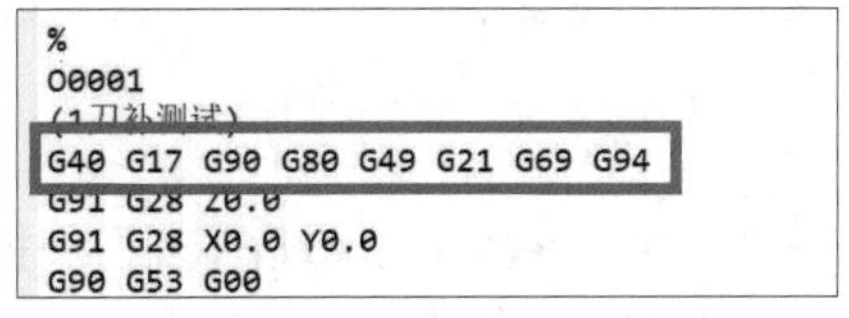
```
%
O0001
(1刀补测试)
G40 G17 G90 G80 G49 G21 G69 G94
G91 G28 Z0.0
G91 G28 X0.0 Y0.0
G90 G53 G00
```

图 9-36　后处理代码程序头

4. 在输出工序名字之前输出一次行号

1）单击“添加块”后面的向下箭头按钮，找到“MOM_set_seq_on”和“MOM_set_seq_off”两行代码，依次分别添加到图中两个位置，如图 9-37 所示。

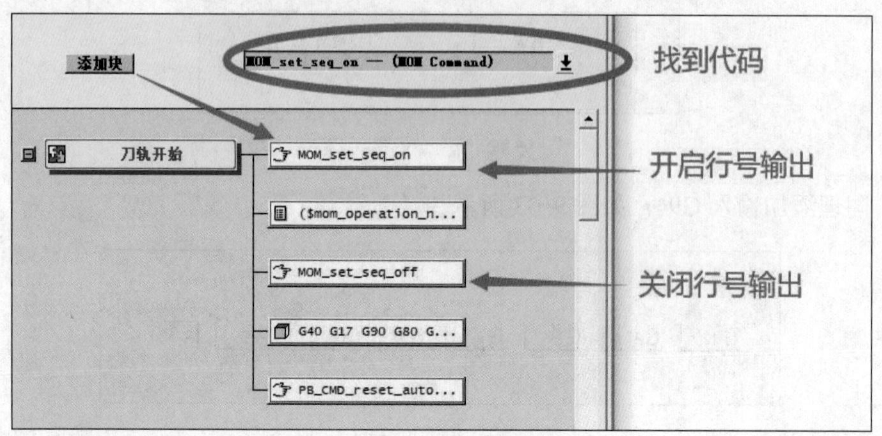

图 9-37　开启行号输出

2）保存一次后处理，并进行一次后处理输出测试，观察输出的后处理代码程序头是否已经能够正确输出行号，如图 9-38 所示。

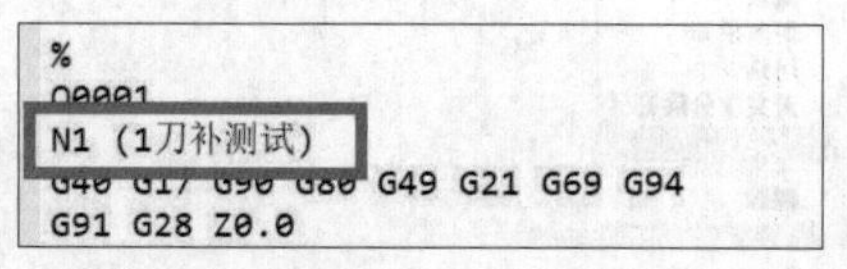

```
%
O0001
N1 (1刀补测试)
G40 G17 G90 G80 G49 G21 G69 G94
G91 G28 Z0.0
```

图 9-38　输出行号

5. 换刀输出设置

按照精雕参考加工代码，把换刀处设置为如图 9-39 所示。

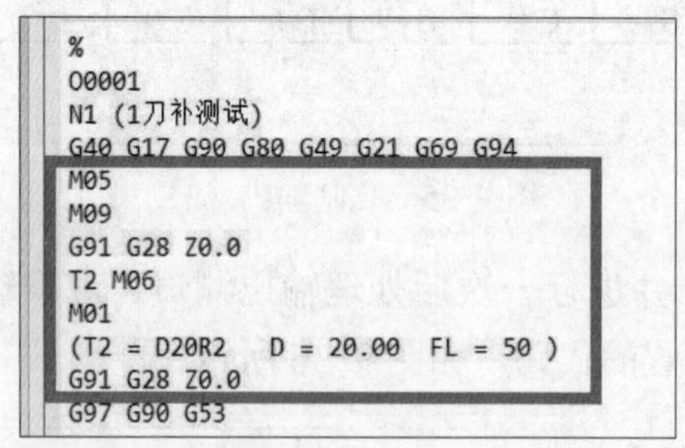

```
%
O0001
N1 (1刀补测试)
G40 G17 G90 G80 G49 G21 G69 G94
M05
M09
G91 G28 Z0.0
T2 M06
M01
(T2 = D20R2   D = 20.00  FL = 50 )
G91 G28 Z0.0
G97 G90 G53
```

图 9-39　换刀前后信息

1）单击“程序和刀轨”→“程序”→“工序起始序列”→拖拽“添加块”到“第一个刀具”右边的 G91 G28 Z0 代码上，如图 9-40 所示。

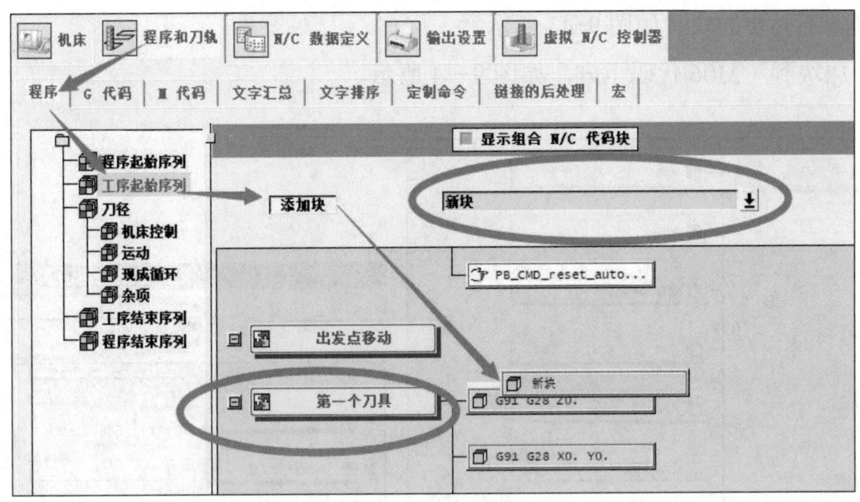

图 9-40　添加块

2）在弹出的对话框中单击箭头按钮选择“文本”，拖拽“添加文字”到下面松开鼠标，会弹出一个对话框，输入代码 M05，如图 9-41 所示，完成后单击“确定”按钮。

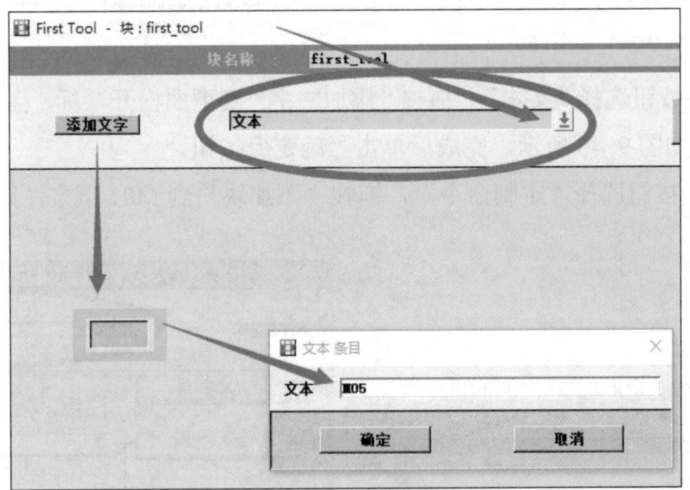

图 9-41　添加 M05

3）同理添加 M09 代码，如图 9-42 所示。

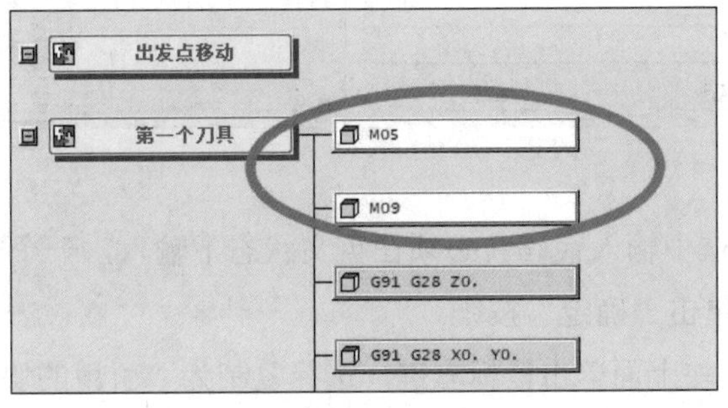

图 9-42　添加 M09

4）删除不必要的块，如图 9-43 所示。

5）添加块到 T M06 代码下方，如图 9-44 所示。

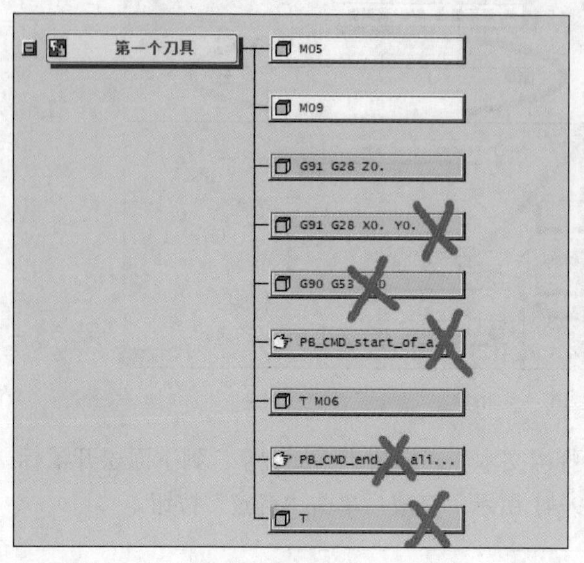

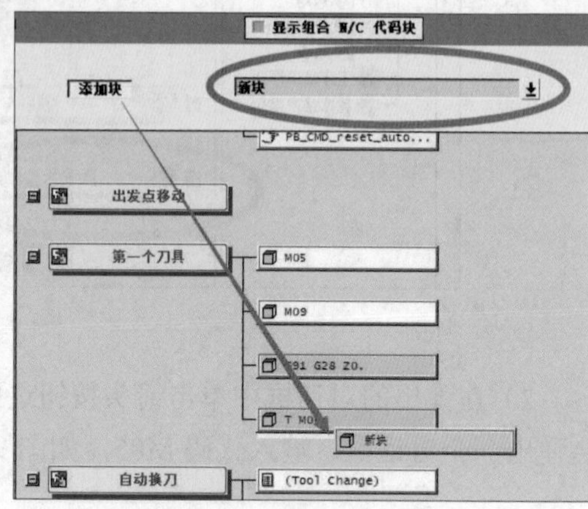

图 9-43　删除块　　　　图 9-44　添加块

6）单击箭头按钮选择“文本”，拖拽“添加文字”到下面松开鼠标，会弹出一个对话框，输入代码 M01，如图 9-45 所示，完成后单击“确定”按钮。

7）单击箭头按钮选择“定制命令”，拖拽“添加块”到 M01 下方，如图 9-46 所示。

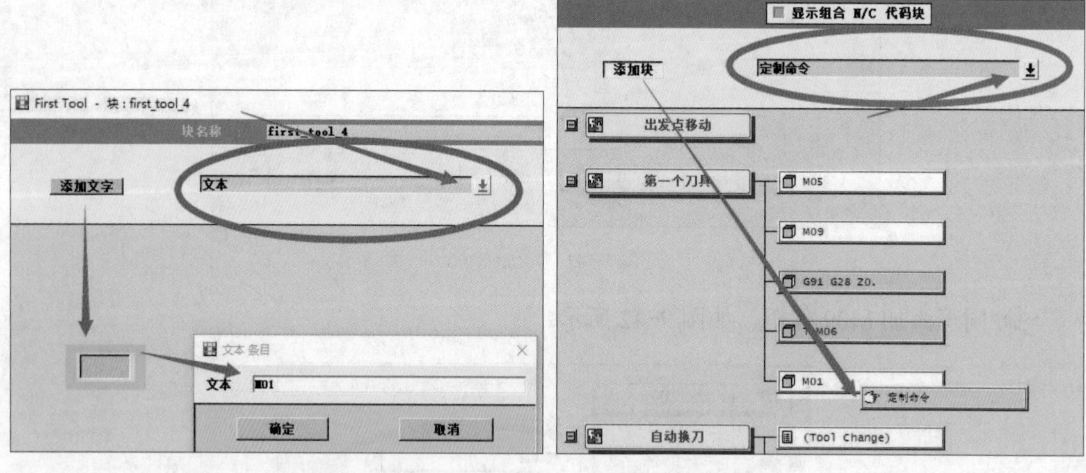

图 9-45　添加 M01　　　　图 9-46　添加定制命令

8）在弹出的对话框中输入代码（必须在英文状态下输入，一个空格也不能输错），如图 9-47 所示，完成后单击“确定”按钮。

9）在 G91 G28 Z0 块上面单击鼠标右键，选择复制为“引用的块”，如图 9-48 所示。

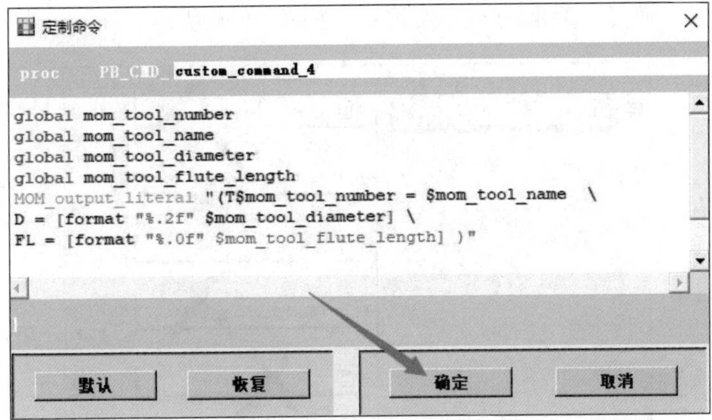

图 9-47　定制命令内容

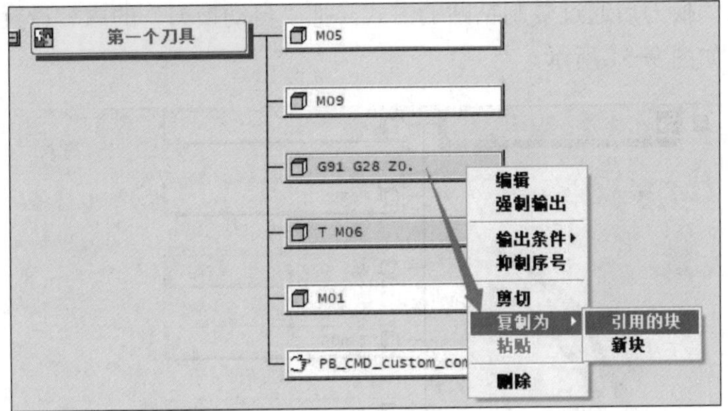

图 9-48　复制引用的块

10）在定制块上面单击鼠标右键，选择粘贴到“之后”，如图 9-49 所示。

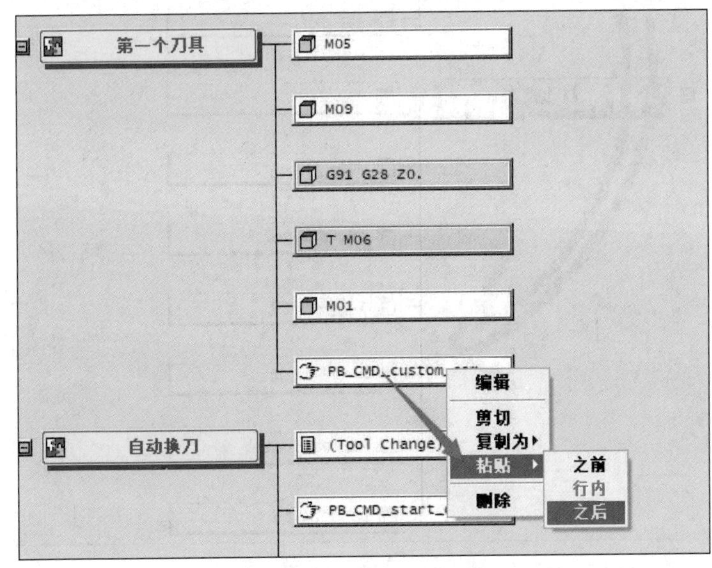

图 9-49　粘贴引用块

11）删除“自动换刀”后面的不必要信息，如图 9-50 所示。

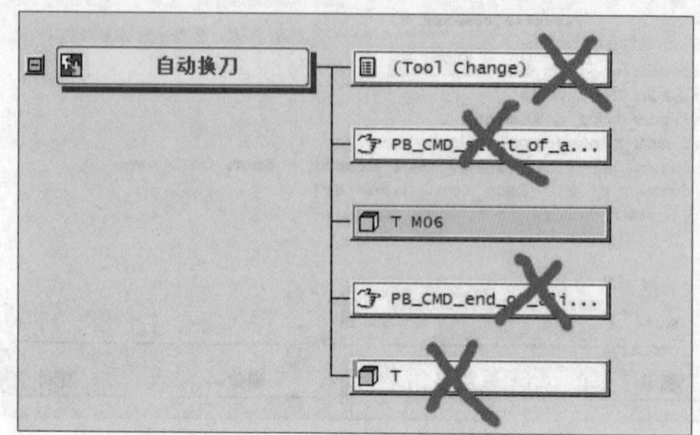

图 9-50　删除块

12）删除自动换刀后通过复制粘贴的方式，把“自动换刀”的内容设置成与“第一个刀具”完全相同，如图 9-51 所示。

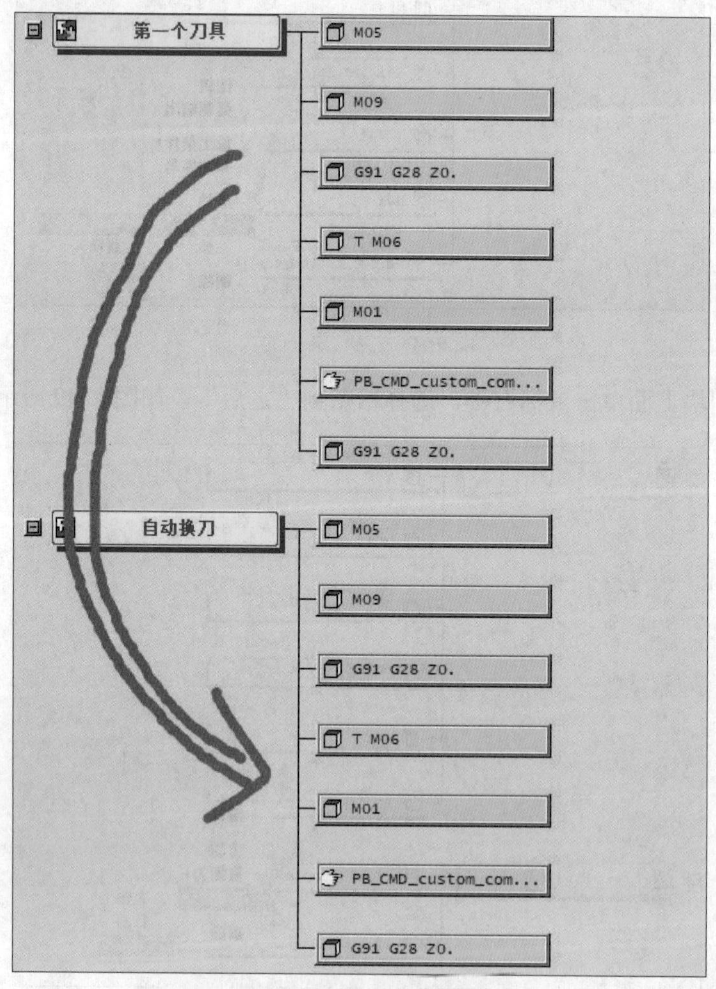

图 9-51　复制粘贴引用块

13）保存后处理并测试一次后处理代码，如图 9-52 所示。

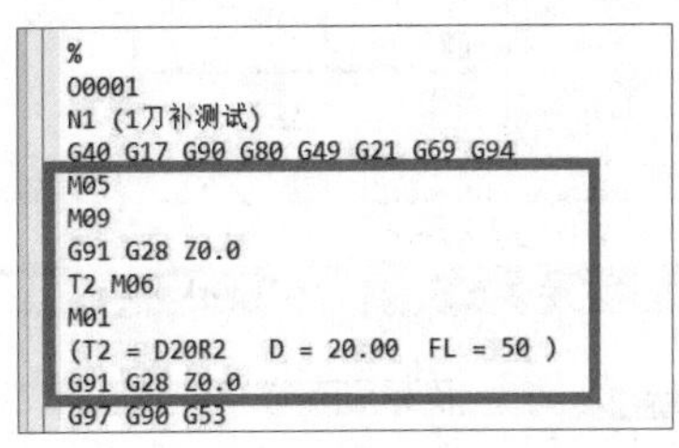

```
%
O0001
N1 (1刀补测试)
G40 G17 G90 G80 G49 G21 G69 G94
M05
M09
G91 G28 Z0.0
T2 M06
M01
(T2 = D20R2    D = 20.00   FL = 50 )
G91 G28 Z0.0
G97 G90 G53
```

图 9-52　后处理代码

6. *初始移动设置*

1）添加新块到“初始移动”的“G17 G97 G90 G”块前，如图 9-53 所示。

2）在弹出的对话框中，分别找到并添加“S-Spindle Speed”和“M_spindle(M03-CLW Spindle Direction)”，如图 9-54 所示，完成后单击“确定”按钮。

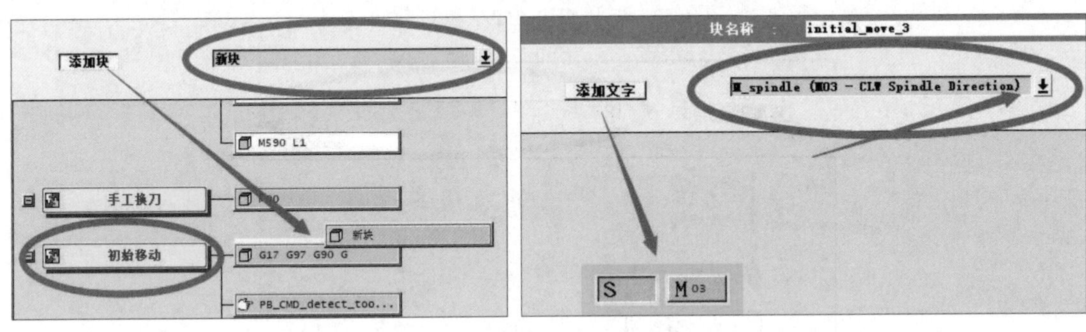

图 9-53　添加新块　　　　图 9-54　添加 S 和 M03 代码

3）添加新块到“S M03”下方，如图 9-55 所示。

4）单击箭头按钮选择“文本”，拖拽“添加文字”到下面松开鼠标，会弹出一个对话框，输入代码 M590 L1，如图 9-56 所示，完成后单击“确定”按钮。

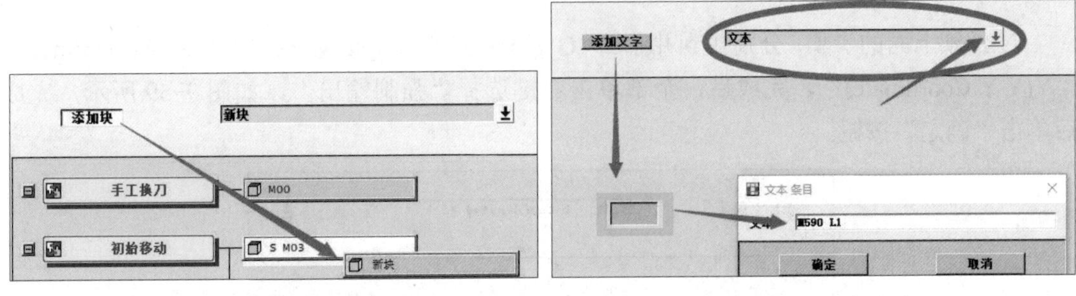

图 9-55　添加新块　　　　图 9-56　添加文字

5）单击“G17 G97 G90 G”块，在弹出的对话框中依次单击右键删除 G17、G97 和 G 代码，如图 9-57 所示。

6）继续上面的步骤，单击向下的箭头按钮选择“文本”，拖拽“添加文字”到 G90 的前面，会弹出一个对话框，输入代码 G54，如图 9-58 所示。

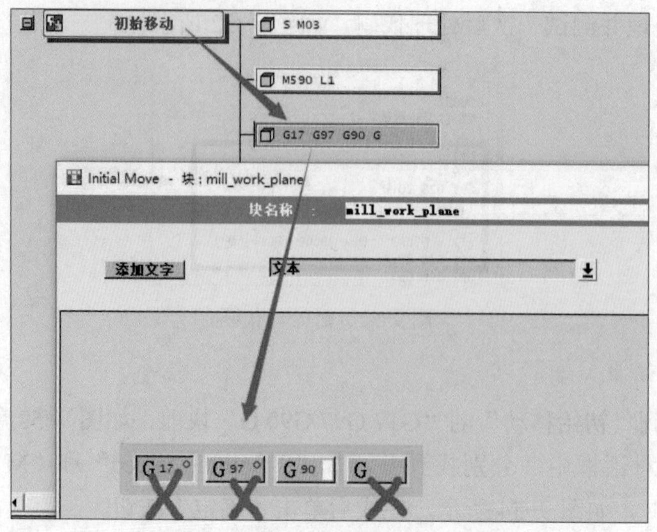

图 9-57　删除 G17、G97 和 G 代码

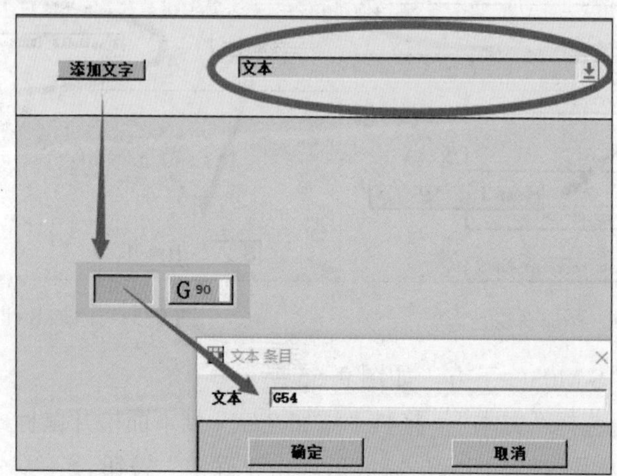

图 9-58　添加文字

7）继续上面的步骤，分别找到并添加“G_motion(G00-Rapid Move)”“X(X-X Coordinate)”“Y(Y-Y Coordinate)”，完成后，全部单击右键选择“强制输出”，如图 9-59 所示，完成后单击“确定”按钮。

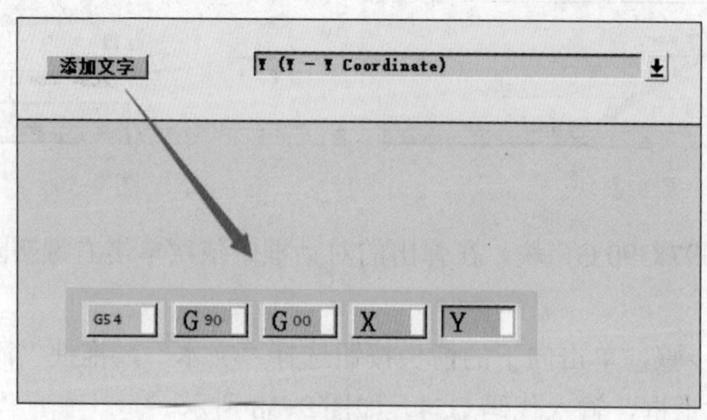

图 9-59　添加 G00 X Y

8）用鼠标拖拽“PB_CMD_init_force…”块到“S M03”的前面，如图 9-60 所示。

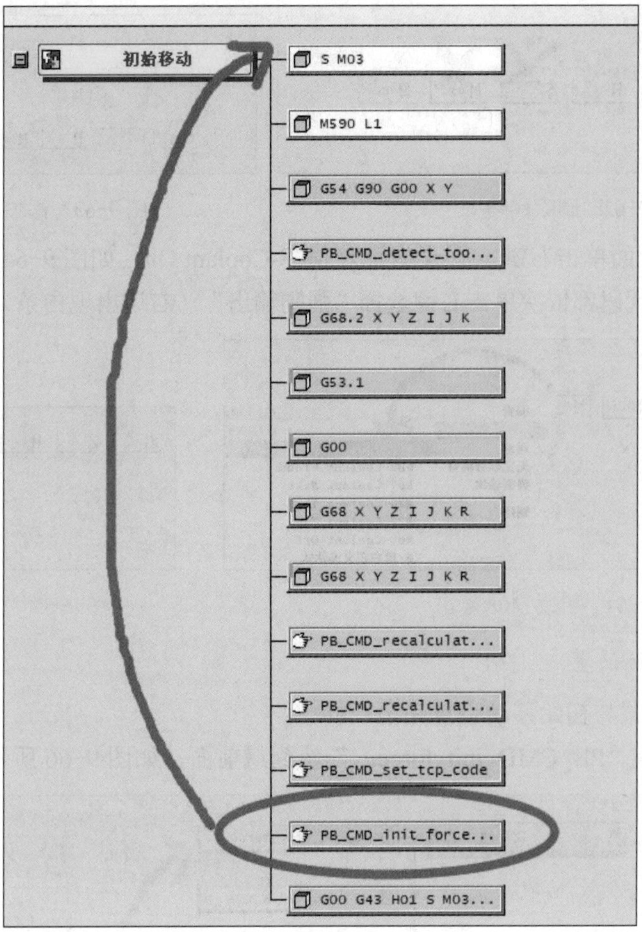

图 9-60　调整顺序（1）

9）单击打开“G00 G43 H01 S M03…”块，如图 9-61 所示。

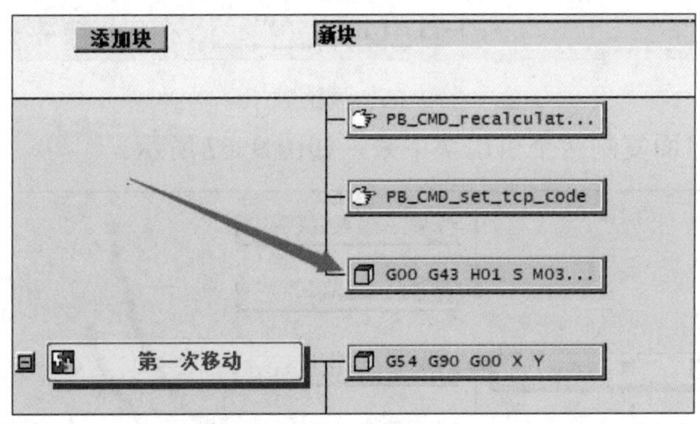

图 9-61　调整顺序（2）

10）删除 G00、S、M03 代码，如图 9-62 所示。

11）找到 Z(Z-Z Coordinate)，拖拽到下面，如图 9-63 所示。

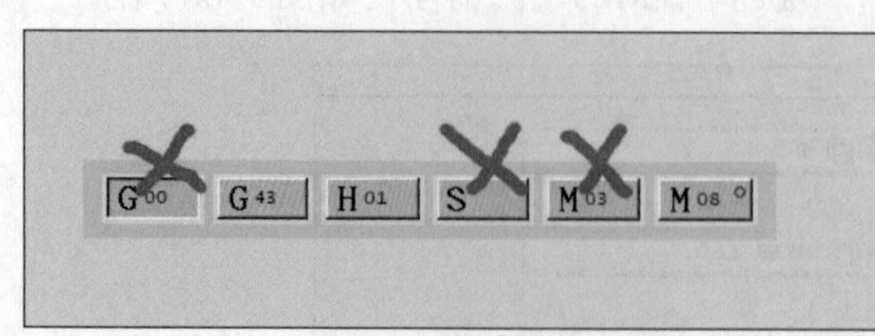
图 9-62　删除代码

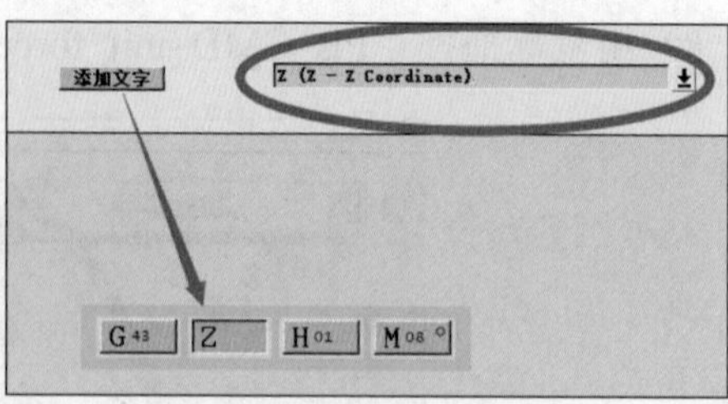

图 9-63　添加 Z 代码

12）在 M08 上面单击右键，更改单元为 M08-Coolant On，如图 9-64 所示。

13）把所有的代码都依次单击右键选择“强制输出”（右边出现白条），如图 9-65 所示。

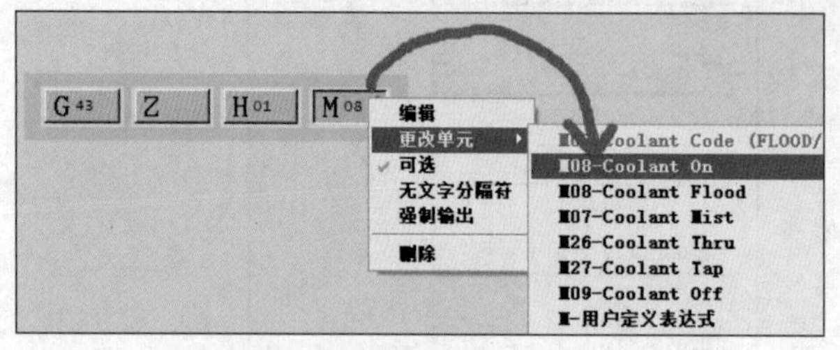

图 9-64　更改 M08 输出

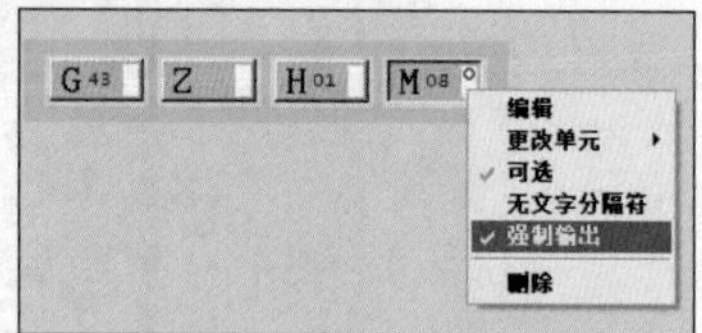

图 9-65　强制输出

7. 第一次移动设置

第一次移动设置与初始移动设置完全一样。

1）用鼠标拖拽“PB_CMD_init_force…”块到最前面，如图 9-66 所示。

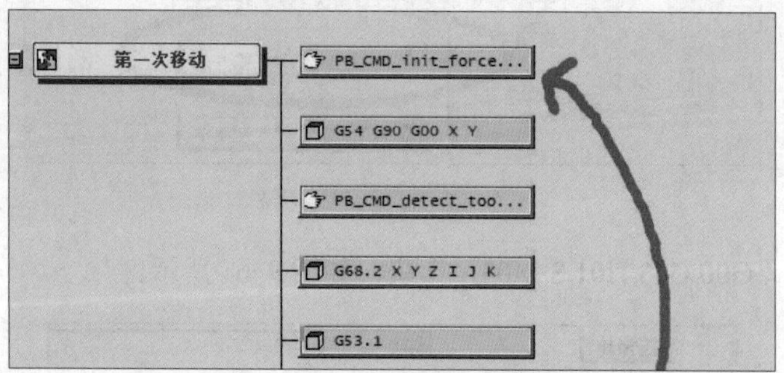

图 9-66　调整顺序

2）从初始移动里面复制两个引用块下来，如图 9-67 所示。

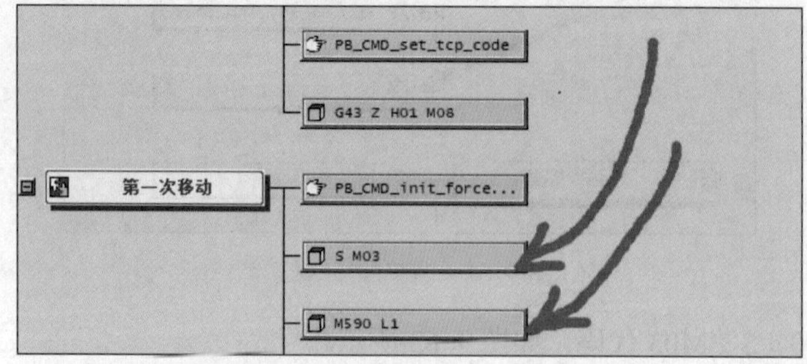

图 9-67　复制块

3）单击打开“G54 G90 G00 X Y”块，全部设置为强制输出，如图 9-68 所示。

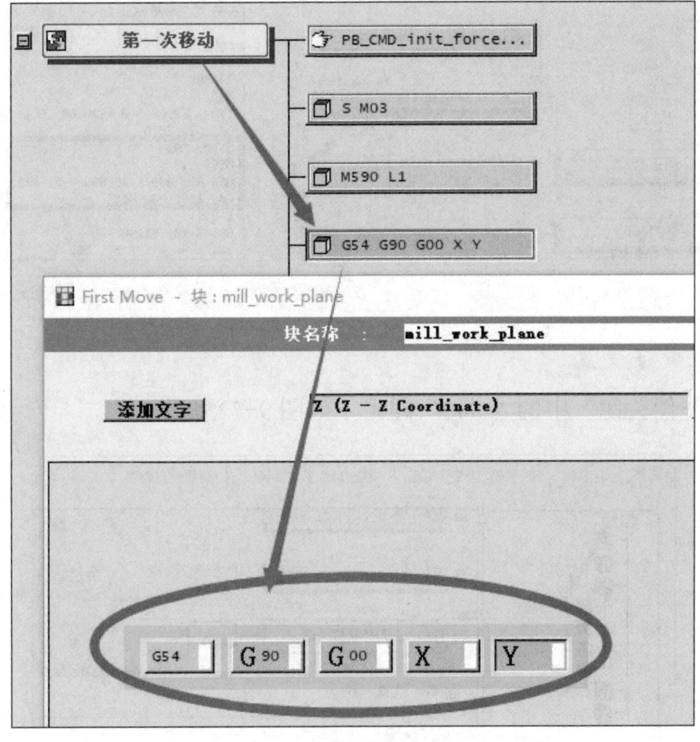

图 9-68　强制输出（1）

4）单击打开“G43 Z H01 M08”块，全部设置为强制输出，如图 9-69 所示。

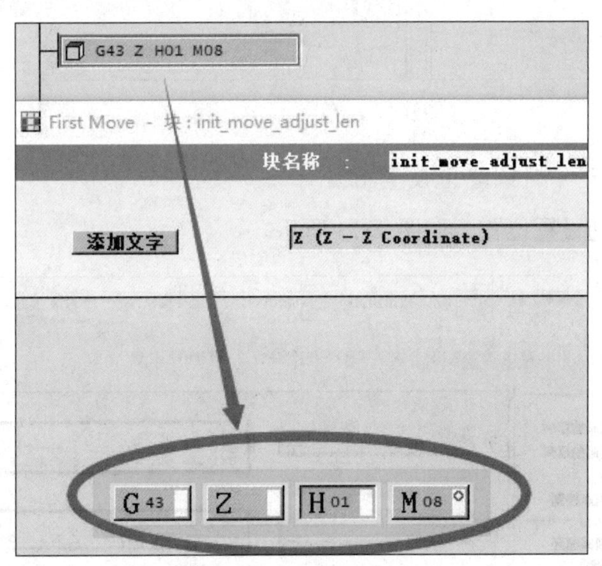

图 9-69　强制输出（2）

5）删除“PB_CMD_position t…”块，如图 9-70 所示。

6）保存后处理并测试一次后处理代码，如图 9-71 所示。

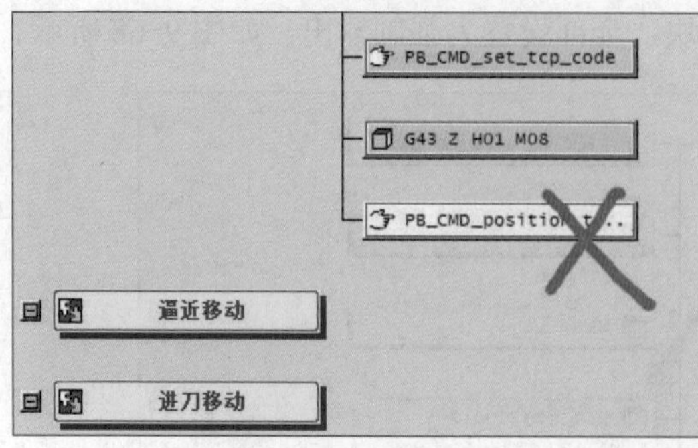

图 9-70　删除块

```
%
O0001
N1 (1刀补测试)
G40 G17 G90 G80 G49 G21 G69 G94
M05
M09
G91 G28 Z0.0
T2 M06
M01
(T2 = D20R2   D = 20.00   FL = 50 )
G91 G28 Z0.0
S5000 M03
M590 L1
G54 G90 G00 X-95.899 Y-56.835
G43 Z10. H02 M08
Z-9.5
G01 Z-10. F1200.
G41 X-94.913 Y-57. D02
```

图 9-71　后处理代码

8. 刀具半径补偿设置

删除“刀具补偿关闭”中的“G40”即可，如图 9-72 所示。

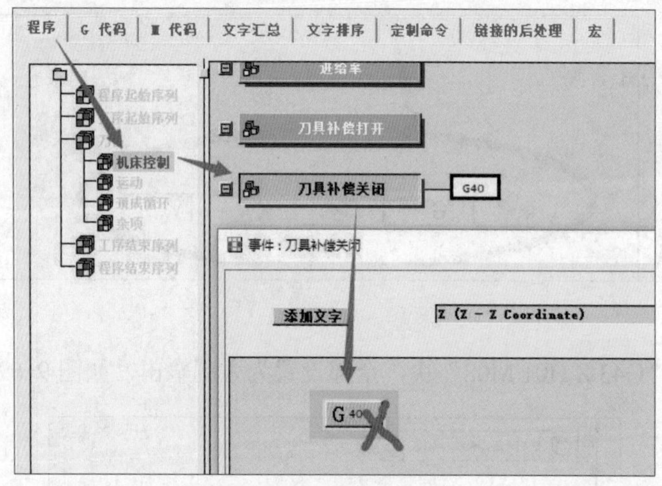

图 9-72　刀具半径补偿设置

9. 圆周移动设置（圆弧输出设置）

1）进入圆周移动设置位置，如图 9-73 所示。

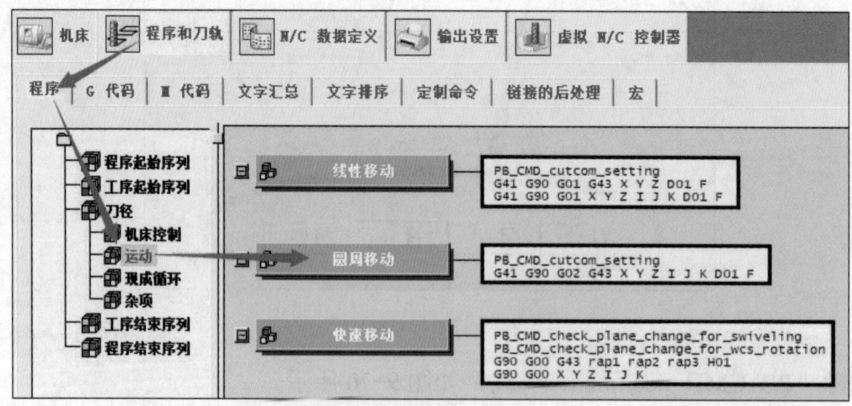

图 9-73　圆周移动设置

2）删除不必要的代码，如图 9-74 所示。

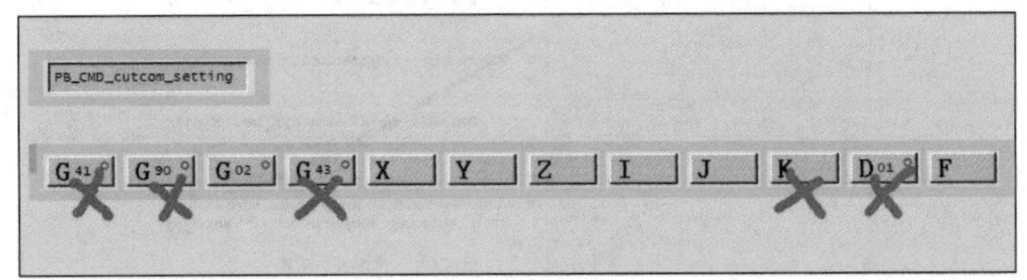

图 9-74　删除代码

3）设置强制输出 G02、I、J，如图 9-75 所示。

4）设置半径最大值为 5000，最小值为 0.01，如图 9-76 所示，完成后单击“确定”按钮。

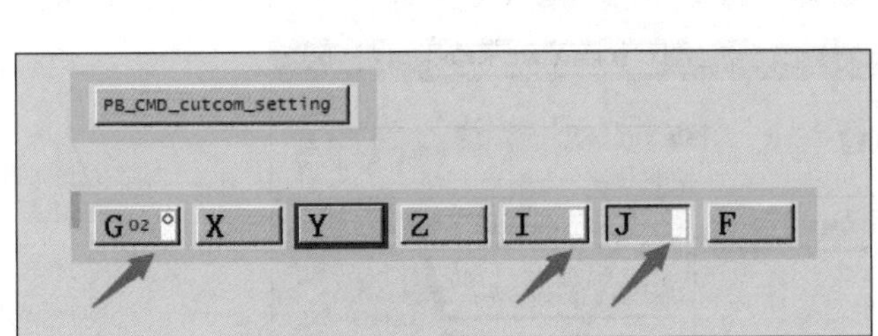

图 9-75　强制输出（1）

图 9-76　强制输出（2）

10. *螺旋移动设置*

1）进入螺旋移动设置位置，如图 9-77 所示。

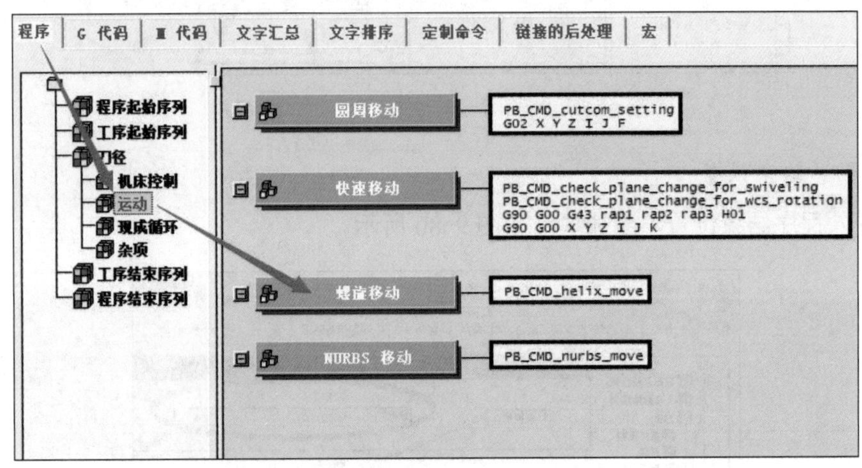

图 9-77　螺旋移动设置

2）在弹出对话框的命令块上面单击右键，选择“编辑”，再次弹出对话框，找到“MOM_force once X Y Z”，在后面添加“G_motion”，如图 9-78 所示，完成后单击“确定”按钮。

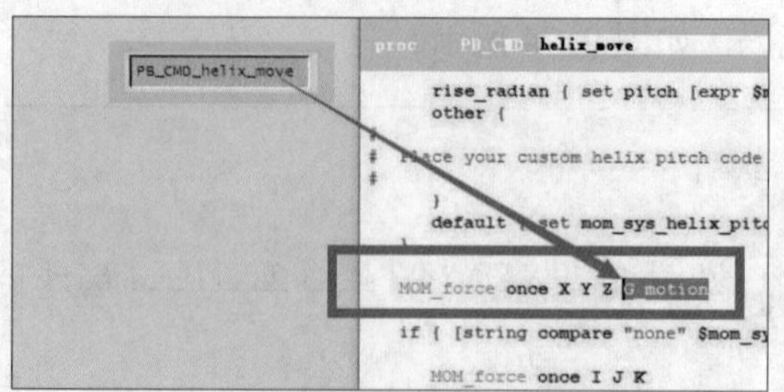

图 9-78　添加代码

11. *刀轨结束设置*

进入刀轨结束位置，删除全部的块，如图 9-79 所示。

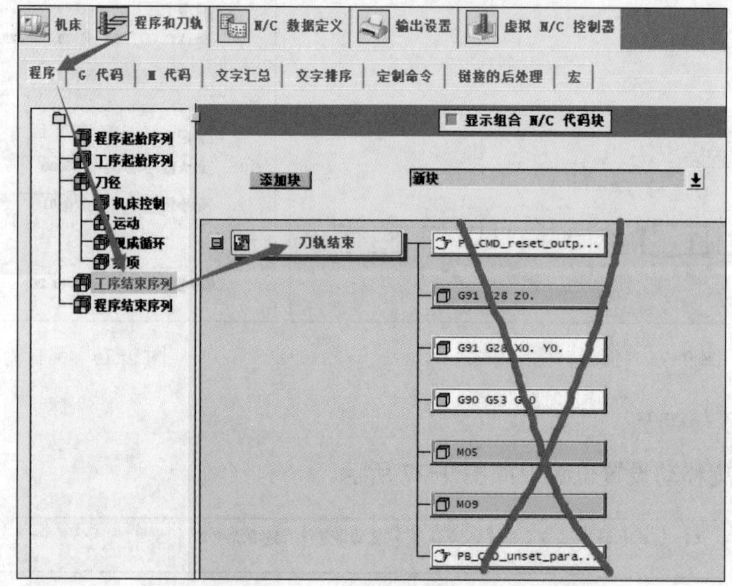

图 9-79　删除块

12. *程序结束设置*

1）进入程序结束位置，添加块，如图 9-80 所示。

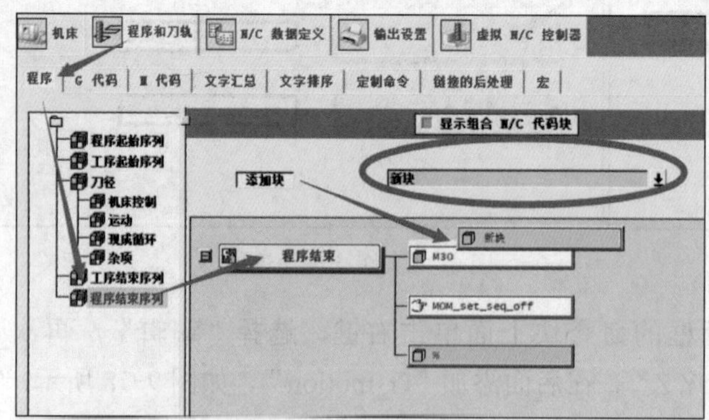

图 9-80　添加块

2）添加文本文字“G91 G28 Z0.”，如图 9-81 所示，完成后单击“确定”按钮。

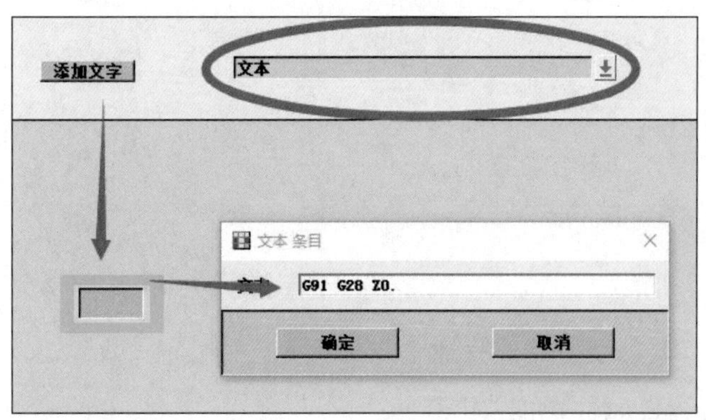

图 9-81　添加文本

3）保存后处理并进行测试，逐行对比参考代码，检查是否一致，完成后处理制作。

9.2　数控车后处理

知识点：华中数控系统数控车后处理

华中数控后处理参考代码如下：

```
%
G21
（A1 车端面）
T0404
M01
G50 S3000
G97 G99
S800 M03
M08
G00 X96.701 Z21.908
X60.32 Z1.
X57.6
G01 X56. F.1
X-1.6
X-3.2
G00 Z6.
X57.6
Z0.0
G01 X56.
X-1.6
X-3.2
G00 Z5.16
X104.45 Z28.447
```

```
（A2 粗车外圆）
X66.407 Z17.394
X48. Z3.8
G01 Z3.
Z-52.659
X50.
X51.131 Z-52.094
G00 Z3.8
X46.
G01 Z3.
Z-42.397
G03 X47.248 Z-44.159 I-2.176 K-1.762
G01 Z-52.659
X48.
X49.131 Z-52.094
G00 Z3.8
X44.
G01 Z3.
Z-41.618
G03 X46. Z-42.397 I-1.176 K-2.541
G01 X47.131 Z-41.832
G00 Z3.8
X42.
G01 Z3.
Z-41.365
G03 X44. Z-41.618 I-.176 K-2.794
G01 X45.131 Z-41.053
G00 Z3.8
X40.
G01 Z3.
Z-41.359
X41.648
X42. Z-41.365
X43.131 Z-40.799
G00 Z3.8
X38.
G01 Z3.
Z-41.359
X40.
X41.131 Z-40.794
G00 Z3.8
X36.
G01 Z3.
```

```
Z-39.809
X36.716 Z-41.359
X38.
X39.131 Z-40.794
G00 Z3.8
X34.
G01 Z3.
Z-35.478
X36. Z-39.809
X37.131 Z-39.244
G00 Z3.8
X32.
G01 Z3.
Z-31.146
X34. Z-35.478
X35.131 Z-34.912
G00 Z3.8
X30.
G01 Z3.
Z-26.815
X32. Z-31.146
X33.131 Z-30.581
G00 Z3.8
X28.
G01 Z3.
Z-22.483
X30. Z-26.815
X31.131 Z-26.249
G00 Z3.8
X26.
G01 Z3.
Z-20.
X26.853
X28. Z-22.483
X29.131 Z-21.918
G00 Z3.8
X24.
G01 Z3.
Z-.262
X26. Z-1.262
X27.131 Z-.696
G00 Z.566
X24.608
```

```
G01 X23.477 Z0.0
X24. Z-.262
X25.131 Z.304
G00 X25.64 Z.559
X66.407 Z17.394
（A3 精车外圆）
X71.097 Z26.247
X28.264 Z3.536
G42 G01 X21.193 Z0.0 F.05
G03 X22.678 Z-.308 I0.0 K-1.05
G01 X24.385 Z-1.161
G03 X25. Z-1.904 I-.742 K-.742
G01 Z-20.546
G03 X26.434 Z-21.314 I-.306 K-1.004
G01 X35.92 Z-41.859
X41.648
G03 X46.248 Z-44.159 I0.0 K-2.3
G01 Z-52.659
X47.248
G40 Z-51.859
G00 X48.568 Z-51.501
X71.097 Z26.247
（A4 切槽）
T0505
M01
G50 S3000
G97 G99
S600 M03
M08
X71.097 Z23.931
X62.799
Z-18.5
X31.254
G01 X31. F.08
X24.835
X25.089
G00 X31.254
Z-18.502
G01 X31.
X21.
X24.835
X24.837 Z-18.5
```

```
G00 X32.157
Z-20.5
G01 X31.903
X21.
X21.6 Z-20.2
G00 X64.212
Z27.038
（A5 切螺纹）
T0606
M01
G50 S3000
G97 G99
M03
M08
X57.808 Z16.76
X32.6 Z3.017
G01 X25.67 F1.5
G33 Z-17.5 F1.5
G01 X32.6
G00 Z3.017
G01 X25.019
G33 Z-17.5 F1.5
G01 X32.6
G00 Z3.017
G01 X24.563
G33 Z-17.5 F1.5
G01 X32.6
G00 Z3.017
G01 X24.244
G33 Z-17.5 F1.5
G01 X32.6
G00 Z3.017
G01 X24.021
G33 Z-17.5 F1.5
G01 X32.6
G00 Z3.017
G01 X23.865
G33 Z-17.5 F1.5
G01 X32.6
G00 Z3.017
G01 X23.755
G33 Z-17.5 F1.5
```

```
G01 X32.6
G00 Z3.017
G01 X23.679
G33 Z-17.5 F1.5
G01 X32.6
G00 Z3.017
G01 X23.619
G33 Z-17.5 F1.5
G01 X32.6
G00 Z3.017
G01 X23.559
G33 Z-17.5 F1.5
G01 X32.6
G00 Z3.017
G01 X23.5
G33 Z-17.5 F1.5
G01 X32.6
G00 X57.808 Z16.76
M30
%
```

看我操作（扫描下方二维码观看本节视频）：

二维码 165　建立后处理

二维码 166　修改程序头

二维码 167　换刀输出设置

二维码 168　优化刀尖圆角补偿

跟我操作（根据以下关键词的指引，独立完成相关操作）：

9.2.1　建立基本的后处理雏形

1）从 Windows 的开始菜单中找到“后处理构造器”，单击进行启动，如图 9-82、图 9-83 所示。

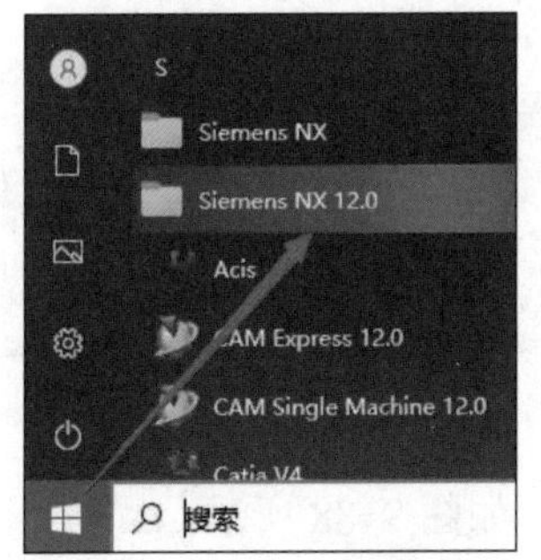

图 9-82　启动后处理构造器（1）

图 9-83　启动后处理构造器（2）

2）启动后会弹出黑色信息对话框，将其最小化（不可关闭），如图 9-84 所示。

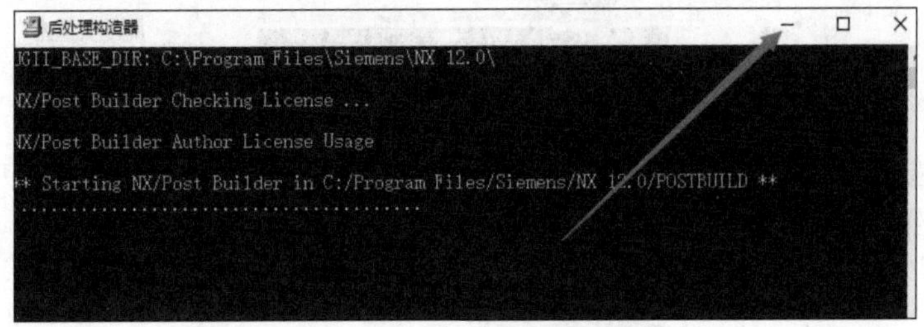

图 9-84　启动界面

3）大约 5s 以后，会出现主界面（英文版界面），如图 9-85 所示。

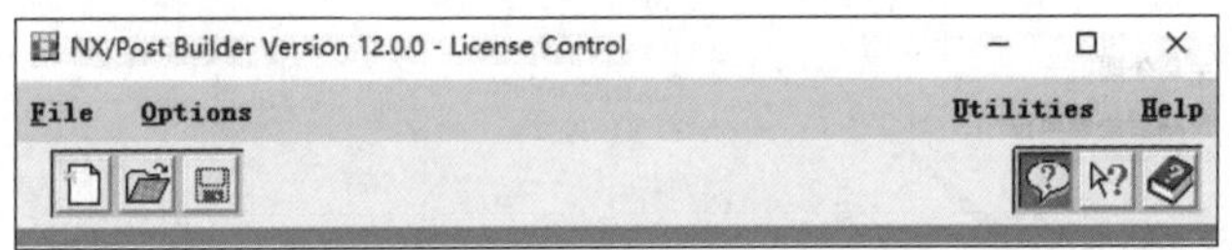

图 9-85　英文版主界面

4）（如果是中文界面不用操作此步骤）单击 Options → Language →中文（简体），切换为中文操作界面，如图 9-86 所示。

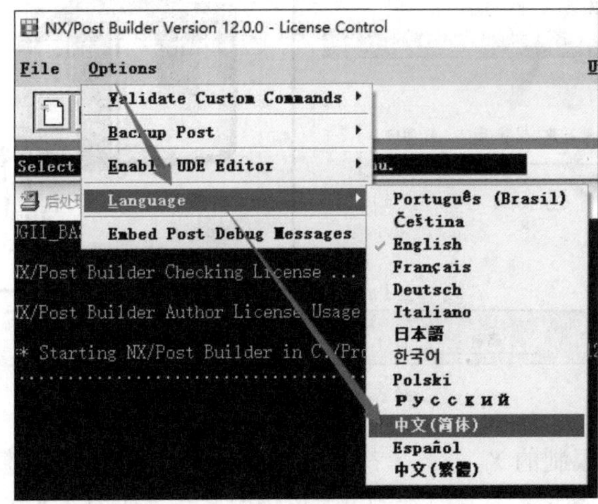

图 9-86　切换界面

5）切换为中文简体以后的界面如图 9-87 所示。

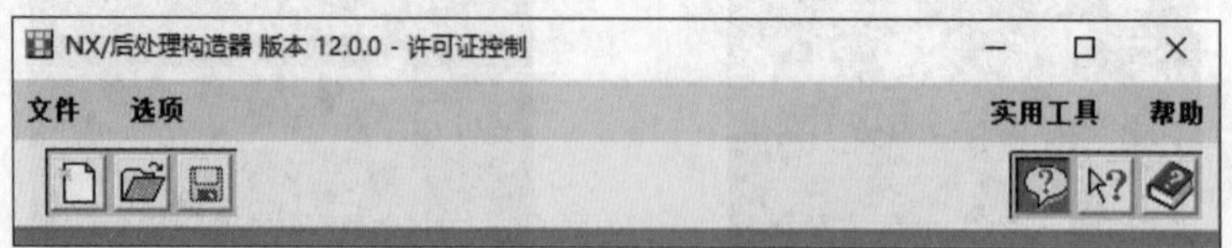

图 9-87　中文版主界面

6）单击“新建”按钮，创建一个新的后处理，如图 9-88 所示。

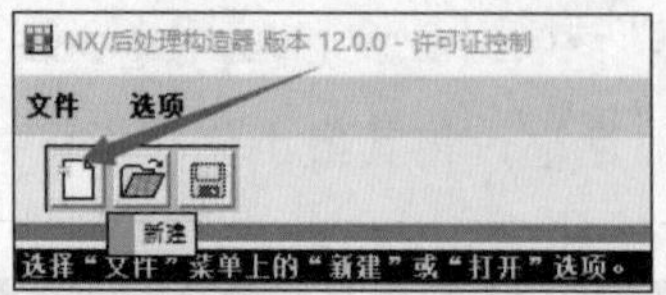

图 9-88　新建后处理

7）后处理输出单位选择“毫米”→机床选择“车”→控制器选择“库”中的“fanuc”→删除“后处理名称”和“描述”后面的信息，如图 9-89 所示。

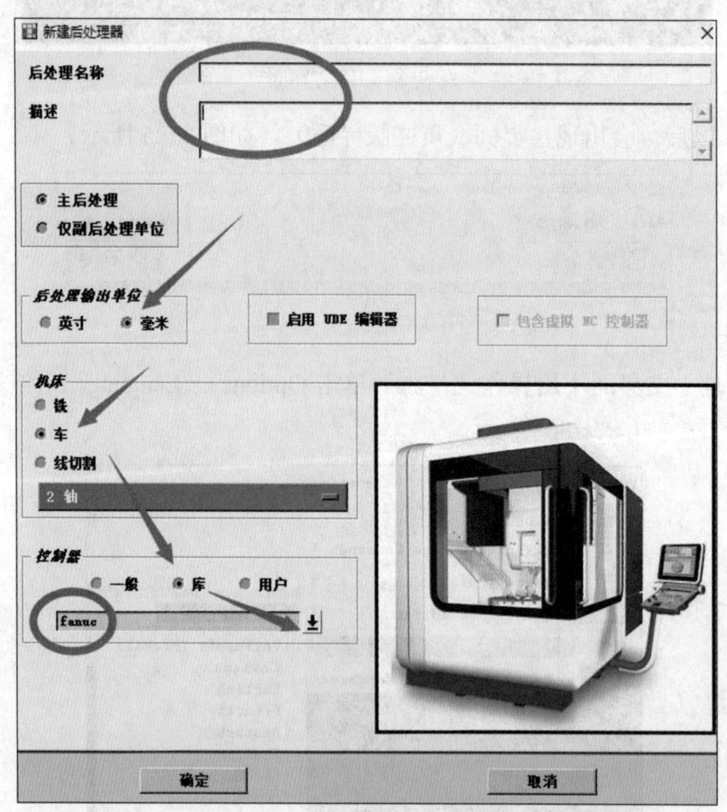

图 9-89　设置后处理

8）把线性轴行程限制的 X、Y、Z 都加一个 0；移刀进给率最大值加一个 0，轴乘数的直径编程勾选“2X”（数控车是直径编程，注意华中系统不要勾选“2I”），如图 9-90 所示。

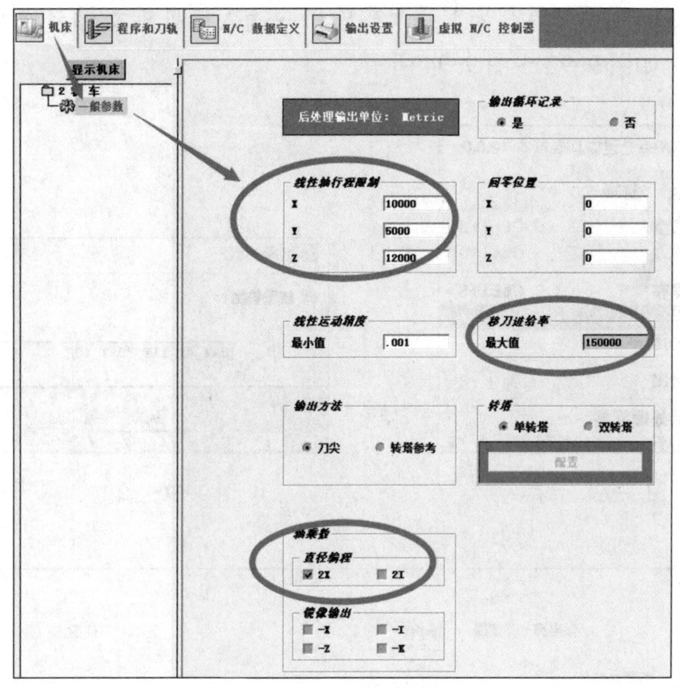

图 9-90　设置一般参数

9）单击“程序和刀轨”→“程序”→“机床控制”→“进给率”→把“最大值”加一个 0→“确定”，如图 9-91 所示。

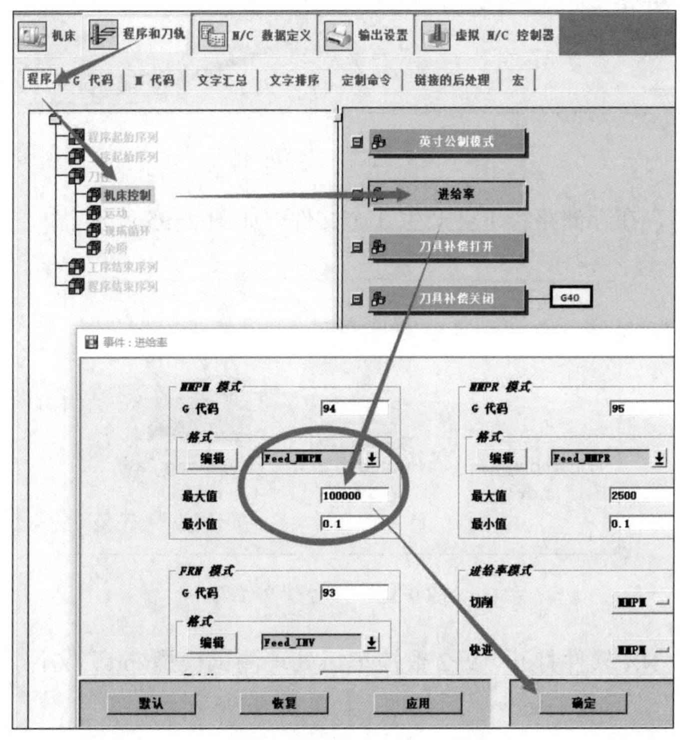

图 9-91　设置进给率最大值

10）单击“文件”→“另存为”→“确定”→输入后处理文件名称“Huazhong_2axis.pui”→“保存”，如图 9-92～图 9-94 所示。

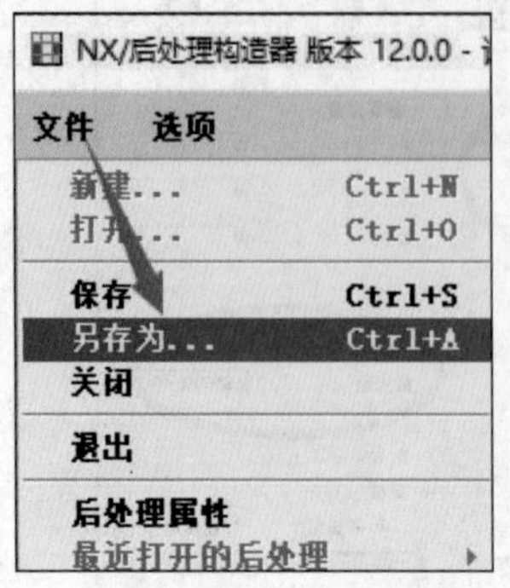

图 9-92　另存为

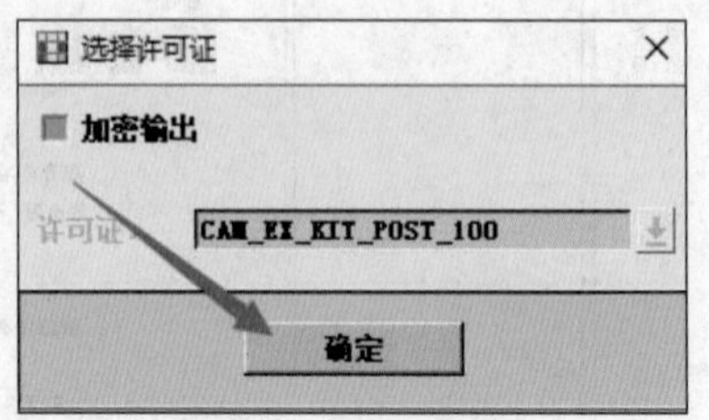

图 9-93　确定

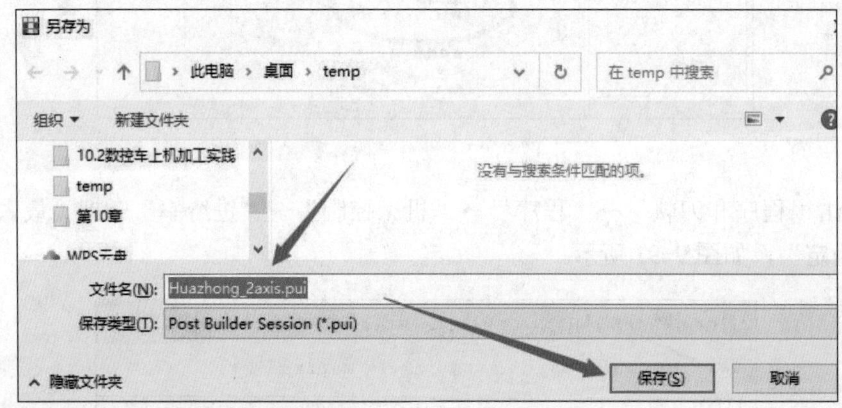

图 9-94　保存

11）保存之后，在存储路径下会产生 3 个文件，如图 9-95 所示。

图 9-95　后处理文件

12）使用 UG NX 软件打开“9-2 数控车后处理测试模型 .prt”文件，并在程序顺序视图的“A1 车端面”上单击右键→“后处理”，如图 9-96 所示。

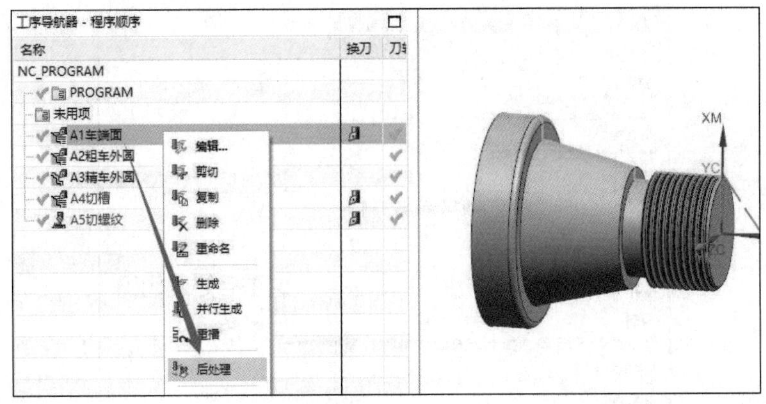

图 9-96　后处理

13）在弹出的对话框中单击“浏览以查找后处理器”按钮，如图 9-97 所示。

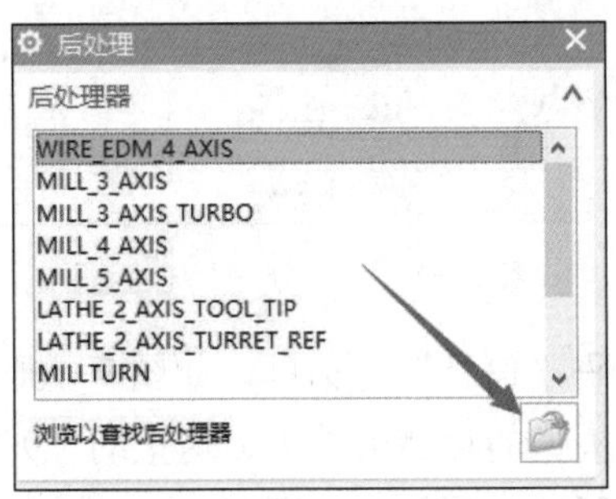

图 9-97　浏览以查找后处理器

14）在弹出的对话框中找到之前保存的后处理文件“Huazhong_2axis.pui”→“OK”，如图 9-98 所示。

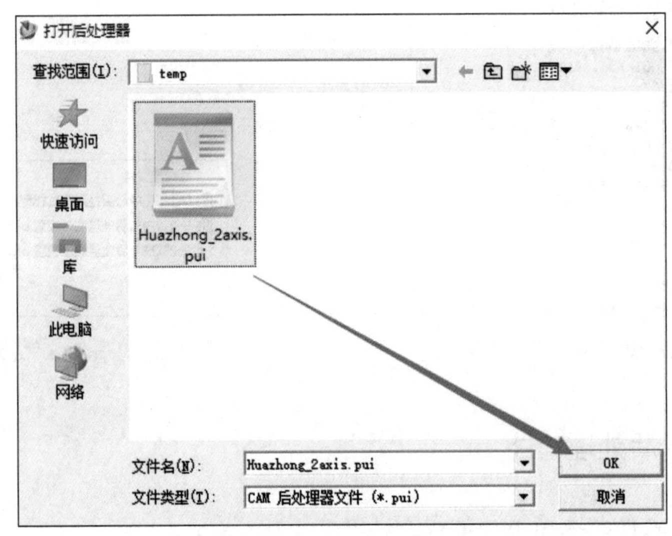

图 9-98　后处理文件

15）在弹出的“后处理”对话框中单击“确定”按钮，如图 9-99 所示。

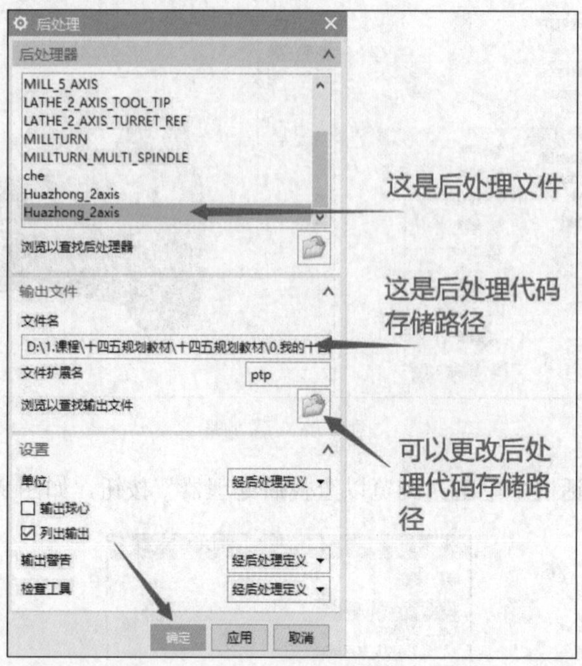

图 9-99　“后处理”对话框

16）此时会弹出后处理代码“信息”对话框，如图 9-100 所示。

17）打开后处理教材测试模型的存储文件夹，这里的“9-2 数控车后处理测试模型 .ptp”就是刚才后处理获得的加工代码，如图 9-101 所示。

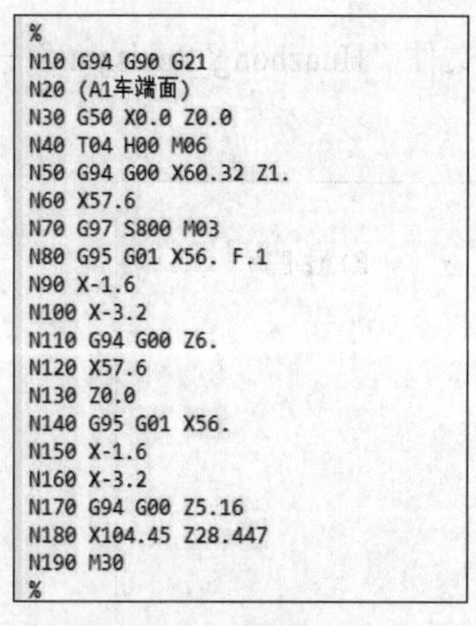

```
%
N10 G94 G90 G21
N20 (A1车端面)
N30 G50 X0.0 Z0.0
N40 T04 H00 M06
N50 G94 G00 X60.32 Z1.
N60 X57.6
N70 G97 S800 M03
N80 G95 G01 X56. F.1
N90 X-1.6
N100 X-3.2
N110 G94 G00 Z6.
N120 X57.6
N130 Z0.0
N140 G95 G01 X56.
N150 X-1.6
N160 X-3.2
N170 G94 G00 Z5.16
N180 X104.45 Z28.447
N190 M30
%
```

图 9-100　后处理代码

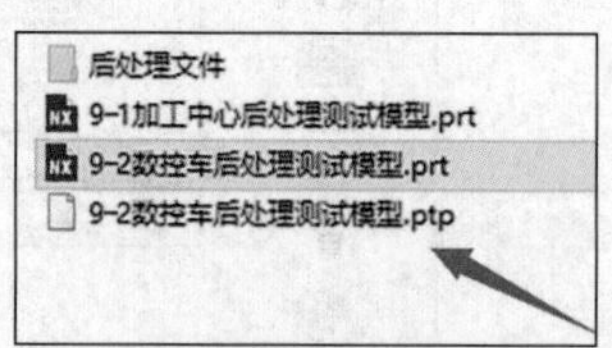

图 9-101　后处理代码文件

9.2.2　优化提升后处理功能

1. *把后处理文件扩展名 ptp 改成 NC*

1）单击“输出设置”→“其他选项”→“N/C 输出文件扩展名”改成 NC，如图 9-102 所示。

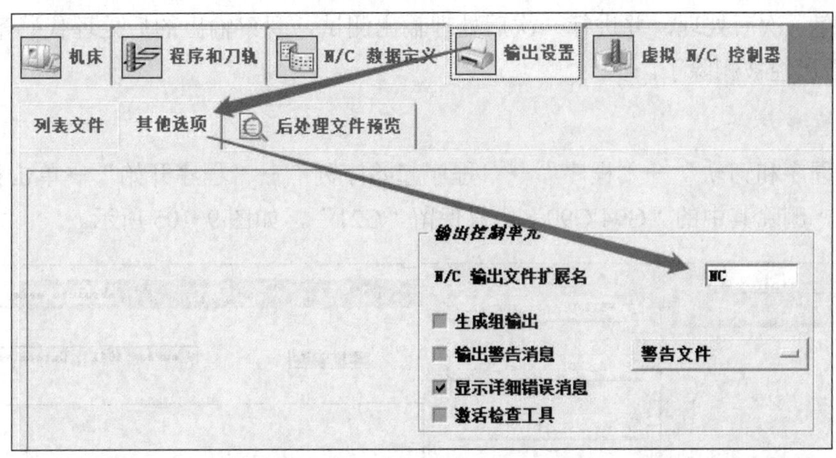

图 9-102　后处理文件扩展名设置

2）保存一次后处理，并进行一次后处理输出测试，可以看见后处理输出的文件扩展名变成了NC，如图 9-103 所示。

后处理文件
9-1加工中心后处理测试模型.prt
9-2数控车后处理测试模型.NC
9-2数控车后处理测试模型.prt
9-2数控车后处理测试模型.ptp

图 9-103　后处理文件扩展名

2. 关闭所有行号输出

1）单击“程序和刀轨”→“程序”→“程序起始序列”→“程序开始”→在“MOM_set_seq_on”上单击右键将其删除，如图 9-104 所示。备注：MOM_set_seq_on 是打开行号输出，MOM_set_seq_off 是关闭行号输出，这里把打开行号输出代码删除后，也就不会输出行号了。

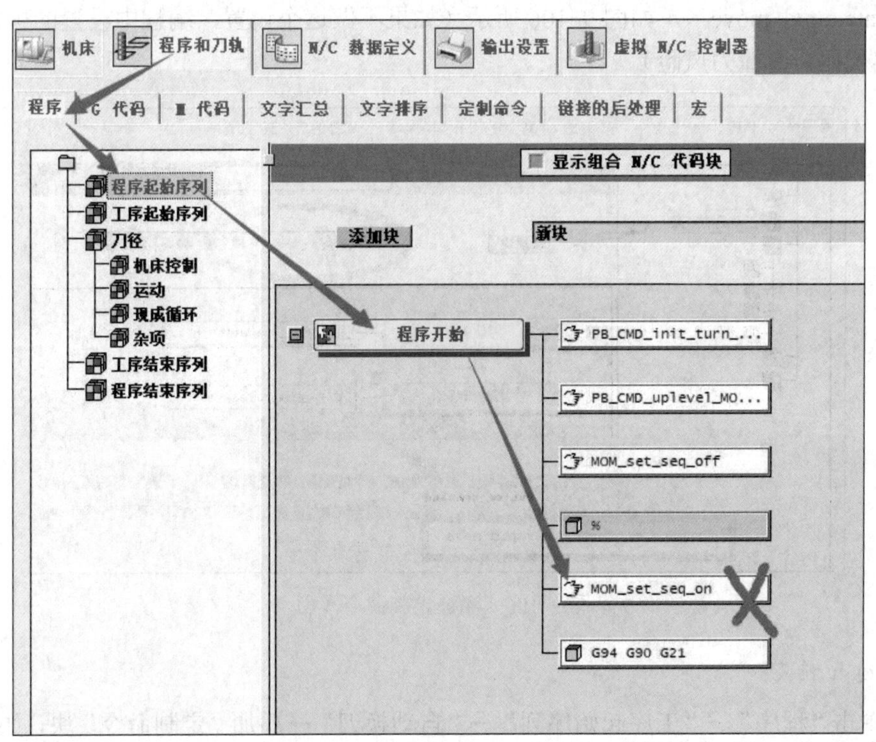

图 9-104　关闭行号输出

2）保存一次后处理，并进行一次后处理输出测试，观察输出的后处理代码第一列的行号 N... 是否已经被删除了。

3. 修改程序头

单击“程序和刀轨”→“程序”→“程序起始序列”→“程序开始”→单击打开“G94 G90 G21”，删除其中的“G94 G90”，只保留“G21”，如图 9-105 所示。

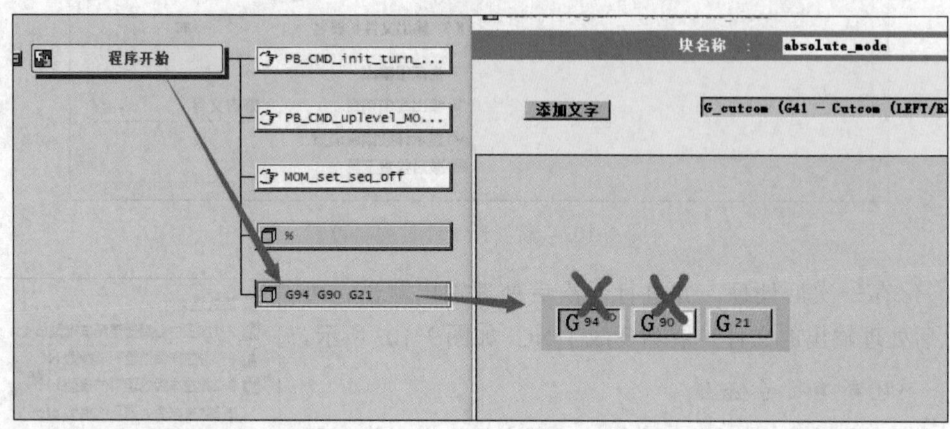

图 9-105　删除字

4. 修改出发点

单击“程序”→“工序起始序列”→“出发点移动”→添加“定制命令”块“MOM_do_template rapid_move”，如图 9-106 所示（如果不做这个设置，编程中设置的出发点将不会被输出代码，有撞刀风险）。

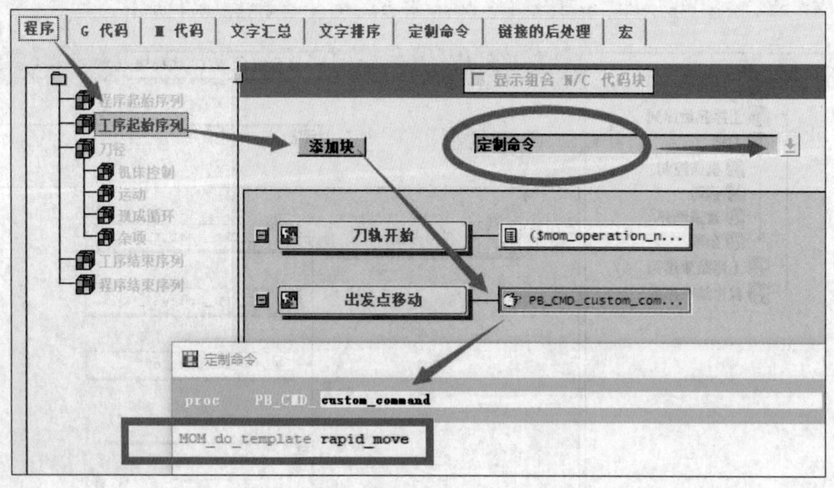

图 9-106　添加定制命令（1）

5. 自动换刀

1）单击“程序”→“工序起始序列”→“自动换刀”→添加“定制命令”块，如图 9-107 所示（目的是正确输出 T0101 这种刀补格式）。

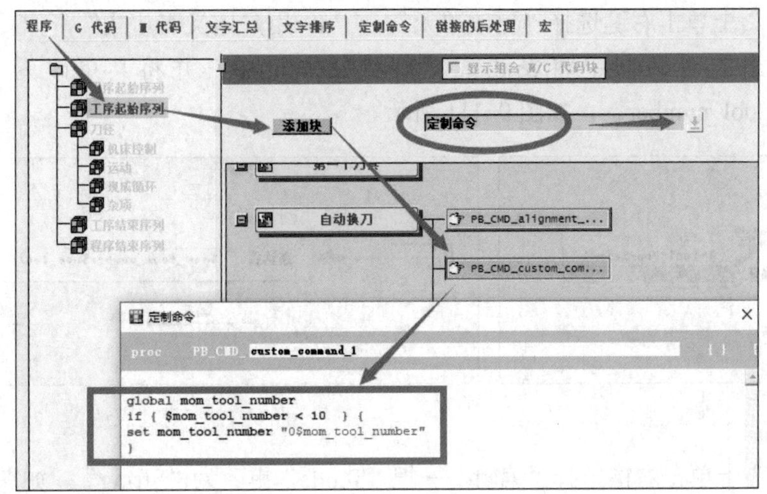

图 9-107　添加定制命令（2）

2）删除“G50 X Z”块，如图 9-108 所示。

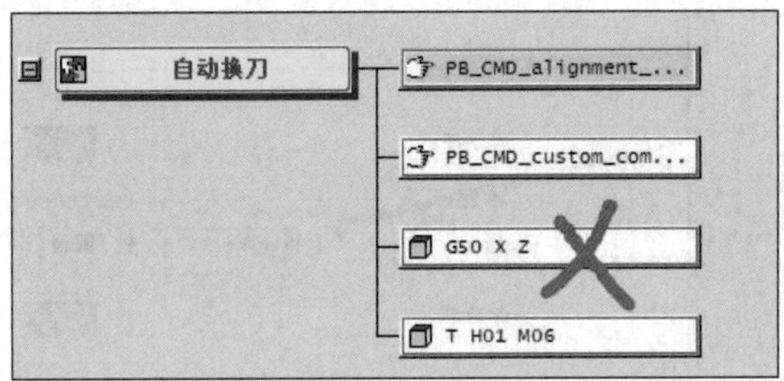

图 9-108　删除块

3）单击打开“T H01 M06”块，删除“H01”和“M06”，如图 9-109 所示。

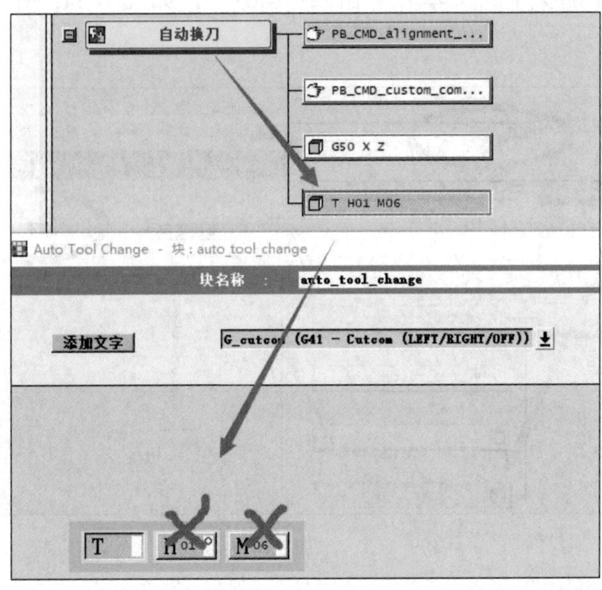

图 9-109　删除字

4）在“T”上单击右键选择“更改单元”→“T- 用户定义表达式”，如图 9-110 所示。

5）在弹出的对话框中将表达式复制到文本框中，并将其更改为“mom_tool_numbermom_tool_number”，如图 9-111 所示。

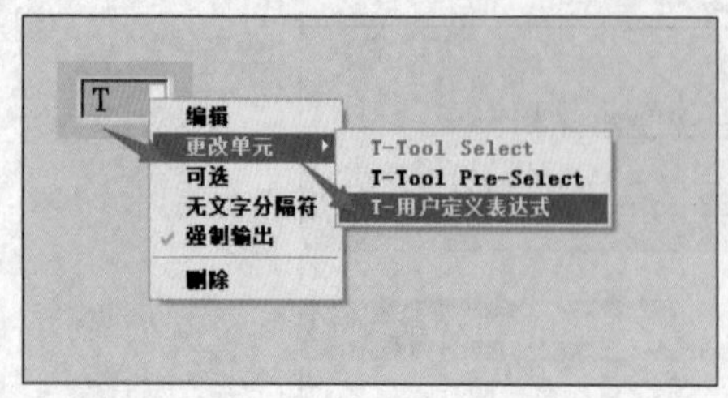

图 9-110　更改表达式（1）

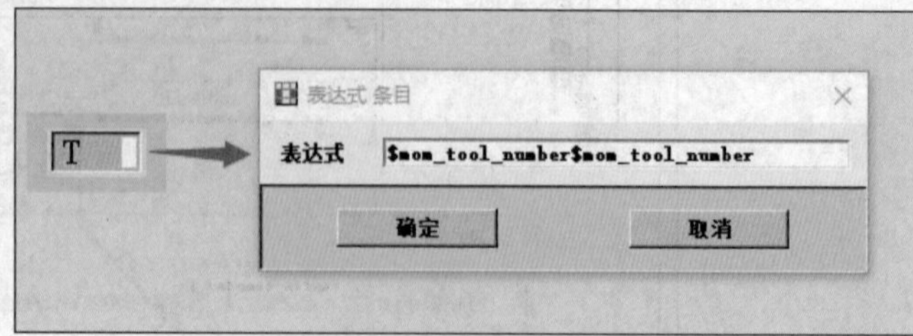

图 9-111　更改表达式（2）

6）在“T”上单击右键选择“编辑”→把“Tcode”更改为“String”，如图 9-112 所示。

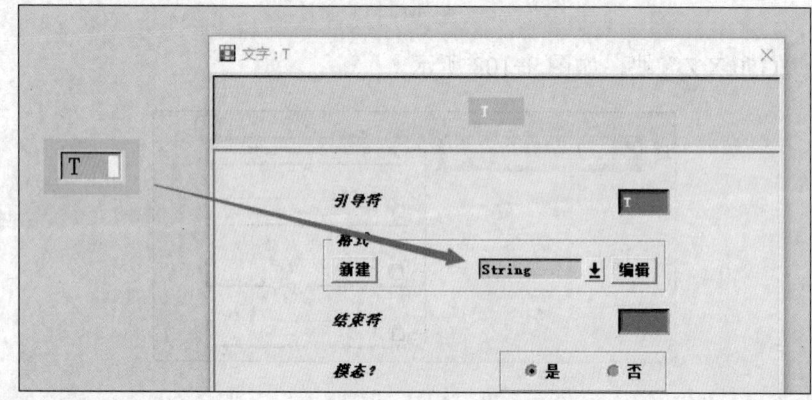

图 9-112　更改格式

7）添加新块→添加文字（文本）→输入“M01”，如图 9-113 所示，完成后单击“确定”按钮。

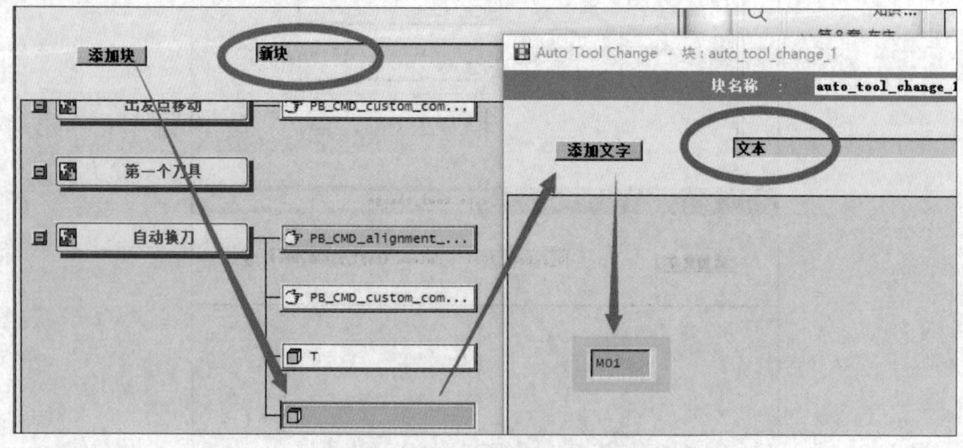

图 9-113　添加文本块（1）

8）同理，再添加两个文本类型新块“G50 S3000”和“G97 G99”，如图 9-114 所示。

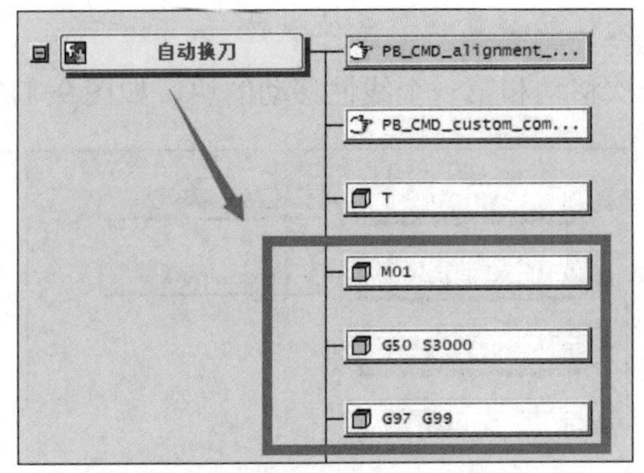

图 9-114　添加文本块（2）

9）添加新块，添加系统代码“S”和“M03”，如图 9-115 所示。

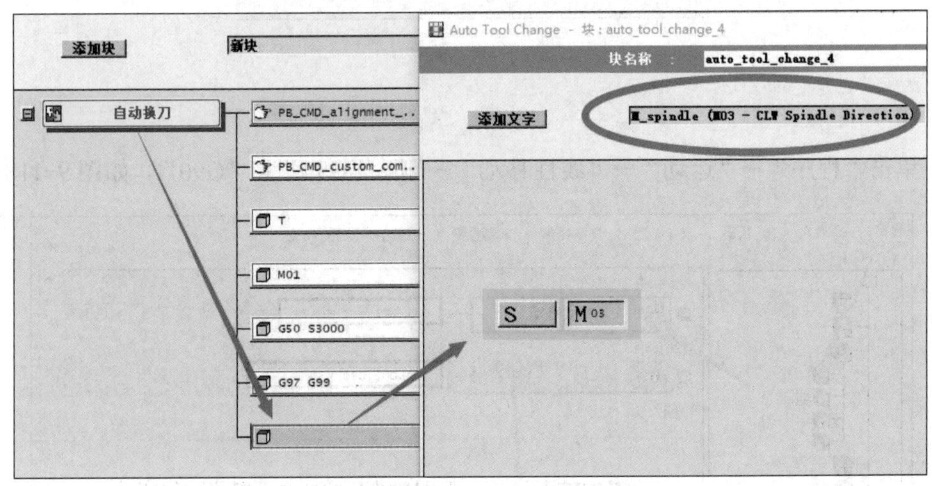

图 9-115　添加系统代码（1）

10）添加新块，添加系统代码“M08”，如图 9-116 所示。

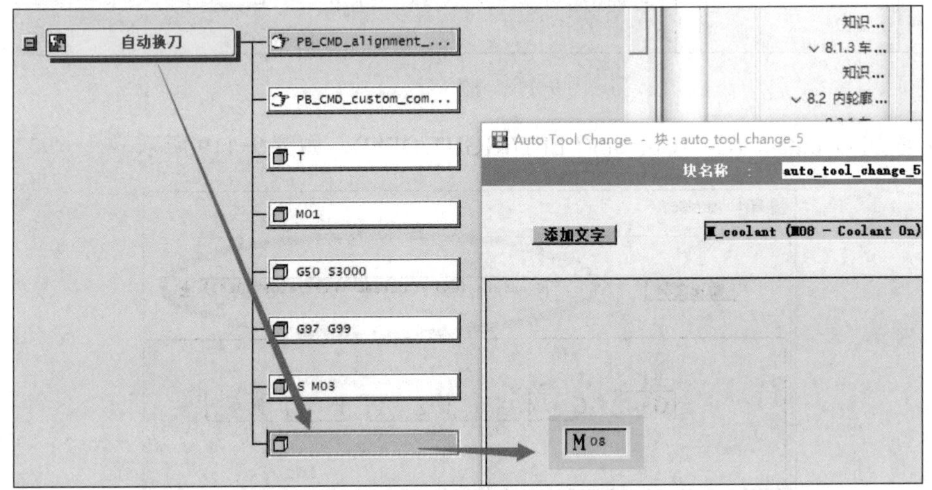

图 9-116　添加系统代码（2）

6. *初始移动、第一次移动和第一个线性移动*

删除初始移动、第一次移动和第一个线性移动的块，如图 9-117 所示。

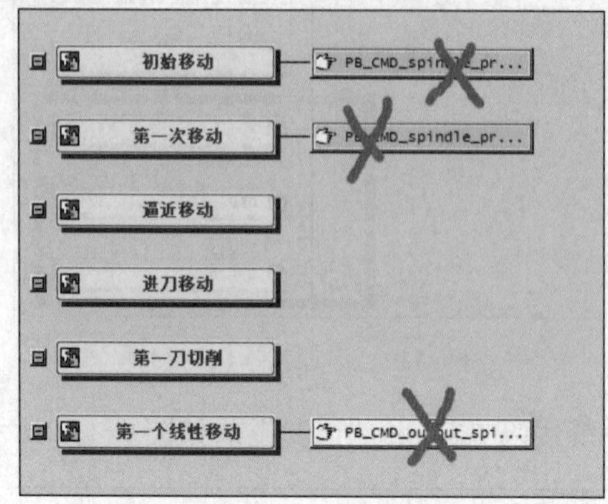

图 9-117　删除块

7. *各种运动设置*

1）单击“程序”→“运动”→“线性移动”→删除“G94”和“G90”，如图 9-118 所示。

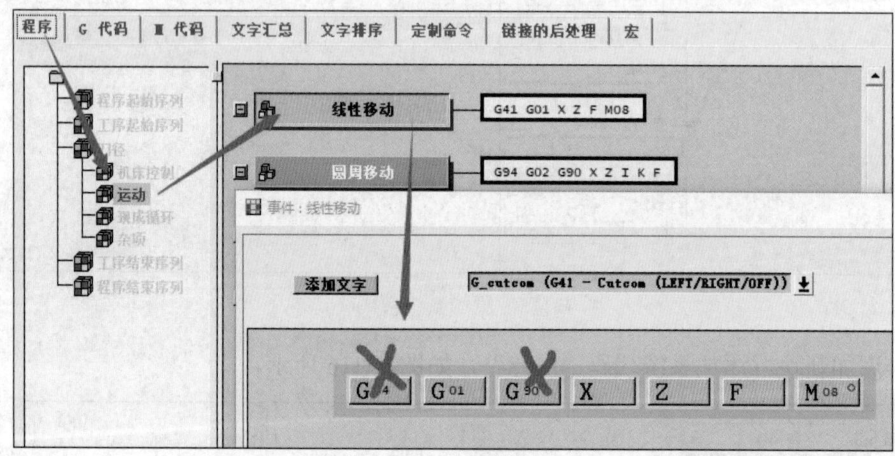

图 9-118　删除字（1）

2）添加 G_cutcom(G41-Cutcom(LEFT/RIGHT/OFF))，如图 9-119 所示。

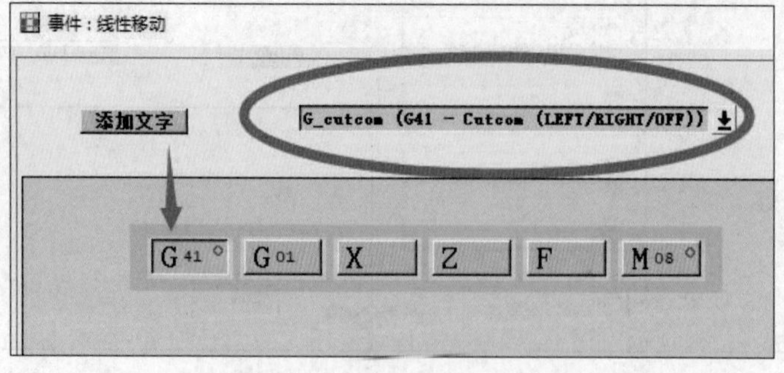

图 9-119　添加自动判断 G41

3）单击“运动”→“圆周移动”→删除“G94”和“G90”，如图 9-120 所示。

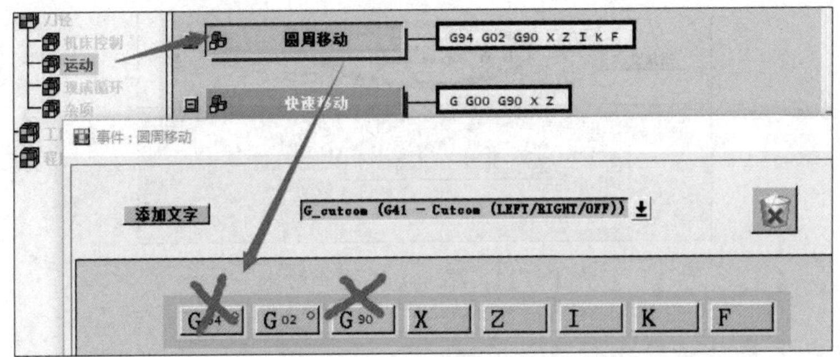

图 9-120　删除字（2）

4）半径的最大值设置为 5000，最小值设置为 0.01，如图 9-121 所示。

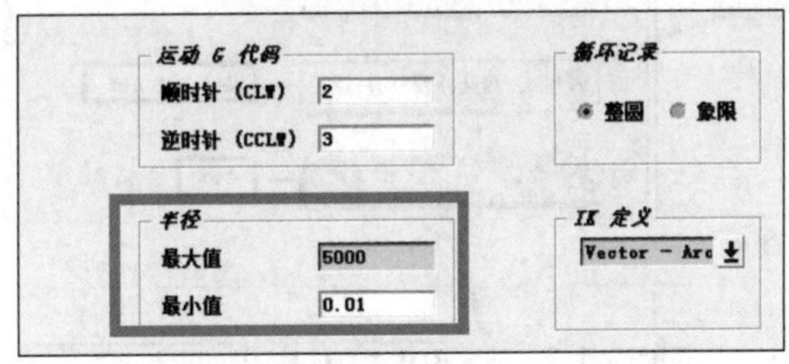

图 9-121　设置圆弧半径限制

5）单击“运动”→“快速移动”→删除“G”和“G90”，如图 9-122 所示。

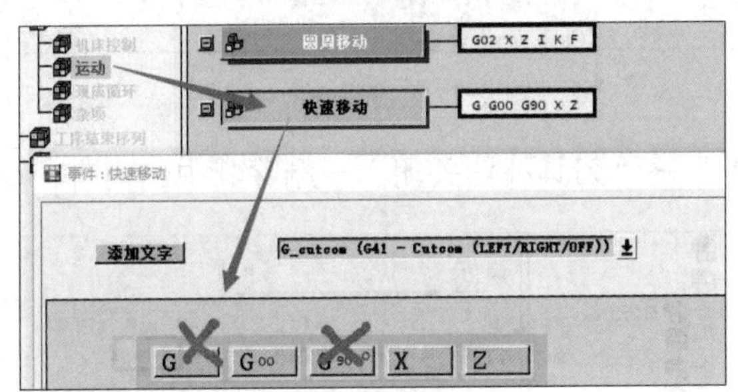

图 9-122　删除字（3）

6）单击“运动”→“车螺纹”→删除“I”和“K”，如图 9-123 所示。

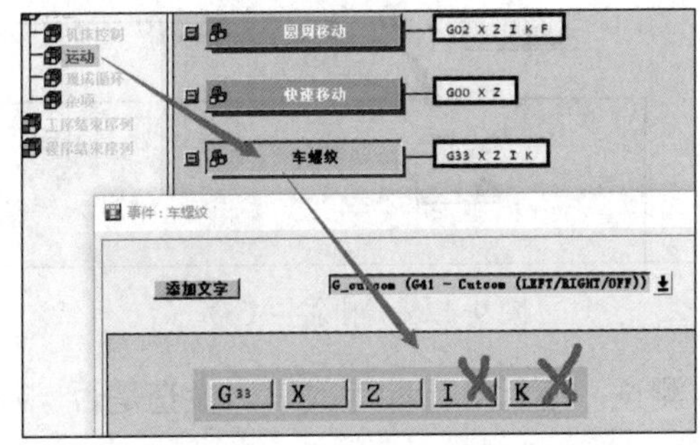

图 9-123　删除字（4）

7）添加系统代码“F”，并单击右键设置为强制输出，如图 9-124 所示。

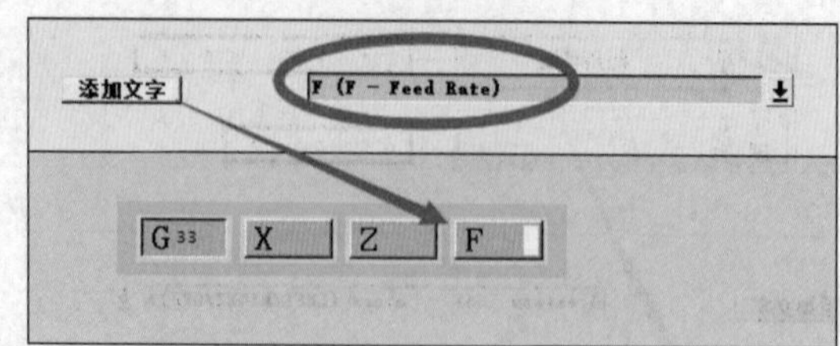

图 9-124　添加 F 并强制输出

8. *优化刀尖圆角补偿输出位置*

1）单击“机床控制”→“刀具补偿打开”→删除其中的全部内容，如图 9-125 所示。

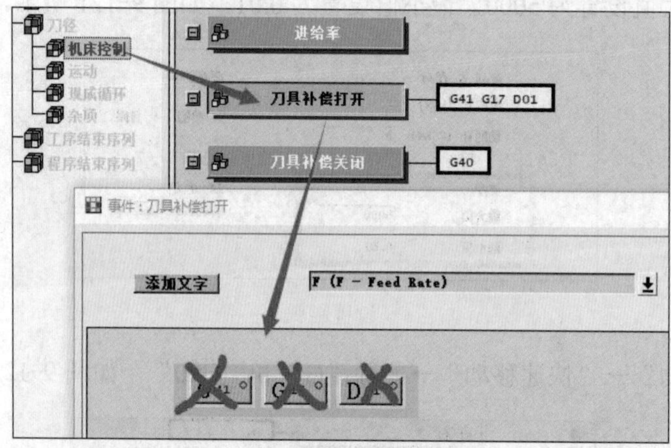

图 9-125　删除字（5）

2）单击“机床控制”→“刀具补偿关闭”→删除其中的内容，如图 9-126 所示。

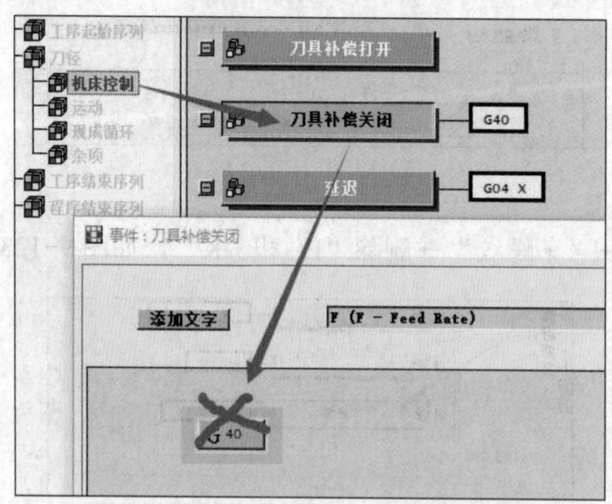

图 9-126　删除字（6）

3）保存后处理并进行测试，逐行对比参考代码，检查是否一致，完成后处理。

第 10 章　上机加工实践

10.0　课程思政之全党同志要做到的“三个务必”

知识点：全党同志要做到的“三个务必”

习近平总书记在党的二十大报告中强调：“全党同志务必不忘初心、牢记使命，务必谦虚谨慎、艰苦奋斗，务必敢于斗争、善于斗争，坚定历史自信，增强历史主动，谱写新时代中国特色社会主义更加绚丽的华章。”

10.1　加工中心上机加工实践

知识点：加工中心上机加工实践

打开模型文件“10-1 加工中心上机加工件.prt”进行上机加工实践，如图 10-1、图 10-2 所示，使用第 9 章中“9.1　加工中心后处理”中制作出来的后处理进行后处理输出加工代码。

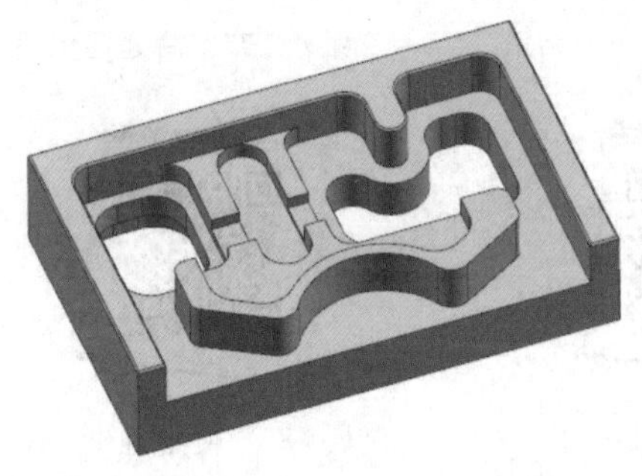

图 10-1　加工中心上机加工实践模型

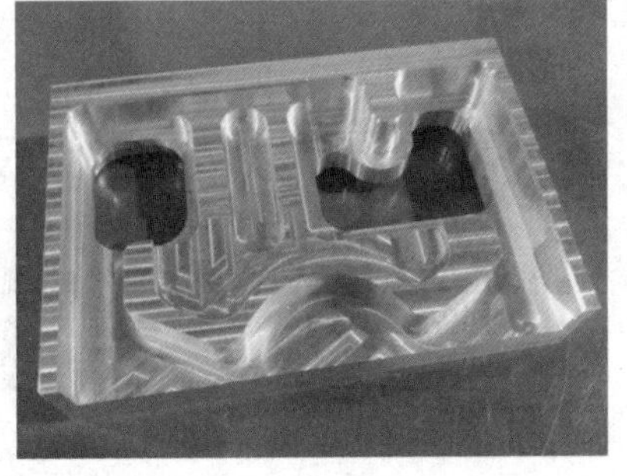

图 10-2　加工好的零件

加工物料准备：

刀具：平底刀 D8 一把，倒角刀 C6 一把。

毛坯：6061 铝合金，尺寸为 121mm×85mm×27mm，如图 10-3 所示。

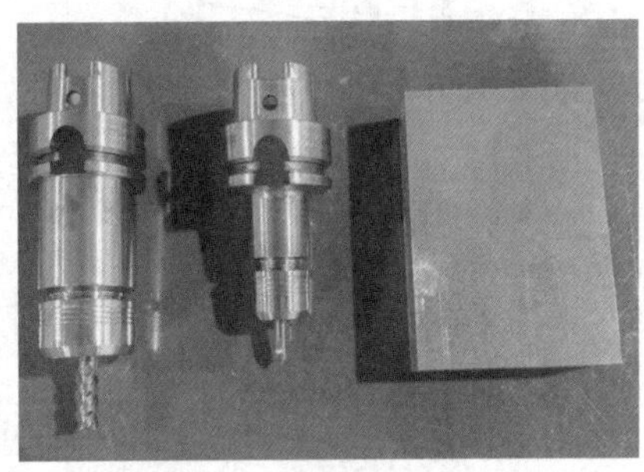

图 10-3　刀具和毛坯

看我操作（扫描下方二维码观看本节视频）：

二维码 169　安装刀具

二维码 170　对刀长

二维码 171　检查毛坯

二维码 172　调整编程毛坯和程序

二维码 173　安装毛坯

二维码 174　检查毛坯安装高度

二维码 175　对刀分中

二维码 176　检查对刀结果

二维码 177　后处理代码

二维码 178　执行 A1 加工程序

二维码 179　继续 A1 加工程序

二维码 180　检测粗加工尺寸

二维码 181　执行 A2 加工程序

二维码 182　检测精加工尺寸

二维码 183　再精加工一刀

二维码 184　再检测尺寸

二维码 185　继续检测尺寸

二维码 186　卡尺问题

二维码 187　执行 A3 加工程序

二维码 188　翻面装夹分析

二维码 189　翻面装夹对刀 Z 坐标

二维码 190　翻面安装毛坯

二维码 191　翻面分中前的讲解

二维码 192　翻面分中

二维码 193　执行 B1 加工程序

二维码 194　执行 B2 加工程序

二维码 195　执行 B3 加工程序

10.2　数控车上机加工实践

知识点：数控车上机加工实践

打开模型文件“10-2 数控车上机加工件 .prt”，把模型缩小 50%，进行上机加工实践，如图 10-4、图 10-5 所示，使用第 9 章中“9.2 数控车后处理”中制作出来的后处理输出加工代码。

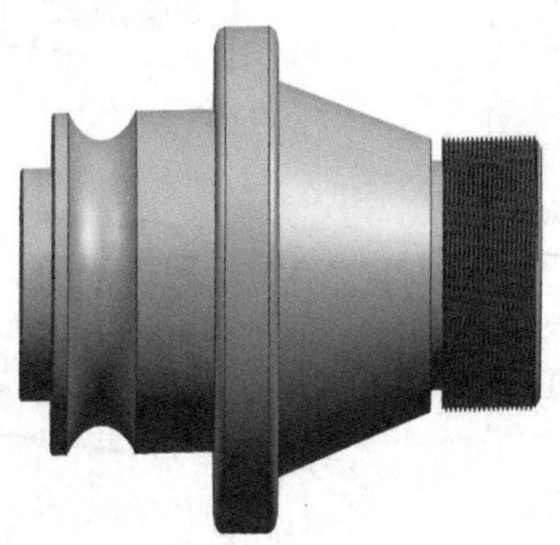
图 10-4　数控车加工实践模型

图 10-5　加工好的零件

加工物料准备（图 10-6）：

刀具：外圆车刀一把、切槽刀一把、外螺纹刀一把。

毛坯：6061 铝合金，尺寸为 ϕ50mm×70mm。

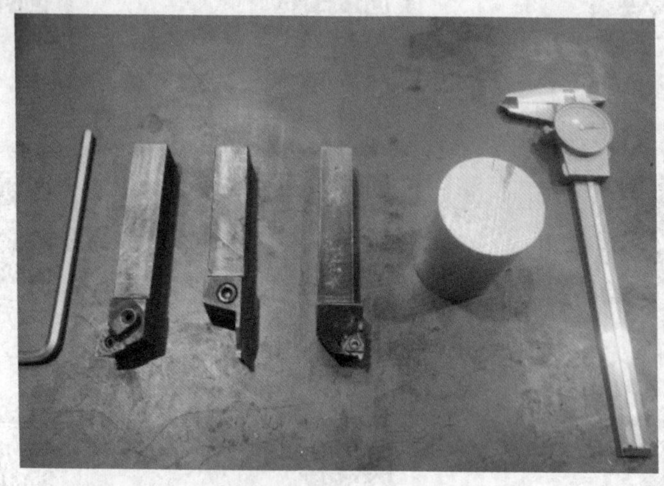

图 10-6　刀具和毛坯

看我操作（扫描下方二维码观看本节视频）：

二维码 196　开机

二维码 197　安装毛坯

二维码 198　安装刀具

二维码 199　对刀

二维码 200　车端面

二维码 201　粗车外圆

二维码 202　精车外圆

二维码 203　切槽

二维码 204　切螺纹

参 考 文 献

[1] 赵国英．高效铣削技术与应用 [M]．北京：机械工业出版社，2016.

[2] 展迪优．UG NX 10.0 数控编程教程 [M]．北京：机械工业出版社，2015.

[3] 吕小波．中文版 UG NX 6 数控编程经典学习手册 [M]．北京：北京希望电子出版社，2009.